普通高等教育"十三五"规划教材

畜牧生产系统管理学

贾永全 张 玉 主编

中国林业出版社

内 容 简 介

畜牧生产系统管理学是一门新兴学科，也是一门交叉学科。它将畜牧生产的整个过程看作一个系统，并系统运用各种知识和技能研究畜牧生产过程中的管理问题，使畜牧生产系统结构不断优化、系统功能不断提升。畜牧生产是一个复杂的系统工程，为提高系统的运行效果，就必须对其进行系统分析与管理，才能进一步提高畜牧生产的经济效益。本书主要论述了畜牧生产系统的基本理论、系统的构建与优化、系统的经济分析与管理、系统的诊断与评价等内容。本书是为动物科学专业的本科教学编写的，其目的是为了进一步提高本科学生系统分析问题的能力和综合运用各种知识解决问题的能力。由于畜牧生产系统管理涉及诸多内容，考虑到本科教学的需要，本书仅选取了若干与本科教学要求符合的、难度适当的部分。

本书既可作为动物科学专业的教学用书，也可供动物科学技术人员和生产管理者参考。由于书中一些章节的部分内容难度较大，请读者选择应用。

图书在版编目(CIP)数据

畜牧生产系统管理学/贾永全，张玉主编. — 北京：中国林业出版社，2018.6
普通高等教育"十三五"规划教材
ISBN 978-7-5038-9584-5

Ⅰ.①畜… Ⅱ.①贾… ②张… Ⅲ.①畜牧业-生产管理-高等学校-教材 Ⅳ.①F307.3

中国版本图书馆 CIP 数据核字(2018)第 104930 号

国家林业和草原局生态文明教材及林业高校教材建设项目

中国林业出版社·教育出版分社

策划、责任编辑：高红岩
电话：(010)83143554　　　　传真：(010)83143516

出版发行　中国林业出版社(100009　北京市西城区德内大街刘海胡同7号)
　　　　　E-mail:jiaocaipublic@163.com　电话：(010)83143500
　　　　　http://lycb.forestry.gov.cn
经　　销　新华书店
印　　刷　三河市祥达印刷包装有限公司
版　　次　2018年6月第1版
印　　次　2018年6月第1次印刷
开　　本　850mm×1168mm　1/16
印　　张　15
字　　数　400千字
定　　价　38.00元

未经许可，不得以任何方式复制或抄袭本书之部分或全部内容。

版权所有　侵权必究

《畜牧生产系统管理学》编写人员

主　　编　贾永全　张　玉
副 主 编　安玉军
编　　者　(按姓氏笔画排序)
　　　　　韦春波(黑龙江八一农垦大学)
　　　　　刘亚明(乌兰察布职业学院)
　　　　　安玉军(内蒙古农业大学)
　　　　　闵令江(青岛农业大学)
　　　　　张　玉(内蒙古农业大学)
　　　　　贾永全(黑龙江八一农垦大学)
主　　审　高腾云(河南农业大学)

前　言

本书以畜牧生产系统为研究对象，运用系统工程、经济管理学、数学、生态学及畜牧科学的理论和方法，对畜牧生产过程中的主要管理问题进行了较为系统的研究和阐述，以便进一步拓展动物科学专业学生的知识面，增强学生综合运用知识和解决复杂问题的能力。本书共9章，分别为绪论、畜牧生产系统设计与规划、畜牧生产系统优化、畜牧生产系统经济分析、畜牧生产系统综合管理、畜牧生产系统战略分析、畜牧生产系统诊断、畜牧生产系统效果评价、畜牧生产项目可行性论证。本书力图体现系统性和实用性，努力采用"定性问题定量化、定量问题模型化、模型问题优化"的思路和方法阐述畜牧生产过程中的系统管理问题，力争使读者对畜牧生产系统的运行和科学管理有较深入的理解和认识。

本书的具体编写分工如下：第一章由贾永全和张玉共同编写；第二章由张玉编写；第三章由闵令江编写；第四章和第七章由韦春波编写；第五章和第六章由安玉军与刘亚明编写；第八章由贾永全编写；第九章由安玉军编写。最后由贾永全和张玉进行统稿。

河南农业大学高腾云教授审阅了全书，并对各章节内容提出了许多宝贵的意见，在此表示衷心的感谢。在编写过程中，黑龙江八一农垦大学的杨辉、姜秀杰、余桂荣和研究生李洋洋、贾玉川等做了大量工作，在此一并致谢。

由于学科的快速发展，畜牧产业的复杂变化，加之作者的认识和水平所限，书中难免出现错误和不足，敬请读者批评指正。

编　者
2017年12月

目 录

前 言

第一章 绪论 (1)
  第一节 基本概念 (1)
  第二节 课程的基本内容与特点 (4)
  第三节 畜牧生产系统管理学的发展历程 (5)
  第四节 系统管理的基本理论 (6)
  第五节 本课程与其他课程的关系 (12)
  第六节 现代畜牧业发展的趋势 (14)

第二章 畜牧生产系统设计与规划 (17)
  第一节 畜牧生产系统结构分析 (17)
  第二节 畜牧生产模式分析 (23)
  第三节 畜牧生产系统的设计与构建 (31)

第三章 畜牧生产系统优化 (41)
  第一节 系统优化的基本方法 (41)
  第二节 线性规划方法的应用 (54)
  第三节 畜牧生产适宜规模的确定 (61)

第四章 畜牧生产系统的经济分析 (68)
  第一节 畜牧生产成本分析 (68)
  第二节 盈利核算 (73)
  第三节 畜牧生产函数及其应用 (78)

第五章 畜牧生产系统综合管理 (96)
  第一节 畜牧系统生产要素管理 (96)
  第二节 畜牧生产系统财务管理 (115)
  第三节 人力资源管理 (122)
  第四节 畜牧系统的信息化管理 (132)

第六章 畜牧生产系统的战略分析 (141)
  第一节 概述 (141)
  第二节 预测与应用 (147)

第三节　系统战略决策与应用 …………………………………………（157）
　　第四节　系统战略管理与控制 …………………………………………（165）
第七章　畜牧生产系统诊断 …………………………………………………（169）
　　第一节　概述 ……………………………………………………………（169）
　　第二节　诊断的准备 ……………………………………………………（171）
　　第三节　诊断的方法 ……………………………………………………（173）
第八章　畜牧生产系统效果评价 ……………………………………………（197）
　　第一节　概述 ……………………………………………………………（197）
　　第二节　畜牧生产系统社会效果的评价 ………………………………（198）
　　第三节　畜牧生产系统技术经济效果的评价 …………………………（199）
　　第四节　畜牧生产系统的生态影响评价 ………………………………（206）
第九章　畜牧生产项目的可行性论证 ………………………………………（211）
　　第一节　概述 ……………………………………………………………（211）
　　第二节　可行性论证的基本方法 ………………………………………（216）
　　第三节　可行性报告书的格式及内容 …………………………………（220）

参考文献 ……………………………………………………………………（230）

第一章 绪 论

　　畜牧生产系统是由若干部分组成的有机整体，具有稳定的结构和功能，其在运行过程中不断地与外界进行着物质、能量和信息的交换，且其生产活动还受到诸多确定的和不确定的、必然的和偶然的等因素的影响和制约，因而畜牧生产系统是一项复杂的系统工程。为使畜牧生产系统充分发挥其生产功能，提高其生产效率和经济效益，必须对其进行系统管理。

　　本章主要介绍畜牧生产系统管理学的基本概念，课程的基本内容，学科的发展历程，系统管理的基本理论，本课程与其他相关课程的关系，畜牧业的发展趋势等。

第一节　基本概念

一、系统的定义

　　系统概念的形成源于人类长期的社会实践。"系统"一词最早出现在古希腊语中，有"共同"和"给予位置"的含义。目前，关于系统的定义有多种解释，各有特色。在此采用我国著名科学家钱学森的定义。

　　我国著名科学家钱学森对系统的定义是："把极其复杂的研究对象称为'系统'，即由相互作用和相互依赖的若干组成部分结合成的具有某种特定功能的有机整体，而且这个系统本身又是它所属的更大系统的组成部分。"

二、系统工程

　　关于系统工程的定义有100多种。尽管定义繁多，但基本思想是一致的。下面是几个有代表性的定义：

　　（1）1967年美国H. Chestnut："系统工程学是为了研究由每个子系统构成的整体系统所具有的各种不同目标的相互协调，以期系统功能达到最优，并最大限度发挥系统组成部分的能力而发展起来的一门学科。"

　　（2）1971年日本寺野寿郎："系统工程是为了合理地开发、设计和运用系统而采用的思想、程序、组织和方法的总称。"

　　（3）1974年大英百科全书："系统工程是一门把已有的科学分支中的知识有效地组合起来用以解决综合性的工程问题的技术。"

　　（4）1976年苏联大百科全书："系统工程是一门研究复杂系统的设计、建立和运行的科学技术。"

(5) 1978年中国钱学森等："系统工程是组织管理系统的规划、研究、设计、制造、试验和使用的科学方法，是一种对所有系统都具有普遍意义的方法。"

从上面5个具有代表性的定义中，我们会清楚地看出他们对系统工程的本质、特征的解释是完全一致的，即系统工程是把研究对象作为系统进行开发，作为系统进行设计、构建，作为系统进行运用，并以追求系统整体功能最优为目标的思想方法、程序和各种技术方法。因此，系统工程不是单一的技术，而是思想与各种技术的总称。

我们了解系统工程的概念，不能死记硬背定义，关键是深刻理解系统工程的本质和特征。下面我们再列举几个定义，以便加深理解：

(1) 系统工程是以系统作为研究对象，综合运用现代科学技术的有关成就，寻求工程总体开发、设计、运用最优化的思想方法和技术方法。

(2) 系统工程是整体优化科学。

(3) 系统工程是管理决策科学。

(4) 系统工程是科学应用科学。

三、管理学

管理学是一门综合性的交叉学科，是系统研究管理活动的基本规律和一般方法的科学。管理学是适应现代社会化大生产的需要产生的，管理学的目的就是研究在现有的条件下，如何通过合理的组织和配置人、财、物等因素，进一步提高生产力的水平。

管理是指在特定的环境下，管理者通过执行计划、组织、领导、控制等职能，整合组织的各项资源，实现组织既定目标的活动过程。它有三层含义：

(1) 管理是一种有意识、有目的的活动，它服务并服从于组织目标。

(2) 管理是一个连续进行的活动过程，实现组织目标的过程，就是管理者执行计划、组织、领导和控制等职能的过程。由于这一系列职能之间是相互关联的，从而使得管理过程体现为一个连续进行的活动过程。

(3) 管理活动是在一定的环境中进行的。在开放的条件下，任何组织都处于千变万化的环境之中，复杂的环境成为决定组织生存与发展的重要因素。

四、畜牧生产系统

1. 畜牧生产系统

畜牧生产系统是指在一定的环境条件下，在人的主导下，由畜禽、饲料与设备设施组成的生产畜产品的有机整体。畜牧生产系统是由多个生产环节构成的，且在其运行过程中，受到饲料、畜禽、人员、运行管理模式、自然环境状态及社会经济等诸多因素的综合影响，所以，畜牧生产系统是一个复杂的系统工程。

畜牧生产的实质就是通过畜禽将饲料转化为畜产品的过程。获得量多质好的畜产品不是目的，而仅仅是手段，通过出售畜产品而获得最大的利润才是畜牧生产的最终目的。

畜牧生产作为一个系统，它既是一个自然生态系统的子系统，受自然规律的约束，也是国民经济系统的一个子系统，受社会经济规律的约束，同时，畜牧生产系统又是一个人工开放系统，又受科技发展水平的影响。因而，畜牧生产系统是一个复杂的大系统。

畜牧生产系统不同于工业生产系统,它属于生物生产系统,有其独特的特点和规律,其生产过程是自然再生产和经济再生产交织在一起的,即畜禽的生长发育、种群延续与经济生产是同时并存的,其经济生产是通过畜禽的生长发育、种群延续而表现出来的,自然再生产与经济再生产是密不可分的。

随着科技的发展和人们认识水平的提高,对畜牧生产的过程和其本身的结构关系及影响因素又有了新的认识:畜禽不同于机器,它有自己的思维、情感,其情绪的变动在某种程度上会严重影响畜牧生产效果,其生产的全过程都是由掌握着先进科技的人来控制的,科技贯穿着畜牧生产的全过程。要使畜禽发挥其最大的生产潜能,不仅要具有优良的品种、科学的饲养、适宜的生产环境、正确的疫病防治程序和措施,还要考虑畜禽的生理和心理的需求,使畜禽心情舒畅,与人亲和,此外还需要考虑畜禽的生产工艺和种群结构及周转。

综合考察畜牧生产的全过程及其各影响因素,可以认为,在市场经济条件下,理想的畜牧生产系统为:在市场经济规律的引导下,在以经济效益为目的的前提下,在科学规划和决策的指导下,在合理使用各种资源的条件下,在掌握着先进科技的人员的控制下,使优良品种的畜禽在科学的饲养管理、健康无疾病的条件下,在舒适的生产环境中,心情舒畅地充满积极性地并且发挥最大生产潜能地为人类生产量多质好的、适应市场需求的畜产品,从而以最小的投入和最少的生产时间,获得最大的产出、最大的经济效益。

2. 畜禽自然再生产

自然再生产是指畜禽依靠其特有的新陈代谢机能,通过生长、发育和繁殖等一系列生命活动,不断遗传和生育后代的过程。

3. 畜牧经济再生产

畜牧经济再生产是指畜牧业总产品、劳动力和生产关系的生产不断反复和不断更新的过程。

五、畜牧生产系统管理学

畜牧生产系统管理学是一门新兴的学科,也是一门综合学科和边缘学科;既是系统工程的一个分支,也是经济管理学的一个分支。也就是说,畜牧生产系统管理学是系统工程和管理学的思想、原理和方法在畜牧生产系统中的应用。具体地说,畜牧生产系统管理学以畜牧生产的全过程及其相关的外部环境作为研究对象的,综合运用系统工程、经济学、现代管理学、数学、计算机以及畜牧科学的理论与技术对整个畜牧生产系统的产前、产中、产后的各个环节进行全面而系统的分析基础上,在获取最大经济效益为目的的指导下,对畜牧生产系统进行有效的构建和优化、生产资源的合理使用、生产过程的管理和系统环境综合控制的过程,最终使畜牧生产效果在一定的时间内达到最大的一门科学。

畜牧生产系统管理是一个含义非常广泛的概念,它包括畜牧产业的一切生产和经营活动。畜牧生产系统管理的目的就是在畜牧经济再生产过程中合理地使用各种资源,使畜牧生产系统的各个环节之间、各个组成部分之间、系统与环境之间相互协调统一,力图使畜牧生产系统结构更佳、系统的功能更大。在畜牧生产经营过程中,无论是培育优良品种、改进畜禽生产性能,还是实行科学饲养管理,为畜禽创造适宜的生产环境,实行科学的疫病防治,或是采取各种先进的生产工艺及营销手段等，都是为实现畜牧系统功能最大这一目的而进行的活动。因而，从广义上来讲，畜牧产业所进行的一切活动都属于畜牧生产系统管理学所涉及的范畴。

第二节 课程的基本内容与特点

一、课程的主要内容

本课程是以畜牧生产的整个系统作为研究对象，主要研究畜牧生产系统的构建与优化、系统模型、畜牧生产的资源合理配置、畜牧生产的经济分析、畜牧生产系统诊断、畜牧生产系统的战略分析、畜牧生产系统效果评价、畜牧生产性项目的可行性分析等内容。

从系统的角度看，畜牧生产系统管理学的主要研究内容包括以下几方面：

(1)畜牧生产系统的规划构建。主要包括畜牧生产项目的可行性论证、畜牧生产系统的设计与规划、系统模型等。

(2)畜牧生产系统的优化与管理。主要包括畜牧生产系统的战略分析和经济分析、畜牧生产系统的综合管理和系统优化等。

(3)畜牧生产系统的诊断与评价。主要包括畜牧生产系统的诊断、畜牧生产系统效果评价等。

二、学科的特点

本学科以系统工程、数学、生态、经济学、计算机技术等学科的有关原理和技术作为研究畜牧生产系统和畜牧业经济问题的手段。主要具有以下特点。

1. 综合性学科

本学科具有明显的高层次的综合性，多方面的系统性，定量化的科学性，重实际的可操作性，特别注重定量研究畜牧生产系统中各种系统性问题。即以"定性问题定量化，定量问题模型化，模型问题优化"为原则，以系统分析、现代数学、计算机技术为手段来研究畜牧产业系统中的系统管理问题。

2. 交叉的新兴学科

畜牧生产系统管理学是一门新学科。它是畜牧科学在市场经济条件下发展的结果，是适应畜牧业发展趋势和需要而产生的；它也是一门综合科学，是畜牧科学与系统工程、生态学、经济科学及数学、计算机技术等学科相融合的结果。同时，它又是一门边缘交叉科学，它处于畜牧科学、生态学、系统科学、经济学等学科的交叉处。其示意图如图1-1所示。

3. 战略性研究学科

畜牧生产系统管理学更侧重从宏观和战略上研究畜牧生产系统的发展策略、对策和发展模式，在动物科学专业中的诸多学科中是唯一综合考虑生产、生态、社会、政治和经济等因素的基础上研究畜牧产业的发展策略的学科。

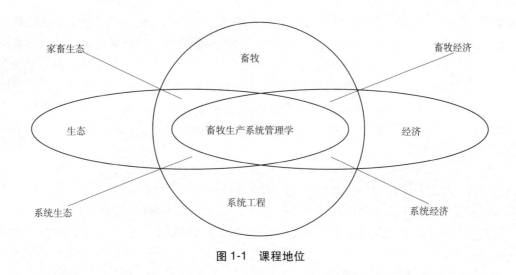

图 1-1 课程地位

第三节 畜牧生产系统管理学的发展历程

畜牧产业的发展拉动了畜牧生产的专业化分工、集约化运营、规模化生产、产业化经营、科学化管理、社会化服务的发展格局，并促进了畜牧生产系统从产前、产中和产后各个环节相互协调和相互制约，形成了这种由动植物生态系统和社会市场经济系统多链条(环节)、多因子构成的复合的生态经济系统。面对畜牧生产系统这样复杂的大系统，就必须使系统的经济、社会、生态的综合(整体)效益和协同发展，也使畜牧生产系统面临着科学预测、资源合理利用与保护、生产要素最佳配伍等一系列系统性问题。这同时也需要有一个科学管理理论和方法来武装产业系统的管理者。

20世纪30年代以来，泰勒科学管理理论的提出及贝塔朗菲系统科学的产生和50年代以来系统工程的出现，以及现代数学的发展、计算机的发明及其不断改进和普及，为各种行业的系统分析与实施系统管理提供了新的科学理论与先进手段。近些年来各国，特别是中国在发展市场经济的同时，也认识到了市场经济也必须有宏观的调控，一个企业离开了科学的管理就会缺乏竞争力。这些都是推动各种管理学科、特别是系统管理科学发展的重要条件。

20世纪80年代初以来，各种系统工程的理论和方法广泛应用于畜牧生产管理中，进而产生了一系列的畜牧生产系统分析方法，如利用线性规划的方法进行畜牧生产规划、确定饲料配方，畜牧结构的动态仿真，畜牧生产效果的模糊评价，灰色系统理论在畜牧生产中的应用等。可以说20世纪80年代末至90年代初，是畜牧系统思想在我国开始应用并有所发展的时期，也是畜牧产业系统管理学科的兴起时期。畜牧产业系统管理学的一些观点、理论和方法已经成为广大畜牧工作者进行畜牧科学研究和从事畜牧生产管理的强有力工具。畜牧产业系统管理学所揭示的一些基本原理，诸如综合因子协同作用，限制性因子序列调控，多途径多级增效，资源约束平衡等原理，已经成为进行畜牧产业系统规划、设计和管理所遵循的重要法则。

畜牧生产系统管理学是在东北农业大学刘中源教授1982年以来发表的一系列畜牧系统工程论文和专论的基础上发展起来的。1989年在东北农业大学畜牧专业中开设畜牧生产系统管理学课程，1992年开始招收畜牧生产系统管理学的硕士研究生。从此，畜牧生产系统管理学正式成为东北农业大学畜牧专业中的一门课程，1995年教育部教学指导委员会畜牧学科组教材会通过了由刘中源教授主编《畜牧（或动物）产业系统管理学》教材。其他与此相类似的课程也先后在一些农业院校的畜牧专业中开设并出版了相关的教材，如北京农业大学（现中国农业大学）的刘少伯先生开设了畜牧生产系统学，并于1992年编著出版了《家畜生产系统学》；黑龙江八一农垦大学的贾永全在1995年开设了畜牧系统管理科学课程，并于1999年出版了《畜牧生产系统管理学》。

此外，一些院校的专家也纷纷将系统工程的知识和理念引入相关的学科，其中表现突出的是内蒙古农牧业科学院的卢德勋教授，卢德勋教授将系统科学的原则和方法应用于动物营养学研究领域，创立了系统动物营养学，并于2004年出版了专著《系统动物营养学导论》。

目前，畜牧生产系统管理学在以下几个方面进行深入的研究，在许多地方取得了很好的研究成果：

(1) 畜牧生产系统的设计规划与论证。

(2) 畜牧生产函数的研究。在畜牧生产的投入与产出之间、按动物生长与生产规律的合理投入、最佳出栏期的确定等，建立不同层次、不同用途和不同适用范围的各种线性和非线性的生产函数模型，并进行有关的生产和经济分析。

(3) 系统的优化。在畜牧生产的许多方面利用线性规划、动态规划、模糊规划、目标规划、多目标规划以及非线性规划进行饲料配方、资源配置分配、饲养规模确定、种群结构的优化等。

(4) 畜牧生产系统分析。利用系统工程、系统动力学等有关理论对畜牧产业系统进行全面而系统的分析研究，研究畜牧生产系统或某一动物生产系统的结构模型、生产区划、聚类分析、系统诊断、预测、规划、仿真、决策等。

(5) 畜牧生产系统优化决策。采用系统工程、灰色系统模糊数学、生态学、数学等有关理论和方法，研究了畜群结构的仿真优化、适度畜牧生产规模的确定、生产方案的优选决策效果的综合评价等。

(6) 经营项目动态分析。用产业经营活动分析和经济效益分析方法，对企业经营状态、开发项目进行经济分析与评估。

目前，畜牧生产系统管理学在以往研究的基础上，又在向更广、更深入的方向发展，正广泛地借助于系统工程、数学、计算机管理科学、生态、经济等各个方面的新知识来不断充实、完善和发展本学科，畜牧生产系统管理学正在处于发展完善时期。我们相信，随着市场经济的不断完善和畜牧产业不断发展，在广大畜牧研究人员和系统管理等方面的研究人员的共同努力下，畜牧生产系统管理学一定会成为畜牧业科学研究和应用领域内的一门具有独特作用和功能的新学科。

第四节　系统管理的基本理论

系统工程和管理学的基本理论也是畜牧系统管理的基本及理论。

系统工程的主要理论基础由控制论、运筹学、一般系统论、大系统论、经济控制论等学科相互渗透、交叉发展而形成的。尽管我国的系统研究历史很早，但系统工程研究中的著名的理论基础都起源于国外，目前，我国学者所进行的系统工程研究，大多是国外系统工程理论在中国的运用与发展。我国学者在系统工程理论上的贡献主要有：1954 年，美国麦克劳·希尔图书公司出版的钱学森所著的《工程控制论》英文版，这是世界上第一部系统讲述工程控制论的专著，在世界上引起了较大的反响，奠定了中国系统工程的理论基础。20 世纪 60~70 年代，华罗庚的《统筹法》和许国志的《运筹学》相继出版，进一步推动了系统工程在中国的发展。研究表明，我国系统工程研究的理论基础主要集中于运筹学、控制论、灰色系统理论、自组织理论、系统动力学、决策支持系统理论、信息论、模糊理论、可拓学、粗糙集理论及马尔科夫理论等，且运筹学、控制论、灰色系统理论、自组织理论、模糊理论、可拓学呈下降趋势，系统动力学、决策支持系统理论呈波动趋势，信息论呈上升趋势。

一、系统工程的基本理论

（一）运筹学

运筹学是一门应用科学，至今还没有统一且确切的定义。这里提出以下几个定义来说明运筹学的性质和特点。莫斯（P. M. Morse）和金博尔（G. E. Kimball）曾对运筹学下的定义是："为决策机构在对其控制下业务活动进行决策时，提供以数量化为基础的科学方法。"它首先强调的是科学方法，其含义不单是某种研究方法的分散和偶然的应用，而是可用于整个一类问题上，并能传授和有组织地活动。它强调以量化为基础，必然要用数学。但任何决策都包含定量和定性两方面，而定性方面又不能简单地用数学表示，如政治、社会等因素，只有综合多种因素的决策才是全面的。运筹学工作者的职责是为决策者提供可以量化方面的分析，指出那些定性的因素。另一定义是："运筹学是一门应用科学，它广泛应用现有的科学技术知识和数学方法，解决实际中提出的专门问题，为决策者选择最优决策提供定量依据。"这一定义表明运筹学具有多学科交叉的特点，如综合运用经济学、心理学、数学等学科的一些方法。运筹学是强调最优决策，"最"是过分理想了，在实际生活中往往用次优、满意等概念代替最优。因此，运筹学的又一个定义是："运筹学是一种给出问题坏的答案的艺术，否则的话问题的结果会更坏。"

第二次世界大战后，在英、美军队中相继成立了更为正式的运筹研究组织。到 20 世纪 50 年代，由于开发了各种洲际导弹，到底发展哪种导弹，运筹学界也加入了争论。到 20 世纪 60 年代，除军事方面的应用研究以外，运筹学相继在工业、农业、经济和社会问题等各领域都有应用。与此同时，运筹数学有了飞快的发展，并形成了运筹学的许多分支。最早建立运筹学会的国家是英国（1948 年），接着是美国（1952 年）、法国（1956 年）、日本和印度（1957 年）等。

在 20 世纪 50 年代中期，钱学森、许国志等教授将运筹学由西方引入我国，并结合我国的特点在国内推广应用。在经济数学方面，特别是投入产出表的研究和应用开展较早。质量控制（后改为质量管理）的应用也有特色。在此期间，以华罗庚教授为首的一大批数学家加入到运筹学的研究队伍，使运筹数学的很多分支很快跟上当时的国际水平。

运筹学在解决问题时，按研究对象不同可构造各种不同的模型。模型是研究者对客观现实经过思维抽象后用文字、图表、符号、关系式以及实体模样描述所认识到的客观对象。模型的有关参数和关系式较容易改变,这样是有助于问题的分析和研究。利用模型可以进行一定预测、灵敏度分析等。

(二)控制论

1947年美国学者维纳(Norbert Wiener)创立的控制论,是一门研究系统的控制的学科。维纳在其1948年出版的《控制论》一书中这样定义:"控制论是关于动物和机器中控制和通信的科学",它着眼于结构之间的沟通、协调和控制机理。经典控制论时期(20世纪40年代末到50年代),主要研究单因素控制系统,重点是反馈控制,借助的工具是各种各样的自动调节器、伺服机构及其有关电子设备,着重解决单机自动化和局部自动化问题;现代控制理论时期(20世纪60年代),主要研究多因素控制系统,重点研究最优控制,借助的工具是电子计算机;大系统控制理论时期(70年代以后),主要研究因素众多的大系统,重点研究大系统多级递阶控制,借助工具是电子计算机联机和智能机器。控制论包括信息论、自动控制系统的理论、自动快速电子计算机的理论3个基本部分,在控制论的基础上,形成了现在的自动控制学科。

(三)信息论

数学家香农(C. E. Shannon,1916—2001)为解决通信技术中的信息编码问题,把发射信息和接收信息作为一个整体的通信过程来研究,提出通信系统的一般模型;同时建立了信息量的统计公式,奠定了信息论的理论基础。1948年香农发表的《通信的数学理论》一文,成为信息论诞生的标志。在《通信的数学理论》的论文中系统地提出了关于信息的论述,创立了信息论。狭义信息论,主要研究消息的信息量、信道容量以及消息的编码问题;一般信息论,主要研究通信问题,也包括噪声理论、信号滤波与预测、调制、信息、处理等问题;广义信息论,不仅包含前两项的研究内容,而且包括所有与信息有关的领域。香农创立信息论,是在前人研究的基础上完成的。1922年卡松提出边带理论,指明信号在调制(编码)与传送过程中与频谱宽度的关系。1922年哈特莱发表《信息传输》的文章,首先提出消息是代码、符号而不是信息内容本身,使信息与消息区分开来,并提出用消息可能数目的对数来度量消息中所含有的信息量,为信息论的创立提供了思路。美国统计学家费希尔从古典统计理论角度研究了信息理论,苏联数学家哥尔莫戈洛夫也对信息论作过研究。控制论创始人维纳建立了维纳滤波理论和信号预测理论,也提出了信息量的统计数学公式,甚至有人认为维纳也是信息论创始人之一。在信息论的发展中,还有许多科学家对它做出了卓越的贡献。法国物理学家L·布里渊(L. Brillouin)1956年发表《科学与信息论》专著,从热力学和生命等许多方面探讨信息论,把热力学熵与信息熵直接联系起来,使热力学中争论了一个世纪之久的"麦克斯韦尔妖"的佯谬问题得到了满意的解释。英国神经生理学家(W. B. Ashby)1964年发表的《系统与信息》等文章,还把信息论推广应用于生物学和神经生理学领域,也成为信息论的重要著作。这些科学家们的研究,以及后来从经济、管理和社会的各个部门对信息论的研究,使信息论远远地超越了通信的范围。信息科学是以信息为主要研究对象,以信息的运动规律和应用方法为主要研究内容,以计算机等技术为主要研究工具,以扩展人类的信息功能为主要目标的一门新兴的综合性学科。

(四)灰色系统理论

模糊数学的新的成果灰色系统理论,是由我国华中理工大学邓聚龙教授20世纪80年代基于数学理论所创立的一门新兴的系统工程学科。灰色预测模型 GM(1,1)模型作为其核心内容之一，在此时期对灰色系统理论的研究与应用中备受关注。对灰色模型预测方法的改进和完善上，我国学者做出了较大的贡献，如：新的对预测结果具有可调性的灰色模型预测法（罗荣桂、陈炜，1988），GM(1,1)模型建模的曲线拟合法（陈俊珍，1988；李景文、宋建社等，1990）等，这使得灰色模型预测方法预测精度越高，建模难度越低，应用范围越广。尤其，王铮、和莹在《灰色系统建模方法的理论困难及其克服》一文中，针对灰色系统建模方法理论存在的不严格性，重点强调灰色系统建模预测应该被慎重应用，这为我国系统工程学者的研究过程提供了宝贵的借鉴意义。

(五)自组织理论

20 世纪 60 年代末期，自组织理论开始建立并发展起来，它是一般系统论和控制论的新发展。自组织理论最基本的观点是：系统存在和生存有赖于系统本身复制其行为和组织的能力，它主要由耗散结构理论(Dissipative Structure)、协同学(Synergertios)、突变论(Catastrophe Theory)三部分组成。耗散结构理论主要研究系统与环境之间的物质与能量交换关系及其对自组织系统的影响等问题；协同学主要研究系统内部各要素之间的协同机制；突变论建立在稳定性理论的基础上，认为突变过程是由一种稳定态经过不稳定态向新的稳定态跃迁的过程，即使是同一过程，对应于同一控制因素临界值，突变仍会产生不同的结果，即可能达到若干不同的新稳态，每个状态都呈现出一定的概率。

(六)一般系统论

1937 年贝塔朗菲(Bertalanffy)在芝加哥大学的一次哲学研讨会上第一次提出了一般系统论的概念，10 年之后他进一步阐明了一般系统论的思想，指出"不论系统的具体种类、组成部分的性质和它们之间的关系如何，存在着适用于综合系统或子系统的一般模式、原则和规律"。1950 年发表《物理学和生物学中的开放系统理论》。1955 年专著《一般系统论》，成为该领域的奠基性著作，1960—1970 年受到人们重视。1972 年发表《一般系统论的历史和现状》，把一般系统论扩展到系统科学范畴，也提及生物技术。1973 年修订版《一般系统论：基础、发展与应用》再次阐述了机体生物学的系统与整合概念，提出开放系统论用于生物学研究，以及采用计算机方法与数学模型建立，提出几个典型数学方程式。一般系统论包含系统的整体性、开放性、动态相关性、多级递阶性、有序性的基本观点。2004 年汪应洛这样评价："贝塔朗菲对系统理论的发展做出了两个重要贡献，一是他划分了开放系统和封闭系统，明确提出了开放性系统不断与外界进行物质与能量的交换，并同时调整其内部结构已达到动态平衡；另一个贡献就是创立了一般系统论，并指出一般系统论是研究'整体'的科学。"

(七)系统动力学

系统动力学(system dynamics，简称 SD)出现于 1956 年，创始人为美国麻省理工学院(MIT)的福瑞斯特(J. W. Forrester)教授。系统动力学是福瑞斯特教授于 1958 年为分析生产管理及库存管理等企业问题而提出的系统仿真方法，最初叫作工业动态学。它是一门分析研究信息反馈系统的学科，也是一门认识系统问题和解决系统问题的交叉综合学科。从系统方法论来说：系统动力学是结构的方法、功能的方法和历史的方法的统一。它基于系统论，吸收了控制论、信息论的精髓，是一门综合自然科学和社会科学的横向学科。

(八)决策支持系统理论

决策支持系统(Decision Support System，简称 DSS)是辅助决策者通过数据、模型和知识，以人机交互方式进行半结构化或非结构化决策的计算机应用系统。它是管理信息系统(MIS)向更高一级发展而产生的先进信息管理系统。它为决策者提供分析问题、建立模型、模拟决策过程和方案的环境，调用各种信息资源和分析工具，帮助决策者提高决策水平和质量。

DSS 能为决策者提供决策所需要的数据、信息和背景材料，帮助明确决策目标和进行问题的识别，建立或修改决策模型，提供各种备选方案，并对各种方案进行评价和优选，通过人机对话进行分析、比较和判断，为正确决策提供有益帮助。

DSS 追求的目标是：不断地研究和吸收信息处理其他领域的发展成果，研究决策分析和决策制订过程所特有的某些问题，并不断地将其形式化、规范化，逐步用系统来取代人的部分工作，以全面支持人进行更高层次的研究和更进一步决策。在这里，系统支持人进行研究和决策工作效率的提高是 DSS 所追求的主要目标。

(九)模糊理论

模糊理论(Fuzzy Theory)是指用到了模糊集合的基本概念或连续隶属度函数的理论。它可分类为模糊数学、模糊系统、不确定性和信息、模糊决策、模糊逻辑与人工智能 5 个分支，它们并不是完全独立的，它们之间有紧密的联系。例如，模糊控制就会用到模糊数学和模糊逻辑中的概念。从实际应用的观点来看，模糊理论的应用大部分集中在模糊系统上，尤其集中在模糊控制上。也有一些模糊专家系统应用于医疗诊断和决策支持。由于模糊理论从理论和实践的角度看仍然是新生事物，所以我们期望随着模糊领域的成熟，将会出现更多可靠的实际应用。

模糊理论(Fuzzy Theory)是在美国加州大学伯克利分校电气工程系的扎德(L. A. Zadeh)教授于 1965 年创立的模糊集合理论的数学基础上发展起来的，主要包括模糊集合理论、模糊逻辑、模糊推理和模糊控制等方面的内容。早在 20 世纪 20 年代，著名的哲学家和数学家 B. Russell 就写出了有关"含糊性"的论文。他认为所有的自然语言均是模糊的，比如"红的"和"老的"等概念没有明确的内涵和外延，因而是不明确的和模糊的。可是，在特定的环境中，人们用这些概念来描述某个具体对象时却又能心领神会，很少引起误解和歧义。扎德教授在 1965 年发表了著名的论文，文中首次提出表达事物模糊性的重要概念——隶属函数，从而突破了 19 世纪末康托尔的经典集合理论，奠定了模糊理论的基础。

(十)可拓学

可拓学(Extenics)是以广东工业大学的蔡文研究员为首的中国学者创立的新学科。研究事物拓展的可能性和开拓创新的规律与方法，并用以解决矛盾问题。可拓学有别于生物学、机械学、电工学等纵向学科，是与数学、系统论、信息论、控制论等相类似的横断学科。可拓学是一门交叉学科，它的基本理论是可拓论，特有的方法是可拓方法。可拓工程是可拓论和可拓方法在各个领域的应用。该研究从 1976 年开始，1983 年发表第一篇论文。目前，已形成初步的理论框架，并建立了在人工智能、计算机、管理、控制、检测等领域的应用方法。可拓学是一门哲学、数学和工程学交叉的学科，也是一门以解决矛盾问题为目标的新的横断学科。有矛盾问题存在的地方，就有可拓学的用武之地。它在各门学科和工程技术领域中应用的成效，不在于发现新的实验事实，而在于提供一种新的思想和方法。

(十一) 粗糙集理论

粗糙集理论作为一种数据分析处理理论,在 1982 年由波兰科学家 Z. Pawlak 创立。最开始由于语言的问题,该理论创立之初只有东欧国家的一些学者研究和应用它,后来才受到国际上数学界和计算机界的重视。1991 年,Pawlak 出版了《粗糙集——关于数据推理的理论》这本专著,从此,粗糙集理论及其应用的研究进入了一个新的阶段,1992 年关于粗糙集理论的第一届国际学术会议在波兰召开。1995 年计算机协会将粗糙集理论列为新兴的计算机科学的研究课题。粗糙集理论作为一种处理不精确(imprecise)、不一致(inconsistent)、不完整(incomplete)等各种不完备的信息有效的工具,一方面得益于他的数学基础成熟、不需要先验知识;另一方面在于它的易用性。由于粗糙集理论创建的目的和研究的出发点就是直接对数据进行分析和推理,从中发现隐含的知识,揭示潜在的规律,因此是一种天然的数据挖掘或者知识发现方法,它与基于概率论的数据挖掘方法、基于模糊理论的数据挖掘方法和基于证据理论的数据挖掘方法等其他处理不确定性问题理论的方法相比较,最显著的区别是它不需要提供问题所需处理的数据集合之外的任何先验知识,而且与处理其他不确定性问题的理论有很强的互补性(特别是模糊理论)。

(十二) 马尔可夫理论

1. 马尔可夫链

马尔可夫链因安德烈·马尔可夫(A. A. Markov,1856—1922)得名,是指数学中具有马尔可夫性质的离散事件随机过程。该过程中,在给定当前知识或信息的情况下,过去(即当前以前的历史状态)对于预测将来(即当前以后的未来状态)是无关的。在马尔可夫链的每一步,系统根据概率分布,可以从一个状态变到另一个状态,也可以保持当前状态。状态的改变叫作转移,与不同的状态改变相关的概率叫作转移概率。随机漫步就是马尔可夫链的例子。随机漫步中每一步的状态是在图形中的点,每一步可以移动到任何一个相邻的点,在这里移动到每一个点的概率都是相同的(无论之前漫步路径是如何的)。

2. 马尔可夫过程

马尔可夫过程(Markov process)是一类随机过程。它的原始模型马尔可夫链,由俄国数学家马尔可夫于 1907 年提出。该过程具有如下特性:在已知目前状态(现在)的条件下,它未来的演变(将来)不依赖于它以往的演变(过去)。例如,森林中动物头数的变化构成——马尔可夫过程。在现实世界中,有很多过程都是马尔可夫过程,如液体中微粒所做的布朗运动、传染病受感染的人数、车站的候车人数等,都可视为马尔可夫过程。关于该过程的研究,1931 年 А. Н. 柯尔莫哥洛夫在《概率论的解析方法》一文中首先将微分方程等分析的方法用于这类过程,奠定了马尔可夫过程的理论基础。

二、系统工程实践

系统工程在实践中应用范围非常广泛,在各行各业都有用武之地,可以说,系统工程能应用于解决一切部门复杂而又困难的项目的规划设计问题、管理控制问题及生产运作问题。系统工程的应用范围有:自然系统(宇宙、气象、灾害、土地、资源、农、林、渔业)、人体系统(生理、病理、脑、神经、自理、医疗)、社会系统(国际系统、国家行政、地区社会、文化教育)、产业系统(技术开发、土地设施、网络系统、服务系统、交通控制、经营管理)(表 1-1)。

表 1-1 系统工程的应用范围及应用举例

应用范围		应用举例
自然系统	宇宙	宇宙开发、宇宙飞行、通信卫星等
	气象、灾害	天气预报、地震预报、防火、防台风、防洪水、震灾对策、人工气象开发等
	土地、资源	土地开发、海洋开发、资源开发、能源开发、太阳能开发、地热开发、潮力开发、治山治水、河流开发、农业灌溉、水库流量控制、土地利用、造田、环境保护等
	农、林、渔业	农业资源、林业资源、渔业资源、人工农业等
人体系统	生理、病理	生理分析、生理模拟、病例分析、病理模拟、病理情报检查等
	脑、神经、心理	思考模型模拟、自动翻译、人工智能、机器人研究、控制论模型、心理适应诊断、职业病研究等
	医疗	自动诊断、自动施疗、物理治疗、自动调剂、医疗工程、医院情报管理、医院管理、医疗保险、假手足、人工内脏等
社会系统	国际系统	防卫协调、国际能源问题、粮食问题、国际资源问题、国际环境保护、国际情报网、发展中国家的开发等
	国家行政	经济预测、经济计划、公共事业计划、金融政策、保卫、治安警察、外交情报、经济情报服务、司法情报、行政管理、邮政职业介绍等
	地区社会	地区规划、城市规划、防灾对策、垃圾处理、地区生活情报系统、公用计划、老年人和残疾少、对策、地区医药等
	文化教育	自动广播、组号自动编程、计算机辅助教学、文化教育情报服务、教育计划、自动检字、自动印刷、自动编辑等
产业系统	技术开发	新技术开发、新产品开发、技术情报管理、原子能利用、最优设计、最优控制、过程模拟、自动设计、自动制图等
	工业设施	发电厂设备、钢铁厂设备、化工设备、过程自动化、机械自动化、自动仓库、工业机器人等
	网络系统	电力网、配管分配、安全回路、控制回路、道路计划、情报网等
	服务系统	铁道航空座席预约、旅店剧院预约、银行联机系统、自动售票、情报服务等
	交通控制	航空管制、铁道自动运行、道路交通管理、新交通系统等
	经营管理	经营系统、精英模拟、经营组织、经营预测、需求预测、经营计划、生产管理、资产管理、库存管理、销售管理、财务管理、车辆分配管理、经营情报系统、事务工作自动化等

第五节 本课程与其他课程的关系

系统工程作为一门新兴的、多学科高度综合的学科，它的思想和方法来自于各个行业与领域，又综合吸收了邻近学科的理论与工具，它是在处理各种复杂问题的实践中形成和发展的，还处于不断成熟发展的阶段。系统工程在自然科学、社会科学、工程技术、生产实践、经济建设及现代化管理中有着重要的意义，随着社会经济建设和科学技术的不断发展进步，系统工程得到了迅速发展和广泛应用。在当今经济全球化、市场动态化、信息加速化的时代特征下，系统工程理论在社会发展进程中为解决社会问题提供了理论基础；系统工程实践的成果，为促进社会进步提供了社会保障；系统工程方法技术，为处理社会问题提供了解决手段。尤其，在当今提倡的节能、减排的低碳经济发展趋势下，系统工程理论与实践将在这一发展趋势进程中发挥不可替代作用。畜牧生产系统管理学是一门年轻的新型交叉学科，涉及畜牧学、生态学、经济学、管理学、系统工程学等领域。它以畜牧学为核心，将畜牧学与系统科学、生态学、经济学、管理学有机地结合起来，从多个角度和全新的思想和方法指导畜牧生产，解决生产实际中出现的新的各种错综复杂的问题。

一、畜牧生产系统管理学与畜牧学的关系

畜牧学是研究家畜育种、繁殖、饲养、管理、防病防疫，以及草地建设、畜产品加工和畜牧经营管理等相关领域的综合性学科。畜牧学的内容大体包括基础理论和各论两大部分，前者是以家畜生理、生化、解剖、遗传等学科为基础，研究家畜良种繁育、营养需要、饲养管理和环境卫生等基本原理；后者则在上列学科的基础上，分别研究牛、羊、兔、猪、禽等畜禽的具体饲养技术、饲料生产技术、畜产品深加工与产品开发技术、经营管理方法等。而畜牧生产系统就是由人、畜禽和饲料组成的，通过人的管理控制，使畜禽这种生物机器将饲料转化为畜产品的物质生产。畜牧生产的实质是通过畜禽将饲料转化畜产品的过程。通过畜牧生产获得量多质好的畜产品不是目的，而仅仅是手段，通过出售畜产品而获得最大的利润才是畜牧生产的最终目的。

二、畜牧生产系统管理学与生态学的关系

生态学是 1866 年德国生物学家赫格尔（E. Haeckel）提出的，他指出：研究有机体和它们环境之间相互关系的科学即为生态学，其环境是某一特定生物体或生物群体以外的空间，以及直接或间接影响该生物体或生物群体生存的一切事物的总和。生态学的研究目的是掌握畜禽个体、种群、群落和环境的相互关系，掌握生态系统的结构和功能，具备运用生态学原理来分析和解决养殖生产中出现的理论和技术问题的能力。其重点是有机体与环境之间的关系，虽然有机体的范畴扩大到了人类，但依然强调的是生物体，即植物、动物和微生物。畜牧生产系统管理更多的是强调人的作用，不仅受自然因素的影响，也受社会因素的影响。它既是一个自然生态系统的子系统，受自然规律的约束，也是国民经济系统的一个子系统，受社会经济规律的约束，同时，畜牧生产系统又是一个人工开放系统，又受科技发展水平的影响。因而，畜牧生产系统是一个复杂的大系统。

三、畜牧生产系统管理学与经济学的关系

经济学是研究价值的生产、流通、分配、消费的规律的理论。经济学的研究对象和自然科学、其他社会科学的研究对象是同一的客观规律。经济是价值的创造、转化与实现；人类经济活动就是创造、转化、实现价值，满足人类物质文化生活需要的活动。经济学是研究人类经济活动的规律，即研究价值的创造、转化、实现的规律——经济发展规律的理论。畜牧生产系统的目的性是明确的，其功能就是生产量多质好的畜产品，并获取最大的经济利润。

在市场经济规律的引导下，在以经济效益为目的的前提下，在科学规划和决策的指导下，在合理使用各种资源的条件下，在掌握着先进科技的人员控制下，使优良品种的畜禽在科学的饲养管理、健康无疾病的条件下，在舒适的生产环境中，心情舒畅地充满积极性地并且发挥最大生产潜能地为人类生产量多质好的、适应市场需求的畜产品，从而以最小的投入和最少的生产时间，获得最大的产出和最大的经济效益。

四、畜牧生产系统管理学与管理学的关系

管理学是系统研究管理活动的基本规律和一般方法的科学。它是适应现代社会化大生产的需要而产生的，其目的是研究在现有的条件下，如何通过合理的组织和配置人、财、物等因素，提高生产力的水平。其中，管理者通过执行计划、组织、领导、控制等职能，整合组织的各项资源，实现组织既定目标的活动过程。管理学包括3层含义：①管理是一种有意识、有目的的活动，它服务并服从于组织目标。②管理是一个连续进行的活动过程，实现组织目标的过程，是管理者执行计划、组织、领导、控制等职能的过程。由于这一系列职能之间是相互关联的，从而使得管理过程体现为一个连续进行的活动过程。③管理活动是在一定的环境中进行的，在开放的条件下，任何组织都处于千变万化的环境之中，复杂的环境成为决定组织生存与发展的重要因素。在畜牧生产过程中的一切活动皆是由掌握着一定先进技术的人来控制和管理的，离开了人的参与，任何畜牧生产系统都不会存在。特别是在人工饲养条件下，畜禽的食物都是由人来提供，并且是按畜禽的需要来提供的，所以，畜牧生产系统是在人的管理下进行的。

第六节　现代畜牧业发展的趋势

一、世界畜牧业的发展趋势

世界畜牧业进入21世纪后，发展非常迅速，未来世界畜牧业将出现以下发展趋势：

(1) 发展超级型畜禽，提供更多的畜禽产品。用高新技术把大型动物基因引入体型小的动物体内，从而培育出个体粗壮的巨型动物，在相同条件和时间内将获得更多的畜产品。

(2) 培养微型家禽，满足美食之需。畜牧专家正在考虑把猪、兔、羊育成小到可放在菜盘子里的微型畜禽。墨西哥已培育出大批量微型牛，这为畜牧业发展开创了一条新的道路。

(3) 开发合成型家禽，降低粮食消耗。英国科学家正在研究草食猪，并已取得一定进展。如此发展，将达到减少粮食消耗的目的。

(4) 发展快生长型畜禽，提高饲养经济效益。由于高新技术的发展，快速育肥猪、育肥牛、快速养鸡技术已取得很大的发展，多种添加剂、促生长剂、埋植技术广泛应用，畜禽育成速度加快，时间在缩短。

(5) 培育功能性保健畜禽，促进人类健康。韩国已培育出低胆固醇的优质肉猪，我国已生产出低胆固醇高碘蛋、高锌蛋、高铁蛋，具有一定防病功效，更多的功能性食品还在培育研制中。

二、中国畜牧业的发展趋势

1. 未来畜牧业发展的目标

中国未来畜牧业的发展目标是保障市场供需基本平衡(总量平衡)、促进产业结构不断优化(结构优化)、养殖效益合理稳定(效益稳定)、产品质量安全可靠(质量安全)、资源开发利用适度(资源节约)和生态环境友好和谐(环境友好)。

2. 中国畜牧业面临的挑战

(1)畜产品供求进入不平衡阶段。人口总量增长、城镇人口比重上升、收入水平提高和工业用途拓展,农产品需求呈刚性增长态势。畜禽饲料、用地、水资源等资源约束趋紧。畜牧业发展对饲料粮增长幅度的需求,超过全国粮食产量平均增长速度,蛋白质饲料原料明显不足,肉类产量增幅明显降低,畜牧业生产增长难度进一步加大,保障畜产品市场有效供给的压力越来越大。

(2)畜产品生产进入高成本阶段。在全社会人工成本提高、原材料价格升高等因素的推动下,饲料原料、人工、水电等费用呈上涨态势。

(3)动物疫病防控形势依然严峻。疫病多发,重大疫病时有发生;防疫机构不健全;防疫力量薄弱,既影响消费,也影响养殖信心。

(4)畜产品质量安全隐患长期存在。涉及群众生命健康,安全无小事,责任大如天。媒体夸大其辞、恶意炒作,对产业发展造成严重冲击。

(5)现代畜禽种业体系建设滞后。生猪、奶牛、家禽等主要畜禽良种大多依赖国外进口,自主育种能力亟待提升,以市场为导向,以企业为主体,产学研相结合的畜禽育种机制尚未形成。

(6)环境污染问题日益突出。养殖总量与环境容量不匹配;农牧结合不紧密;废弃物综合处理利用技术模式滞后;"十二五"时期,国家将农业源纳入总量减排考核管理体系,将化学需氧量和氨氮排放量纳入总量减排约束性考核指标;《畜禽规模养殖污染防治条例》正式施行,对畜牧业污染防治提出更高要求。

(7)科技支撑能力仍显不足。出现"三多三少一脱节"现象。三多:提高产量技术多,外来引进技术(品种)多,一般性科技成果多;三少:改善质量、生态和环境保护的技术少,自主知识产权的技术少,重大突破性少;一脱节:畜牧科技研究和推广存在脱节。

3. 中国未来畜牧业的发展趋势

(1)畜牧业经济类型由增长型转变为经济增长与环境保护并重型。经济增长与环境保护并重是解决当前资源与环境的矛盾重要手段,也是中国畜牧业可持续发展的一项基本战略。因此,经济增长与环保并重将成为中国畜牧业发展的指导思想。

(2)农牧业产业结构由种植业为主逐步转变为以畜牧业为主。随着中国粮食问题的解决,人们对粮食的需求呈逐渐下降趋势,而对肉、奶、蛋等各种畜产品的需求则不断上升。所以,中国畜牧业在农业产值中的比重将越来越大。

(3)畜牧业生产结构将由数量型为主转变为以提高质量和增加品种为主。我国城镇居民人均肉类消费已出现下降趋势,消费结构也发生了变化,对畜产品的需求正走向"少而精"。

(4)动物养殖物种将由传统家畜为主转变为全面利用各种动物资源。近年来,特种养殖和野生动物驯化技术发展很快,人类需求的多样化和遗传工程的新成果,使全面利用各种动物资源成为可能。

(5)畜牧业生产区域将由以农区为主转变为农区和草原并重。我国畜牧业产值一直以来主要来自农区,草原畜牧业所占比例很低,随着草原建设和草原生态环境保护将得到切实加强,草原畜牧业的地位和比重将大幅度提高。

(6)畜牧业经营方式将由单一畜牧业经营转变为产加销一体化产业化经营。很多分散经营养殖户也将转变为以集约化、规模化为主经营形式。目前,我国的畜牧业仍然是以分散经营为主,大多数农户技术水平低、竞争能力弱。市场竞争的结果必然导致集约化、规模化经营的扩大,由此产业化经营将成为畜牧业发展的主要方式。

(7)畜牧业生产将由人工劳动为主转变为以现代科技手段为主。草原建设、饲料生产、畜群管理、疫病防治、产品加工将全面实现自动化,遗传工程、信息技术等高技术手段将得到广泛运用。

(8)畜牧业生产将越来越考虑产品安全,将引进标准化生产体系,与国际接轨。消费者越来越清楚地意识到动物福利和食品安全、质量的关系,国际贸易正日益和动物福利状况紧密挂钩。缺乏适当的动物福利标准和动物福利立法,将会使我国畜产品在国际贸易中遭遇巨大障碍。

第二章
畜牧生产系统设计与规划

第一节 畜牧生产系统结构分析

一、畜牧生产系统结构

畜牧生产系统结构是指畜牧业生产系统中各个要素的构成情况，它不仅包括畜牧业内部结构，还包括畜牧业外部结构和地区结构。畜牧生产系统结构主要包括畜禽、饲料、产品、环境和管理人员等要素的构成情况。

畜牧生产系统是一个复杂的大系统。畜牧生产系统不同于工业生产系统，它属于生物生产系统，有其独特的特点和规律，其生产过程是自然再生产和经济再生产交织在一起的，即畜禽的生长发育、种群延续与经济生产是同时并存的，其经济生产是通过畜禽的生长发育、种群延续而表现出来的，自然再生产与经济再生产是密不可分的。畜禽生产受4个主要因素的影响：品种、营养、环境、疫病，这4个因素是畜牧生产的4个支柱。此外，畜禽不同于机器，它是有生命的，有自己的思维和情感，其情绪的变动在某种程度上严重地影响了畜牧生产效果。

畜牧生产系统结构如图 2-1 所示。

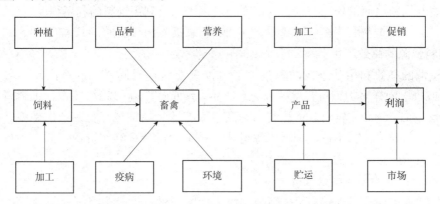

图 2-1　畜牧生产系统结构

畜牧生产的全过程都是由掌握着先进科技的人来控制的，科技贯穿着全过程。图 2-1 的结构图和关系是传统的畜牧观点，随着科技的发展和人们认识水平的提高，对畜牧生产的过程和其本身的结构关系及影响因素又有了新的认识：要使畜禽发挥其最大的生产潜能，不仅要具有优良的品种、科学的饲养、适宜的生产环境、正确的疫病防治程序和措施,还要考虑畜禽的生理和心理的需求,即考虑畜禽的生产工艺流程、动物行为和动物福利等,努力使畜禽心情舒畅,与人亲和。

综合考察畜牧生产的全过程及其各影响因素,可以认为,在市场经济条件下,理想的畜牧业为:在市场经济规律的引导下,在以经济效益为目的的前提下,在科学规划和决策的指导下,在合理使用各种资源的条件下,在掌握着先进科技的人员控制下,使优良品种的畜禽在科学的饲养管理、健康无疾病的条件下,在舒适的生产环境中,心情舒畅地充满积极性地并且发挥最大生产潜能地为人类生产量多质好的、适应市场需求的畜产品,从而以最小的投入和最少的生产时间,获得最大的产出和最大的经济效益。

二、畜牧生产系统结构的分析

畜牧生产系统结构的基本组成成分是家畜、饲料以及外部环境。下面将分别进行论述。

(一)饲料构成分析

饲料资源是发展畜牧业生产的物质基础,是家畜能量和物质的来源。同时,畜牧业生产是以第一性生产为基础的第二性生产,是畜禽的自然再生产过程,要想取得较好的经济效益,必须按照科学的方法进行饲养和管理。所以,畜牧业生产系统的分析就要从饲料和畜禽着手。

1. 饲料

饲料是指能提供家畜营养需要,并且在合理饲喂下不发生有害现象的所有物质。其含义可以从以下两个方面来阐明,一方面是从饲料品种含家畜生长发育所需的营养物质(如能量、蛋白质、脂肪、碳水化合物、维生素、矿物质等)营养成分的多少,这是属于饲料质量的概念;另一方面是用饲料的数量来表示,包括饲料的品种与产量,这是属于饲料数量的概念。二者结合起来形成饲料的整体概念。饲料资源则是可以作为家畜饲料的所有物质的总称。

2. 饲料转化率

饲料转化率反映了家畜利用饲料形成畜产品的能力,它在体现家畜生产性能的同时,也反映了家畜与饲料之间的作用。饲料利用率还可以表示可利用饲料的利用程度。

$$饲料利用率(\%) = (总产出能量/总投入饲料能量) \times 100\%$$

3. 饲料资源的高效利用

饲料资源的高效利用就是在同等条件下少投入饲料获得同样多的畜产品、增重或劳役(节约),或投入同样多的饲料获得更多的畜产品、增重或劳役(高效)。衡量饲料资源高效利用的标准是:①节约利用饲料,资源利用率高。②有效利用饲料,资源产出率高。③投入少产出多,经济效益高。④不造成饲料资源退化、枯竭,可持续利用资源。⑤不污染环境,保持高质量的畜牧业生态环境。

4. 饲料转化率的影响因素分析

饲料转化率的研究是连接初级生产与次级生产的纽带,是家畜将饲料(初级生产)转化为畜产品(次级生产)所表现出来的生产能力。它应该包含以下含义:一是它以第一性生产为基础,第一性生产的质和量必然对其产生直接影响;二是饲料转化效率的研究涉及饲料学、动物营养学、家畜饲养学和草原学的内容;三是它表现了饲料与家畜之间的一系列关系,这也正是家畜饲养学研究的核心问题。

根据计算饲料转化效率的公式：

$$E = P/R$$

式中　E——饲料转化效率；
　　　P——产品、劳役、增重（能量单位）；
　　　R——食进饲料（能量单位）。

可见，影响 P 和 R 的因素，也就是影响饲料转化效率（E）的因素。如对肉用家畜来说，P 就是产肉量，R 就是同期内消耗的饲料量。

对于 P 来说，最重要的因素是体重的增加，"肉"在体重增长中所占的比例。

对于 R 来说，最重要的因素是用于维持的饲料量，用于增加体重的饲料量。

从图 2-2 可以看出：①影响饲料转化效率的因素有很多。②每个表面看起来比较简单的因素，都具有复杂性。③相同的一些因素在各条扩展线上的不同点上开始出现，特别是许多因素对 P 和 R 二者均通用。所有这些，说明了生态系统的复杂性，各因素间有着密切的联系，构成了复杂的网络。

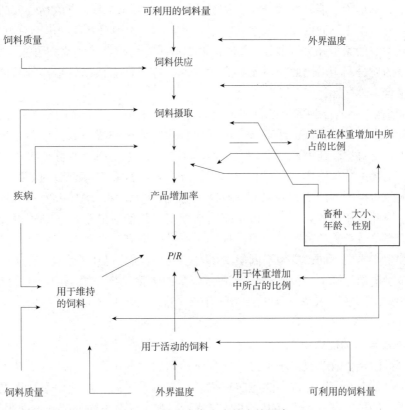

图 2-2　影响肉类生产效率的因素

5. 饲料配合的分析

合理搭配饲料，尽量符合家畜生长发育的需要，对提高饲料的利用效率起主导作用。饲料中营养物质之间的比例失调，会导致家畜在消化代谢过程中对各种营养物质的利用率降低，饲料转化效率随之也会降低。由于日粮中蛋白质水平低，不仅使家畜生长、繁殖性能下降，还会造成饲料的严重浪费。在家畜日粮中蛋白质饲料缺少 20%~25%，畜产品产量就会减少 30%~40%，饲料就会多消耗 30%~35%，这样就大大地降低了饲料的转化效率。由此可以看出，饲料合理搭配是提高饲料转化效率的主要途径。

(二)畜禽构成分析

1. 畜禽品种构成

提高畜禽饲料转化率，历来是育种学家们所重视的一个重要育种指标。不同畜禽对饲料的利用不一样，即使是同一畜禽品种，由于对不同饲料的适应性不同，其利用效率也不一样。因此，可以选择培育性能好、生产性能高的品种，同时组成合理的畜群结构来提高饲料转化效率，获取更多的畜产品。

2. 畜群结构分析

畜群结构分为畜种组合和种群结构两方面：

(1)畜种组合。饲料、家畜和外部环境共同构成了畜牧业生产系统。由于饲料组成是天然草地植物，其成分复杂，在食物方面构成了不同的生态位，为饲养家畜成分的复杂性提供了生态学基础。草地资源能否有效利用，依赖于正确的畜种结构，应该精心安排，做到草尽其用，畜尽其力。由于不同的家畜采食的牧草、采食的行为和对草地的影响等方面有所不同，草地饲养不同种类的家畜并进行混牧(同时放牧或不同时期的更替放牧均可)，将有利于采食均匀和对牧草的充分利用。因此，对于特定的地区，应根据当地饲料结构的具体情况，对畜种进行合理组合。

(2)种群结构。家畜品种内部的性别和年龄组成的比例。不合理的种群结构一般表现为畜群平均年龄偏大，结构紊乱；适龄母畜的比例偏少；公畜和阉畜数量偏多、年龄偏大。其在生产上表现为畜群周转速度慢，出栏率、产品率和商品率不高，改良效果不快。随着家畜年龄的增长，消耗的草料增多，饲料利用率却下降。各种畜禽都有类似的情况，主要原因是维持消耗比例随年龄的逐渐变大，采食量按体重比例逐渐减少；增长内容水分逐渐减少，脂肪逐渐增多。因此，从畜牧业生产来讲，应当在家畜较年幼时屠宰，才能获得较高的生产效率和成本低而经济效益高的畜产品。根据种群生态学的原则，合理的家畜种群结构，视家畜种类、品种和生产方向不同，应为不同层次(取决于必要的公母比例和生产方向)的年龄金字塔。在年龄金字塔的原则下，种群结构中适龄母畜的优化比率：绵羊群应为 55%~65%，山羊群 75%~80%，牦牛群 50%~55%，马群 50%~55%，肉牛群 60%~65%，奶牛群 65%~70%，兔群 90%~95%。

3. 畜禽利用养分的能力

家畜对饲料的转化效率也依赖于自由采食所达到的饲养水平，当超过了最大瘦肉生长潜力的适当水平，就会导致家畜过多的脂肪积累。饲养水平过高、过低均不利于饲料转化，这一种原则适用于各种家畜。具体应用于牛、羊或猪、鸡，尚有不同程度的区别。

(1)个体奶牛饲养过程中能量平衡时其产奶量有明显增加。牛、羊最高日增重仅为体重的 $1/400 \sim 1/300$，故维持消耗所占比例相当大。

(2)限制喂量，一般来说对育肥是不利的。猪的日增重为体重的 $1/100$ 左右，饲料用于维持的比重较小，略加限制喂量，减小过料现象，效率反而略高，而且有利于瘦肉型胴体品种。甚至育肥全期限量，虽然增重相应减慢，饲料利用效率反而略高。

4. 饲料与畜种搭配情况的分析

不同饲料用于育肥的效率不同。同一种饲料对不同畜禽的效率也不一样。同为精饲料，饲喂单胃动物的效率高于饲喂反刍动物，能量饲料也高于蛋白饲料。当然，精料高于粗饲料。在畜禽中，因为鸡育肥期所沉积的是多水瘦肉，所以鸡的利用效率最高（表2-1、表2-2）。

表2-1　不同精饲料代谢能的育肥效果　　%

精饲料	牛	绵羊	猪	鸡
大麦	56	64	77	—
燕麦	60	62	68	83
玉米	59	64	78	82
花生饼	57	50	58	—
豆饼	49	48	57	—

表2-2　不同粗饲料代谢能的育肥效果　　%

粗饲料	牛	绵羊
黑燕麦（嫩）	—	52
黑麦草（老）	—	34
草地干草	31	28
小麦秸	24	—

畜禽的生产性能随着饲料的供给水平的高低有较大的变化，只有满足其营养需要，才能充分发挥其生产性能。

5. 饲养管理的分析

环境因素中的气温、风、湿度、热辐射、降水、噪声、光照以及饲养制度、管理方法、卫生防疫措施等，均会直接或间接地影响着饲料转化效率。例如，温度过高、过低，或影响采食量，或增加维持消耗，都会降低饲料转化效率。因此，对环境与管理应予以充分重视，着力改善，才能提高畜牧业生产效率。

（三）外部环境

畜牧业生产系统的外部结构主要包括畜牧业与种植业的比例、饲草料结构比例等。

1. 畜牧业与种植业的比例

生态学的基本原理包括个体生态、种群生态、群落生态和生态系统生态4个方面。依据"群落生态"原理，种植业与畜牧业保持适当的比例关系可以提高系统生产力。种植业中有明确而相对固定的植物群落，畜牧业中也有明确而相对稳定的动物群落，其间还存在特定的微生物群落，三者有机结合在一起（保持适当比例）就是群落生态学原理的最有效的利用。在畜牧业生产系统中，采用"种养结合"，保持畜牧业与种植业的比例是非常重要的。种养结合实现了农业规模化生产和粪尿资源化利用，改善了农牧业生产环境，提高了畜禽成活率和养殖水平，降低了农田化肥使用量和农业生产成本，提高了农牧产品产量和质量，确保农牧业收入稳定增加。并通过种植业和养殖业的直接良性循环，改变了传统农业生产方式，拓展了生态循环农业发展空间。加快培育发展农牧结合型家庭生态农场这一新型农业经营主体，是促进现代畜牧业发展的重要思路和举措。

2. 饲草料结构比例

为促进畜牧业的发展，优化农区种植业结构，合理利用资源，调整饲草料的结构比例，实现农业可持续发展，对不同地区饲草料生产结构进行优化配比是很有必要的。通过饲草料品种生产比较试验，筛选出最适合当地种植的饲草料品种；运用物流、能流高效持续利用原则和线性规划法提出单位耕地面积上饲养畜禽的饲草料生产结构最佳配比模式。系统结构调整所产生的生产和生态效能，对地区现行种植业生产结构进行调整，有助于实现地区种植业生产系统生态、经济、社会三大效益的良性循环。

三、畜牧生产系统结构的优化

畜牧生产系统结构优化的目的是提高饲料转化效率，为人类提供更多的畜产品。提高饲料转化效率，关键在于建立一个高效的能量和物质转化体系。从生态系统的原则看，畜牧生产的目的之一是尽量提高家畜的转化效率，包括能量、蛋白质、脂肪、淀粉和维生素研究，根据生态要求、经济目标，进行合理的系统组合，以形成最佳结构的转化体系。要提高饲料转化效率，必须通过优化以下四个系统来获得。

1. 家畜结构系统

调整畜禽结构对于促进畜牧业区域化布局、提高畜禽产出能力、实现规模化养殖意义重大。畜禽结构如何，直接影响到畜牧业系统整体功能的发挥，生产结构越合理，功能越高，经济效益越好，因此，合理的畜禽结构是科学地组织畜牧业生产的重要内容。最优化畜禽结构，是定量指导畜牧业内部结构调整的科学方案。畜禽结构系统包括畜禽种类、种群比例、畜牧分布和畜种内部结构等。

2. 家畜营养系统

家畜营养系统关系到畜禽健康、生产性能高低、产品质量高低。家畜营养受到动物与环境诸多因素的综合影响。各因素之间均存在相互影响，有可逆的，也有不可逆的，有的呈相互协同作用，有的呈拮抗制约作用。畜禽营养系统调控主要是从整个营养系统中，优选适合的因素组合，通过营养系统整体调控来实现效益最大化。

3. 家畜品种系统

家畜一般是指由人类饲养驯化且可以人为控制其繁殖的动物，如猪、牛、羊、马、骆驼、家兔、猫、狗等，一般用于食用、劳役、毛皮、宠物、实验等。在畜牧业生产系统中为了提高经济效益或者为了提高畜禽的生产性能、适应性能以及为了满足人类对畜产品的特殊要求等因素，需要考虑畜禽品种的组成、品种改良和杂交优势利用。例如，随着生活水平的提高，人们越来越青睐地方家畜品种的产品。地方品种有适应性强、抗病力强、耐粗饲、产品细嫩、风味独特、繁殖率高等优良特点，但存在生长速度慢、产量低等问题。为更好地发展地方品种养殖，应根据市场需要，建立地方品种良种场，选择与生长快、产量高的品种进行杂交或纯种养殖，以满足人们生活水平日益提高的要求。

4. 家畜管理系统

畜禽的饲养管理直接关系到畜禽的生长发育水平和健康状况，因此，在畜禽的养殖过程中，一定要按照有关标准实施科学规范的饲养管理，使畜禽高效健康地生产。畜牧业生产系统中涉及事项有很多，其核心是畜禽环境、饲养管理和饲养方式、粪便的处理和再利用。

第二节　畜牧生产模式分析

一、畜牧生产模式分类

（一）按生产内容分类

纵观我国目前现代化畜牧生产，模式多种多样，从生产内容上，常见的主要有以下八种模式。

1. 农牧结合模式

按照种养平衡的方式，充分利用农场周边农田及果园，将畜禽粪便干湿分离。干粪制成有机肥料；污液储存于储液池中，施肥时以专用管道连通还田。通过该模式的治理，可以实现养殖场排泄物合理排放，有利于提高土壤土质，改善农村环境卫生。

2. 沼气处理模式

该模式通过预处理池、沼气处理池、氧化塘等相结合的综合处理工艺，达到养殖污染减量化、无害化和资源化，此类处理模式投入大，处理效果较好，适合大规模猪场使用。

3. "四位一体"种养生态模式

"四位一体"种养生态模式是以土地资源为基础，以太阳能为动力，以沼气为纽带，进行综合开发利用的种养生态模式。通过生物转换技术，在同一块土地上将节能日光温室、沼气池、畜禽舍、蔬菜生产等有机地结合在一起，形成一个产气、积肥同步，种养并举，能源、物流良性循环的能源生态系统工程。

4. "三位一体"生态模式

"三位一体"是指沼气池、禽畜舍和厕所有机组合而成的能源生态综合利用体系。这是黑龙江省重点推广的模式，也是广受养殖户和农民欢迎的模式。

5. 生物发酵模式

通过生物酶发酵技术，实现畜牧场排泄物"零排放"，以达到排泄物资源化利用。

主要有两种模式：户用沼气模式；大中型沼气工程模式。

户用沼气模式是以农户为单位，在畜禽舍一侧建造沼气池，沼气池内填充料主要以各种家畜家禽粪便为主料，进行厌氧发酵后，产生的沼气作为能源供农户取暖或炊事之用。这是黑龙江省农村大力推广的模式。

大中型沼气工程模式是在畜牧养殖集中的区域，建设大中型沼气工程，能够处理大量的畜禽粪便，也是黑龙江省积极发展的重要模式。

6. "牛—田"模式

将牛舍建在田边，牛养在田边，用田中的秸秆、作物果实或饲料喂牛，牛粪直接肥田。这种模式在黑龙江省生物肥料利用逐年下降的情况下，具有较大的发展前景。

7. "畜—肥"模式

由专门化工厂，将畜禽粪便生产生物肥。这也是全国进行畜禽粪便处理的一种主要模式。

8. "猪—蛙—药"循环养殖模式

利用猪粪生蛆，用蛆喂林蛙，最后再把猪粪施入中草药种植园。

(二)按生产形式分类

我国的畜牧生产系统模式，从生产形式上看，可分为设施畜牧业、生态畜牧业和循环畜牧业3种。

1. 设施畜牧业

现代设施畜牧业是以科学技术进步为依托，以提高劳动效率和畜禽生产力水平为方向，以在有效保护生态环境的前提下追求最大经济效益为目标，不断提高装备水平、改善生产工艺、提高产品质量的经济活动。具体是指人们依托现代工程技术、材料技术、生物技术和生态技术，在系统工程原理的指导下以最小资源投入，营造可供动物生长的特定环境，以自动化或半自动化的工厂方式进行动物生产的高效集约型畜牧业生产活动。

2. 生态畜牧业

生态畜牧业是指根据不同养殖生物间的共生互补原理，利用自然界物质循环系统，在一定的养殖空间和区域内，通过相应的技术和管理措施，使不同生物在同一环境中共同生长，实现保持生态平衡、提高养殖效益的一种养殖方式。

3. 循环畜牧业

循环畜牧业就是从持续农业的角度和畜牧业发展实际情况出发，运用生态学、生态经济学、系统工程和清洁生产思想的理论和方法进行畜牧业生产的过程。其目的在于达到保护环境、资源永续利用的同时生产优质的畜产品，使资源、环境、人口、技术等因素与畜牧业的发展相协调，以确保当代人和后代人对畜产品的需求得以满足，实现畜牧经济的可持续发展。

二、典型畜牧生产模式分析

(一)设施畜牧业

设施畜牧业是现代畜牧业发展过程中形成的，现代畜牧生产设施包含畜禽繁育、饲料营养、环境与建筑、机械设备、疾病防治、经营管理等诸多方面。与传统畜禽生产相比，除了畜禽生产的基本生产资料(畜禽、饲料、畜舍等要素)之外，现代畜牧业设施主要包括畜舍建筑、机械设备、生产工艺(主要是指科学的饲养技术)和管理制度四大要素。畜舍建筑布局上要符合生产工艺流程和畜禽防疫的要求，并为机械设备的应用提供基础条件；机械设备是设施畜牧业的一个重要体现，运用于畜禽生产的各个环节，如喂料设备、饮水设备、通风降温或供暖保温设备、排粪设备、集蛋设备、挤奶设备、孵化设备、粪便和污水处理设备；也包括优良品种畜禽的基因转移、胚胎移植和克隆等设施繁殖和单细胞蛋白饲料生产以及产品的贮运、保鲜、加工等设施生产。生产工艺和管理制度是设施畜牧业的软件，但却是硬件在生产中发挥效益的重要保证。

1. 设施畜牧业的特点

(1)工厂化的畜牧生产方式。第一，设施畜牧业高度集约化。它的设施占地、资源投入、劳动效率和经济效益都经过严格测算，务必以最佳的设施环境、最小的投入获取最高效益。第二，饲养动物规模化。有规模才有效益，在设施内饲养的动物尽可能达到最大的规模。第三，生产的原材料商品化。设施畜牧生产所需的原材料，都应是著名的畜禽品种、名牌饲料或添加剂以及驰名的其他原材料，并有固定的供应渠道。第四，产品商品化。设施畜牧业所生产的产品应达到优质、规范、稳定，并有很强的市场竞争力，商品率应100%。第五，生产时间连续化。因为在设施内能自动调节温度、光照、气流等环境条件，受外界环境和季节的影响较小，因此，一年四季都不断地、有计划地连续生产，能达到全年均衡供应市场畜产品的目的。

(2)标准化的畜牧生产目标。设施畜牧业是用标准化的配套设施，在标准化的环境条件下生产出符合国家食品标准或其他产品标准的畜产品，设施畜牧业是一个高产、优质和高效的标准化的产业。

(3)保健化的畜产品。设施畜牧业用无污染的饲料和无毒害的添加剂，在人工的控制下生产出无污染和无公害的畜产品，为人类源源不断地提供安全优质的绿色食品，有利于人类健康。

(4)高科技化的设施技术。由于众多高新技术在设施畜牧业中组合配套，因此科技含量更高。其依靠的是现代材料技术、工程技术和生物技术，其设施工程则向计算机管理自动化和智能化方向发展。

2. 设施畜牧业的类型

(1)都市型。都市现代畜牧业是一种全新的农业发展模式，它是以都市郊区为主要集聚地，通过充分利用大都市及周边城市的科技、资金、市场、信息等资源优势，为市场提供名、优、特、新、稀的农业精品，为市民创造优美生态环境，并具有旅游、观光、休闲等多功能的现代农业。都市现代农业不仅追求经济效益，而且追求生态效益和社会效益的统一，更具有经济功能、生态功能和社会文化功能，更强调与城市发展的和谐统一。

都市型畜牧业的发展，可以加快畜牧业良种、先进技术、装备、管理以及运作方式的组装配套，并不断创新，把郊区的农业建设成为高、精、尖技术引进推广的"示范园"。

(2)高效型。包含高效率和高效益两种类型。高效率型是指按照工厂化模式的要求，将畜牧生产工艺进行组装、集成和优化，大幅度提高畜牧生产的效率，如工厂化养猪等。高效益型是指按照市场需求和产品价格生产高价位的畜产品，进而获得高额的经济效益，如特种经济动物养殖生产等。

(3)出口型。出口型的畜牧业是指按照国际市场的需求和要求，生产相应的畜产品。我国是畜产品生产大国，但畜产品在世界贸易中所占比重很小，这与我国畜产品生产大国的地位很不相称。出现上述情况，有市场环境不利的因素，也有相应贸易国人为设置"技术壁垒"和"绿色壁垒"的原因，但从根本上看，还是我国畜产品的卫生质量达不到国际标准，缺乏内在的竞争力。提高畜产品的卫生质量标准当然需要从多方面努力，但从技术角度讲，目前最重要的是疫病控制和药物残留控制。因此，设施畜牧业发展应该与出口创汇基地建设工作紧密结合。

(二)生态畜牧业

生态畜牧业是在整体论的指导下，根据畜禽生态学和生态经济学原理，遵循和利用生态学规律，应用现代科学成果和系统工程方法，进行无废物、无污染的畜牧业生产，使畜牧业生产向着高产、优质、高效的稳定协调的方向发展一个产业。为了实现生态畜牧业，必须分区域地进行畜牧生态工程；要应用生态畜牧业原理，参与人工辅助能量和物质，建成以畜禽为基本组分的畜牧业生产工艺体系，这种工艺体系是：一种科学的人工生态系统，它具有整体性、系统性、地域性、集约性、高效性、调控性等特点。

生态畜牧业主要包括生态动物畜牧业、生态畜产品加工业和废弃物（粪、尿、加工业产生的污水、污血和毛等）的无污染处理业。

1. 生态畜牧业的理论基础

生态畜牧业的理论基础是：整体论、生态金字塔理论、物质循环、能量耗散与转化的食物链原理、畜禽生态位理论、原始合作原理、生物与环境的协同进化原理和生态经济学原理。

2. 生态畜牧业的特征

（1）生态畜牧业是以畜禽养殖为中心，同时因地制宜地配置其他相关产业（种植业、林业、无污染处理业等），形成高效、无污染的配套系统工程体系，把资源的开发与生态平衡有机地结合起来。

（2）生态畜牧业系统内的各个环节和要素相互联系、相互制约、相互促进，如果某个环节和要素受到干扰，就会导致整个系统的波动和变化，失去原来的平衡。

（3）生态畜牧业系统内部以"食物链"的形式不断地进行着物质循环和能量流动、转化，以保证系统内各个环节上生物群的同化和异化作用的正常进行。

（4）在生态畜牧业中，物质循环和能量循环网络是完善和配套的。通过这个网络，系统的经济值增加，同时废弃物和污染物不断减少，以实现增加效益与净化环境的统一。

3. 发展生态畜牧业的意义

畜牧业进入转型发展期后，随着社会经济的快速发展，工业化、城镇化速度逐步加快，生态环境保护要求不断提高，畜牧业发展受土地和环保制约的问题日益显现，出现了畜牧业发展与环境保护的矛盾，为破解这一难题，生态畜牧业就成为畜牧业发展的趋向，引起了农业部门的重视。面对畜牧业发展的现实问题，各地积极探索，在规模养殖场开展了畜牧生态健康养殖示范创建活动，取得了显著的经济效益和社会效益，解决了畜禽产品生产与消费需求、养殖用地与耕地保护、畜禽粪便污染与维护生态环境之间的矛盾。在推进畜牧业规模养殖增加总量的同时，提高了质量安全，转变了畜牧业生产方式，维护了公共卫生安全。因此，畜牧业的转方式、调结构要坚持因地制宜、农牧结合，走生态养殖可持续发展之路。

生态畜牧业的研究是根据我国农业生态经济系统的特征，在吸取国外农业可持续发展技术精华的同时，摒弃不符合我国国情的做法，继承我国传统农业的技术精华，充分发挥现代科技的作用，创造出具有中国特色的农业可持续发展的模式和技术。持续农业的含义是管理和保护自然资源基础，调整技术和体制变化的方向，以便确保获得和持续满足目前和今后世世代代的需要。可持续畜牧业将是21世纪世界农业生产的主要模式。

发展生态畜牧业的意义在于：

（1）优化农业和农村经济结构，促进农牧渔、种养加、贸工农有机结合，把农业和农村发展联系在一起，推动农业向产业化、社会化、商品化和生态化方向发展。

（2）发展多种经营模式、多种生产类型、多层次的农业经济结构，有利于引导集约化生产和农村适度规模经营。

(3) 注重保护资源和农村生态环境，在现代食物观念引导下，确保国家食物安全和人民健康。

(4) 进一步依靠科技进步，以继承中国传统畜牧业技术精华和吸收现代高新科技相结合，以科技和劳力密集相结合为主，逐步发展成技术、资金密集型的农业现代化生产体系。

(5) 重视提高农民素质和普及科技成果应用，切实保证农民收入持续稳定增长。

(6) 发展生态畜牧业是保障环境和谐美好的重要举措。随着畜禽养殖业的快速发展，大量畜禽粪污未经处理集中排放，造成对环境极大污染和人体健康严重威胁。统计显示，作为一项重要污染指标，畜禽粪污化学需氧排放量占全国总排放量的50%左右。也就是说，畜牧业已经成为污染环境、传播病毒的主要根源。这也是近年来一些地方不断出现"禁养令""限养令"，以及强行拆迁养殖场的主要原因。

(7) 发展生态畜牧业是提高畜产品质量的治本之策。近年来，社会各界对畜产品质量安全问题高度关注，一是由于过去单纯追求产量和效益，饲料、兽药等畜牧投入品滥用现象突出，畜产品的药残超标、含有瘦肉精、苏丹红等有害物质的畜产品质量安全事件不断出现；二是随着生活水平的提高，人们对畜产品的需求不再仅仅满足于"量"，而开始向以生态畜产品为代表的"质"转变，吃得健康成为畜产品消费的新风向标。而推进生态畜牧业发展，就能够较好地解决上述问题。

(8) 发展生态畜牧业是保证畜牧产业可持续的关键环节。经过多年发展，我国畜牧业在取得巨大成效的同时，也面临国内外市场竞争加剧、环境污染严重、产品绿色环保水平不高等诸多亟须解决的问题。解决好这些问题，畜牧业就能进入一个新阶段；解决不好，就会市场萎缩、规模减小、效益下滑。

4. 生态畜牧业的内涵

(1) 高效转化与再生。根据市场规律、环境资源特点，调整动物产业结构，优化动物生产组合，突出生产重点，形成一个适应市场发展需要，符合资源环境特点的高效益、多功能的动物产业生产体系，达到资源与产业结构的平衡，市场发展与产业规模平衡。畜牧产业是物质和能量的转换者，也是物质的再生产者，它利用初级生产制造的有机物进行能量的转化与物质生产。

(2) 多层利用与循环。根据不同地区特点，形成多层次利用模式。做到饲料多层次利用，能量多层次转化，这是生态畜牧业重要内涵之一。把动物产业与其他产业联系起来，形成统一整体，互为补偿、互为促进，根据不同区域资源特点、商品流通规律，形成具有特色的最佳模式，实现无废物、无污染生产，提高动物产业总体的经济、生态效益。

(3) 减少浪费与污染。生态养殖重要的内涵就是减少浪费与污染。目前，我国各地动物生产还存在着资源浪费与污染环境的现象。浪费现象主要表现在4个方面：①部分地区还存在粮食单一转化。②配合饲料量少质次，大多仍是有什么喂什么，以原粮为主。③品种结构不合理的浪费，出现资源与品种结构的不平衡。④个体生产性能低、群体差。同时还存在着污染环境的现象，一些较大型的企业，其粪便处理不及时、不科学，造成了环境的污染。生态畜牧业就是针对上述存在的问题，完善推广高效转化技术体系，减少饲料的浪费，减少器具的损耗，降低生产投入，提高饲料转化率、固定投资的利用率，达到低耗高产的目的。例如，广泛地推广动物防疫保健程序化技术，减少动物死亡率；淘汰劣质品种、个体，推广优良品种与杂交改良；推广饲料配方、饲料添加剂等全价饲养技术，直线育肥出栏等；推广二元种植结构，高产饲料的种植，青贮、氨化、盐化、微贮技术的普及；大型养殖企业的粪便再生利用技术，等等。这些都可以有效地减少浪费与污染，实现低耗高产。

5. 生态养殖的性质

（1）战略性。动物生产必须充分了解当地的自然、社会、经济的现状，才能配置最合适的牧业生产结构，发挥生物与环境的最高生产力，达到高产、稳产、低耗的效果。因此，畜牧业生产实际上是生态与经济相结合的区域性体系，提高畜牧业生产效果必须做到：缩短物质、能量的循环与转换周期，提高能量利用效率；有效地选择优良的生物种群、全价饲料和管理等技术措施；有效地利用科学成果，减少劳力投资和无效劳动。

（2）整体性。畜牧业是整体农业的一个组成部分，是大农业中各业相互联系不可分割的一个有机整体。因此在研究畜牧业生态系统时，必须建立一个整体的系统观点，应用系统科学的方法，加以研究并探讨最优化的组合，应用生态学的基本理论，从物质、能量的运转上认识畜牧业，分析从资源到农畜产品之间的因果联系、转化控制原理及其调节体系，以不断地提高其生产力。畜牧业生产所希望实现的效果不是单一指标，而是一组指标体系，它是多目标的求全系统，要保持系统生产力的多目标效益。

（3）多样性。多样性指的是生物物种的多样性。我国地域辽阔，各地的自然条件、资源基础的差异较大，造就了我国丰富的生物物种资源。发展生态养殖，可以在我国传统养殖的基础之上，结合现代科学技术，发挥不同物种的资源优势；在一定的空间区域内组成综合的生态模式进行养殖生产。例如，稻田养鱼的生态种养模式。

生态养殖模式充分考虑到物种的生态、生理以及繁殖等多个方面的特性，根据各个物种之间的食物链条，将不同的动物、植物以及微生物等，通过一定的工程技术（搭棚架、挖沟渠等）共养于同一空间地域。这是传统的单独种植和养殖所不能比拟的。

（4）层次性。层次性是指种养结构的层次性。因为生态养殖涉及的生物物种比较繁多，所以养殖者要对各个物种的生产分配进行有层次的合理安排。层次性的体现形式之一就是垂直的立体养殖模式。例如，在水田生态养殖模式中，可以在水面养浮萍，水中养鱼，根据鱼生活水层的不同，在水中进行垂直放养；还可以在田中种植稻谷，在田垄或者水渠上还可以搭架种植其他的瓜果作物，充分发挥水稻田的土地生产潜力，增加养殖的层次。

生态养殖就是充分利用农业养殖自身的内在规律，把时间、空间作为农业的养殖资源并加以组合，进而增加养殖的层次性。各个生物品种间的多层次利用，能够使物流和能流得到良好的循环利用，最终提高经济效益。

（5）综合性。生态养殖是一门综合性很强的科学，它以宏观和微观相结合来探讨畜牧业生产的客观规律和内在联系，从而指导动物生产。同时，生态养殖是立体农业的重要组成部分，以"整体、协调、循环、再生"为原则，整体把握养殖生产的全过程，对养殖物种进行全面而合理的规划。在养殖过程中，需要考虑不同生产过程的技术措施会不会给其他物种的生长带来影响。因此，生态畜牧科学不是具体的技术措施，也不能代替其他科学，它必须应用数学、物理、化学、牧草和饲料作物栽培学、饲养管理学、育种学、卫生学、兽医等学科的基本理论来分析畜牧业生产，提出指导性的方案。此外，综合性还体现在养殖生产的安排上，养殖要及时、准确而有序，因为各个物种的生长时间以及周期并不相同，要求养殖者安排好各个方面。

(6)统一性。生态效益与经济效益是矛盾统一体,当缺乏整体系统观点及生态学观点而进行资源管理与生产管理时,往往发生生态效益与经济效益的矛盾,因此必须加强自觉性,减少盲目性,接受系统理论的指导,通过对结构及其功能不断调节与控制来达到二者统一,保持资源的持续利用与生产水平的不断提高。

(7)高效性。生态养殖通过物质循环和能量多层次综合利用,对养殖资源进行集约化利用,降低了养殖的生产成本,提高了效益。例如,通过对草地、河流、湖泊以及林地等各种资源的充分利用,真正做到不浪费一寸土地。将鱼类与鸡、鸭等进行合理共养,充分利用时、空、热、水、土、氧等自然资源,以及劳动力资源、资金资源,并运用现代科学技术,真正实现集约化生产,提高了经济效益,还使废弃物达到资源化的合理利用。

(8)持续性。生态养殖的持续性主要体现为养殖模式的生态环保。生态养殖解决了养殖过程产出的废弃物污染问题。如禽类的粪便如果大量的堆积,不但会污染环境,还易滋生及传播疾病。采用立体的生态养殖模式,用粪便肥水养鱼或者作为蚯蚓的饲料等,如果种植作物,还可以当作有机肥料施用。因此,生态养殖能够防治污染,保护和改善生态环境,维护生态平衡,提高产品的安全性和生态系统的稳定性、持续性,利于农业养殖的持续发展。

6. 生态养殖的特征

(1)经济可持续性。经济可持续性是可持续畜牧业的根本属性。它主要体现在农牧民的实际收入水平,畜牧业总产值及各畜种产值比重的合理与否,畜牧业生产率及畜产品商品等方面的可持续增长或完善,是其特征的反映和体现形式。

(2)社会可持续性。随着生活水平的不断提高和膳食结构的日趋改善,满足人们对畜产品及其加工产品在数量和质量两方面的持续不断地要求,提高人们的身体素质,这是可持续畜牧业的重要特征,也是畜牧业可持续发展的最终目的。搞好饲料、兽药与动物产品安全是畜牧业可持续性的重要内容,也是当前要解决的重要问题。

(3)生态可持续性。生态可持续性是可持续畜牧业的重要属性,也是其存在和进一步发展的要求和重大举措。它主要是指人类与资源、环境协调关系的可持续性。遵循生态规律,保护并改善生态环境,走生态型发展模式,是草原饲料可持续利用的根本途径;同时也利于减轻和解决畜牧业发展带来的环境污染问题,起到对环境自我净化的作用。

(4)生产可持续性。生产可持续性是社会、经济可持续性的前提和条件。保证畜牧业各生产要素及其相互间协调程度的不断提高是生产可持续性的重要内容,主要体现为种质资源的永续利用、畜禽生产性能的保持或不断提高、饲草料的供给能力及畜产品加工开发能力的持续提高。

(5)技术的先进性。技术的先进性是可持续畜牧业的最基本特征,它是生产可持续性的直接保证和动力,是生态可持续性的主要依赖之一,是社会、经济可持续性的重要保证。技术的先进性是畜牧业可持续发展的动力源泉,只有重视相关技术的研究推广与应用,把畜牧业发展转到依靠科技进步上来,才能保证生产出更多、更好的畜产品,满足人类的需要。

7. 生态养殖的原则

(1)遵循社会发展,兼顾全面的原则。生态养殖的根本目的就是将经济效益、生态效益与社会效益有机地协调统一起来。生态效益是进行生态养殖的前提,不能一味地追求经济效益而忽略了生态效益。只有在保证了生态效益的前提下,才能保证取得更大、更好、更持久的经济效益;而社会效益更是人类社会可持续发展的需要,只有取得了良好的社会效益,才能取得更多的经济效益和生态效益;社会效益是二者的保证。

(2) 遵循全面规划、整体协调的原则。这一原则强调了生态养殖的整体性。它要求养殖生产的各个部门之间,环境资源的利用与保护之间,城市与农村的一体化之间,农、林、牧、渔等各个农业产业类型之间都要做到整体的协调统一,并且相互进行有机整合,对养殖生产过程进行合理规划,并按规划来实施。

(3) 遵循物质循环、多级利用的原则。在养殖过程中,各个物种群体之间通过物质的循环利用,形成共生互利的关系。也就是说,在养殖的生产过程中,每一个生产环节的产出就是另一个生产环节的投入。养殖生产过程中的废弃物多次被循环利用,可以有效提高能量的转换率及资源的利用率,降低养殖的生产成本,获得最大限度的经济效益,并能有效防止生物废弃物对环境造成的严重污染。

(4) 遵循因地制宜、发挥优势的原则。所谓因地制宜,就是按照自己的地域特色和特有的生物品种,选择采用能发挥当地优势的生态养殖模式。根据具体的地区、时间、市场技术、资金以及管理水平等综合条件进行合理的养殖生产安排,选择适合本地的生态养殖模式,充分发挥当地的自然资源以及社会周边环境的优势。不能为了盲目追求某些模式或目标,弃优势而不顾,选择不切合当地实际的养殖模式,结果只能是事倍功半,造成损失。

(5) 遵循资源开发、合理利用的原则。在养殖过程中,要尽量利用有限的资源达到增值资源的目的。对于那些"恒定"的资源要进行充分利用,对可再生的资源实行永续利用,对不可再生的资源要珍惜、不浪费,节约利用。

(6) 遵循物种互补、互利合作的原则。充分利用物种之间的互补性,将不同的物种种群进行互补混养,建成人工的复合物种群体。利用不同物种之间的互利合作关系,使生产者在有限的养殖生产空间内取得最大限度的经济收益。

8. 我国生态畜牧业的类型

从生态畜牧业的功能定位出发,根据不同地区社会、经济、自然条件和畜牧业经济的自身特点,可将生态畜牧业划分为草地生态畜牧业、山区生态畜牧业、农区生态畜牧业和城郊生态畜牧业四个基本类型。

(1) 草地生态畜牧业。草地生态畜牧业是以发展草原生态系统与畜牧业经济系统为目标,在实现牧草生产与牲畜生产这两个自然再生产过程平衡的同时,把经济目标追求纳入到系统之中,最终使之成为一个持久发展的复合型的生态经济系统。该类型的代表模式是资源配置型生产模式。

(2) 山区生态畜牧业。山区生态畜牧业是通过实施农牧林结合,促进山区生态系统和畜牧业经济系统协调发展的一个复合型生态经济系统。其重要的特征在于增加了林业产业发展的因素,该类型的代表模式是农林牧结合型生产模式。

(3) 农区生态畜牧业。农区生态畜牧业是以种植业为依托,围绕畜牧业生产这一中心,依靠沼气工程这一纽带,建立起合理的投入产出网结构,实现物质和能量循环利用的复合型生态经济系统。其实质是畜牧业经济系统与农田生态系统相互结合而成的复合系统。该类型的代表模式是多级利用型生产模式。

(4)城郊生态畜牧业。城郊生态畜牧业是应用生态学的原理,借助工程学的技术手段,渗透人工辅助能量与物质,建成的以畜禽饲养为中心的一种人工生态经济系统。该系统具有整体性、系统性、地域性、集约性、高效性、调控性等特点,追求的目标是实现饲料(草)产量最大、畜禽生产力较高、物质和能量转化最合理、经济效益最好和生态平衡最佳。

9. 我国生态畜牧业的发展模式

基于对生态畜牧业类型的基本理解,结合相关的实践经验,将生态畜牧业的发展模式归纳为四种类型。

(1)资源配置型生产模式。这一模式是指依据生物生长规律的时间差和空间差,以时间争空间,以空间夺时间,组织畜牧业季节性生产,推广肉畜异地育肥技术,以实现资源合理配置、草畜同步发展、经济与生态平衡目标的一种生产方式。该模式主要适用于草地生态畜牧业,通过青草期多养畜、枯草期多出栏,充分发挥牧草和精饲料季节生长优势和幼龄畜增重快、肉质好的特点,进行肉牛、羔羊的短期快速育肥,以改变传统"夏肥、冬瘦、春死"的恶性循环生产方式。据报道,将传统草地畜牧业的"消耗战"改为季节性的异地育肥的"阵地战"生产,大大增强了牲畜的生产能力。牛出栏周期由过去4~5年缩短到1.5~2年,羊出栏周期由2~3年缩短为当年育肥,大大节约了饲料的使用量。

(2)多级利用型生产模式。该模式主要是利用生态畜牧业经济体系中各种相关产业,通过构建环环相扣的食物或者产业链,实现物质和能量的多级利用,以增加物质产品的产出量。该模式主要运用于农区生态畜牧业,一般又可以细分为四种类型,即种—养结合型、养—养结合型、种—养—沼气结合型和种—养—加工结合型。如作为典型农区的湖北荆州市通过在平原地区采用"棉—粮—猪—沼"模式、丘陵地区采用"粮(菜)—猪—沼—果"模式、城郊地区采用"酒—猪—沼—鱼"模式、水网湖区采用"鱼—猪—鸭"模式等措施,有效延伸了产业链条,使畜牧业成为该市农业和农村经济的一大支柱产业,成为农民增收的一大亮点。

(3)综合利用型生产模式。这一模式是在种植和养殖过程中建立塑料大棚,并采取相关配套生产技术,发展畜牧业的一种生产方式。该模式具有多层次综合利用资源,在延伸产业链的同时,促使价值链的增加,最终促使经济、生态和社会效益最大化。如甘肃省古浪县引黄灌区科技养殖示范园区建立的塑料大棚,内有沼气池,池上建猪舍,棚内四季种菜。由于大棚具有良好的采光保温性能,十分有利于猪的生长,使饲料报酬率提高幅度达到了20%,同时产生的猪粪直接排入沼气池并生产清洁能源,然后再将沼液、沼渣用于种菜肥田,土壤肥力明显改善,从而使蔬菜产量提高30%以上,其经济、生态效益十分可观。

(4)系统调控型生产模式。该模式主要是依据牛、羊等反刍家畜瘤胃微生物酶的功效,充分利用粗纤维饲料和非蛋白氮的生物学特性,通过秸秆氨化、青贮、微贮等技术,以秸秆、糠、饼、渣及牧草等光合产物饲喂反刍家畜以取得良好的经济效益和生态效益的生产方式。该模式从理论上来讲具有极大的生产潜力和十分可观的社会经济与生态效益。

第三节 畜牧生产系统的设计与构建

畜牧生产系统的设计是综合运用各学科的知识、技术和经验,以实现系统目标为目的,通过总体研究和细节设计等环节,完成畜牧生产全过程的构思、设计的过程。

畜牧生产系统设计是一项复杂的创造工作，也是一项复杂的系统工程。畜牧生产系统设计是在对畜牧生产的市场状况、自然环境条件、社会经济条件等方面进行全面系统分析的基础上进行的。畜牧生产系统设计的任务就是充分利用和发挥系统分析的成果并将这些成果具体化和结构化。

一、畜牧生产系统设计的基本原则

系统设计的基本原则是在进行具体设计中必须遵循的。在畜牧生产系统设计中一般遵循如下的基本原则。

(1) 系统整体最优原则。系统整体最优包括系统内部的最优状态和最优输出。内部最优状态是指组成系统的各环节和组成部分相互协调；最优输出是指系统的功能最大。畜牧生产系统的设计必须实现系统整体最优，这也是畜牧生产系统设计的第一原则。

(2) 遵循市场经济规律原则。畜牧生产系统也是社会经济系统的子系统，畜牧生产是一种经济行为，必然受到市场经济规律的约束。设计畜牧生产系统也必须遵循市场经济规律，主要包括畜牧生产的方向、畜产品的种类、数量和销售方式等与市场经济规律相适应。

(3) 与环境相适应原则。畜牧生产是在具体的环境中进行的，环境的状况、系统与环境的适应性必将极大地影响到畜牧生产系统的生产性能和效果。所以，畜牧生产系统必须与环境相适应。

(4) 充分考虑各地的民风习俗，尊重各民族的宗教信仰。由于各地的习俗、各民族的宗教在畜禽养殖和屠宰加工利用等方面存在许多差别，所以设计畜牧生产系统必须考虑当地的风俗习惯和宗教信仰。

(5) 充分合理利用畜牧生产系统周围的各种环境条件，尽量降低系统建设和运行的成本。

(6) 充分考虑到系统对环境的污染和破坏，畜牧生产系统必须设计污染处理系统，以尽量减少对环境的污染为基本原则。

(7) 综合应用各种知识和技术。系统设计涉及许多学科知识领域和工程技术范围。因此，必须综合应用各种学科的知识和技术，使它们有效配合，才能保证系统设计总目标的实现。

二、畜牧生产系统构建的基本原理

系统功能的实现是依靠各单元的配合，系统各单元的配合方式即系统结构的构建形式。系统构建形式不同，就必然会影响系统的功能。不同的系统构建方式，可实现不同的功能。

在畜牧生产中，我们的目的就是为了获取最大的经济效益，因而，就必须对系统的结构进行合理的构建，力争使系统的功能最大。其基本思想应是多途径、多级利用各种资源，以此来增加生产效果。在畜牧生产系统中，对资源的利用大体上有两种基本形式，即并联方式、串联方式。

(1) 并联方式。见图 2-3。

其中，S_1, S_2, S_3, $\cdots$, 为不同转换途径。

(2) 串联方式

$$X(资源) \xrightarrow{\beta_1} S_1 \xrightarrow{\beta_2} S_2 \xrightarrow{\beta_3} S_3 \cdots \xrightarrow{\beta n_3} Y(产品)$$

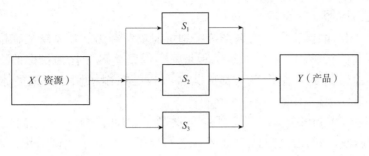

图 2-3 并联方式

其中，S_1，S_2，S_3，…，为中间产品；β_1，β_2，β_3，…，为转化率。

这两种构造方式的系统，在资源一定时，其最终产品量是不同的，对于并联方式：

$$Y = X \times S_1 + (X - X \times S_1)S_2 + [X - X \times S_1 - (X - X \times S_1)S_2]S_3 + \cdots = X(\sum S_i - \prod S_i)$$

当 $N \to \infty$ 时，则 $\prod S_i \to 0$，$\sum S_i \to \max$，于是：$Y \to \max$，这就是多种经营思想。

对于串联方式：

$$Y = \beta_1 \times \beta_2 \times \beta_3 \times \beta_4 \times \cdots \beta_n \times X$$

当 $\beta_1 \times \beta_2 \times \beta_3 \times \beta_4 \times, \cdots, \beta_n \to \max$ 时，$Y \to \max$。

(一)资源约束平衡原理

畜牧生产系统是一个人工开放系统，需要人工投入。由于资源是有限的，合理而有效地使用各种资源，使最小的投入获得最大的产出是畜牧生产系统的生产目的，如何使用合理有限的资源，使畜禽的数量与资源量相适应，获取最大的经济效益？资源约束平衡原理可以解决这个问题。

资源约束平衡原理的前提条件是：①资源已经成为约束；②畜群的生态生产潜力尚未完全发挥。

此时的畜产品量 Q 为：

$$Q = f(x) \quad (x \text{ 是资源投入量})$$

$$Q = \frac{\beta - \beta_n S}{\beta_q} \tag{1}$$

式中　β——资源总量；

β_n——单位畜禽所用的维持资源量；

S——畜禽的数量；

β_q——畜禽生产单位产品所用的资源量。

由式(1)可以推出 Q'：

$$Q' = dQ/dS = -\beta_n/\beta_q \longrightarrow dQ = (-\beta_n/\beta_q)dS$$

可以看出，在资源约束条件下，为多养一头畜禽，就少产 β_n/β_q 数量的畜产品。Q 与 S 呈负相关，其原因是在有限资源的条件下，头数的增加就增加了维持需要量，产品量就必然下降，下降率为 $-\beta_n/\beta_q$。所以，在资源已成约束的条件下，不能单纯追求畜禽的数量，必须讲求畜禽的品质、生产性能。

(二)系统控制原理

"控制"是"自由"的反义词。所谓系统控制可简单解释为：使系统能够按照规定目标运行所采取的各种纠正措施的总和。系统工程是一门以整体最优化为目标的工程技术，这就要求对系统运行全过程的各个环节，都应具备有效的控制机制，否则整体优化就是一句空话。

一般而言，系统控制可分为内部控制和外部控制。内部控制（自动控制）都是在构造系统的结构、功能时就设计好的，目的是确保系统各组成部分之间的协调动作，以及实现某种指定功能。如电器系统的过载保护、温度控制以及生物体自我生存的保护机制等。外部控制则主要依据对系统运行状态和环境状态的观察而采取的各种相应纠正措施，以确保系统始终沿着规定的目标方向发展。如航天系统运行轨迹的控制都是通过不同指令信号完成的，社会经济大系统的控制一般是通过有关政策、法规、制度完成的，农业系统的控制主要是通过管理措施、生物措施和工程措施完成的，等等。

控制对象（受控系统）、控制措施（控制系统）、控制目标称为系统控制三要素，其间通过信息联系，形成有机的整体。控制对象可以是系统自身，也可以是系统的局部，还可以兼而有之。控制措施又叫作控制系统，因为各种措施都离不开人去操作。控制目标是评价系统运行状态好坏的基本尺度。系统是动态变化的，目标也是动态变化的。

系统控制的基本原理是信息反馈，即把受控系统的输出信息 $y(t)$ 返回到控制系统，在此与控制目标进行比较、判断，然后形成控制行为（措施）给受控系统的控制过程。

这种依据输出信息与控制目标进行比较，然后采取相应控制措施的控制方法又称后反馈。后反馈的功能在于保证控制目标的实现。但是，由于社会经济大系统、农业大系统的复杂性，仅有后反馈控制还不行，其根本缺点是不能适应环境的变化。如某个企业生产的产品数量和质量完全符合目标要求，按后反馈原理无需增加任何控制措施。但是如果该产品在市场销售不畅，这时就有必要研究具体对策来适应环境的变化。此时的控制依据便是环境状态信息输入到控制系统，经与控制目标（已经变化）进行比较，然后采取相应的控制措施以适应环境的变化。我们把依据环境信息对系统运行进行的控制叫作前反馈（图2-4）。

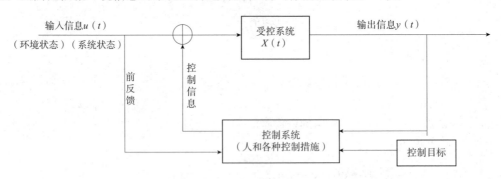

图 2-4　系统控制原理

在系统控制过程中，后反馈和前反馈控制同时存在，尤其是前反馈控制，它在社会经济大系统、农业大系统的最优控制中占有重要的地位。必须随时搜集环境信息的变化，以便及时调整行动策略，只有这样才能在复杂激烈的竞争中占据主动。

三、畜牧生产系统设计的基本程序

1. 提出系统目标

根据所处的环境条件和制约因素，明确系统所要达到的目标。如提出年出栏万头生猪，年生产 5 000t 牛奶等就是系统目标。设计系统目标时，一般可分为两个阶段：首先进行目标体系设计，包括总目标、分目标和具体目标；其次进行量化指标研究设定。在提出系统目标时一定要注意：系统目标一定要符合客观实际，决不能随意提出目标，一定要建立在科学分析与预测的基础上。

2. 设计方针和设计方法的确定

系统设计的主要任务是产生解决问题的最优方案，因此设计方针与方法主要是围绕方案的产生而提出的。主要的方针和方法体现如下两点：

（1）系统设计要多方案，不能满足一个方案，最好得到解决问题的全部可行方案。在一般情况下不存在最优方案的绝对衡量标准，最优方案是在多种方案的比较中产生的。此外，方案在具体化过程中，可能出现意想不到的情况，使得原来的估价发生变化。所以，必须要设计多种方案予以选择和备选。

（2）方案产生过程要应用创造性技术。实践表明，创造力与环境适应和使用科学技术有关。解放思想、大胆想象、勇于创新，是系统设计中的一个重要指导思想。畜牧生产本身就是一个复杂的系统，受外界多种因素的影响，因此生产方案的制订一定要具体问题具体分析，不能照搬照抄他人、他地的模式。

3. 分析与综合

分析与综合就是综合分析畜牧生产系统所处的自然环境条件、面对的市场、社会经济状况、畜牧生产的制约因素等，经定性和定量方法的处理，确定畜牧生产的种类、规模和生产方式，最终提交项目可行性研究报告。分析的主要内容包括：系统环境分析、方案可行性分析、经济活动分析。

4. 分系统设计与评价

根据所确定的系统目标和畜牧生产过程，分别进行总体规划和各生产环节的设计。其主要进行投资估算、资金筹措、生产场地的选择、生产方式的选择、畜种的选择、畜舍的规划与布局设计、畜舍设计、饲料的生产与供应、畜产品的销售方式等设计，在此基础上对各个分系统的设计进行评价，最终确定最优的各个分系统设计方案。

5. 总系统设计

根据畜牧生产系统的目的，全面考虑各种影响因素，将各分系统的设计方案进行组合，确定若干设计方案。

6. 系统综合评价

系统综合评价即对各种设计方案进行综合评价，其主要内容是对各个方案确定综合评价的价值和优先顺序。系统综合评价有两个前提条件：一是确切了解各个方案的优缺点；二是确定评价指标（或标准）。

为了达到准确评价的目的，应该注意如下几点：

（1）要保证评价的客观性。主要注意以下几点：评价资料和数据要全面和可靠；防止评价人员的主观倾向；评价人员的组成要有代表性；要保证评价人员中专家的比例和权威性。

（2）要保证各种方案具有可比性。即要求各种设计方案在实现系统功能上要有可比性和一致性。在进行比较各种方案的优劣时，要同类指标间比较，不能进行异类指标间比较。同时还要注意既不能"一俊遮百丑"、也不能"花样太多"，更不能搞"陪衬"方案。

（3）评价指标要形成系统。评价指标要包括系统目标所涉及的一切方面，不仅要对定量的问题建立评价指标，对定性问题也要建立适当的评价指标。评价指标要有系统性。

（4）评价指标必须与国家的方针、政策、法令的要求相一致。

四、畜牧生产系统设计的主要内容

1. 畜牧生产系统的生产方向

其生产方向主要包括饲养畜禽的种类和生产目标。

2. 畜牧生产系统的宏观规划与设计

其宏观规划与设计主要是指生产项目可行性论证。

3. 生产过程、环节的细化设计

生产过程、环节的细化设计主要是指畜禽品种的选择、生产规模的确定、生产工艺流程、饲养管理技术、疫病防治技术、环境保护等方面设计。

4. 畜牧生产的组织

畜牧生产的组织主要是指设置生产管理机构的设置、生产管理条例和岗位责任制的制订等，还包括资金筹措、资金管理和人员培训、管理等细节方面的设计。

5. 畜产品的市场营销

畜产品的市场营销主要是指畜产品的市场定位、产品的包装、销售方式和销售渠道、产品开发、产品的市场定价等方面的设计。

畜牧生产系统的设计是一项复杂的系统工程，必须要考虑到各方面的制约因素，综合考虑市场、社会、人文、生态和技术等多方面的影响因子，必须统筹规划、协调设计。

五、"种养结合"畜牧生产系统的建立

种养结合是一种结合种植业和养殖业的生态农业模式。畜牧业是人与自然进行物质交换的极重要环节，是指利用畜禽等已经被人类驯化的动物，或者野生动物的生理机能，通过人工饲养、繁殖，使其将牧草和饲料等植物能转变为动物能，以取得肉、蛋、奶、皮、毛和药材等畜产品的生产部门。种植业是指植物栽培业。栽培各种农业产物以及取得植物性产品的农业生产部门，种植业是农业的主要组成部分之一，是利用植物的生活机能，通过人工培育以取得粮食、副食品、饲料和工业原料的社会生产部门。"种养结合"的畜牧生产系统在将畜禽养殖产生的粪便、有机物作为有机肥的基础，为养殖业提供有机肥来源；同时，种植业生产的作物又能够给畜禽养殖提供食源。"种养结合"的畜牧生产系统在农业生态系统中能够充分将物质和能量在动植物之间进行转换及良好的循环。

1. 发展"种养结合"畜牧生产系统的意义

世界上任何国家的农业始终承担着支撑经济发展和社会稳定的重要任务。因此，如何保持和促进农业经济的持续稳定增长是实现国家粮食安全、维持社会稳定、促进经济持续增长

的基础和保障。种养结合是以地区的农业生产资源禀赋条件为依托，充分发挥其比较优势，引导农民适应市场需求合理地调整农业生产结构，增加农民收入，是促进农村经济的持续稳定增长、建设社会主义新农村的重要途径。建立适应种养结合型农业生产结构调整的优化模型，种养结合作为现代农业的典范，同时又继承、深化和发展了家庭联产承包经营制这一基本国策。因此，大力发展种养结合的畜牧业生产意义重大。

2. "种养结合"畜牧生产系统的优点

（1）减少环境污染，节约肥水资源。种养结合能够解决畜禽养殖带来的污染和历来畜禽生产中尿液和冲洗水处理的难点，做到了资源化利用。而且粪尿无害化处理肥田技术是种养结合家庭模式重点要推行的技术。畜禽产生的粪尿流入收集池，经过处理可以使其变成具有一定肥效的肥料，这样既可以节约肥料和水，还能减少环境污染，解决畜禽粪尿不能及时处理的问题。

（2）优化资源配置，形成专业化经营。种养结合的家庭农场由于是农户自己经营，其在生产经营时会根据自己农场的条件，选择适宜生产的产品，同时会利用更多的时间进行管理，可促进农业生产向精细的专业生产方向发展；同时，对标准化生产的推进、品牌的培育有一定的促进作用，使农产品的市场竞争力大大提高。最终形成了综合利用土地资源建设产业化生产基地，优化植被资源布局建立绿色景观环境，合理调配劳力资源组建多元化的农民劳务队伍。

（3）促进新技术、新产品的推广。由于家庭农场经营者对于新技术、新产品等关注较多，可促进新技术、新产品的推广，此种生产经营模式可很好地利用科学技术，并将其转化为生产力促进市场健康发展，同时还能够促进农业机械化代替人工劳动力的进程。因农户经营农场的规模较小，而家庭农场的规模相对较大，可很好地利用农业机械代替人工劳动力，从而减少劳动力，促进机械化农业生产。

（4）促进农民持续增收，提高农村经济整体水平。随着家庭农场的不断发展，其经营模式也会随之而改变，即由单一的经营模式向多元化的经营模式转变，最后会向农业企业转变，最终注册成企业。因此，要不断提高农业企业的科学管理水平，运用市场规则等有效办法促进农业经济发展。农民的增收决定于农业土地规模的扩大，因此要不断鼓励家庭农场扩大规模，进一步提高家庭农场经营者的经济效益。同时，家庭农场这种经营模式会使人们逐渐摒弃传统的小农意识，并转化为现代农业意识，促进现代农业的快速发展。

（5）促进生态农业持续、稳定发展。种植业、养殖业的有机结合，实行农、林、水、草合理的农田布局，增加有机肥的投入量，实行有机与无机相结合，减少无机肥和农药的施用量，同时，养殖业、种植业的发展，必将促进并推动农副产品深加工为主的乡镇企业的发展，提高农村经济综合实力，形成"种养加"一体化的生态农业综合经营体系，大大提高农业生态系统的综合生产力水平。实行种植、养殖相结合并不断加强与完善，将不断提高农业生态系统的自我调节能力，最终达到"经济、生态、社会"效益三者的高度统一，有利于农业持续、稳定地发展。

3. "种养结合"畜牧生产系统的使用范围

"种养结合"畜牧生产系统适合于中小规模的养殖企业及养殖户。他们以适度规模的形式进行畜牧业生产、加工和销售，实行自主经营、自我积累、自我发展、自负盈亏和科学管理的企业化经济实体。

4."种养结合"畜牧生产系统的基本模式

(1)"牧草—作物—奶牛"种养模式。在牧草发达的地区,以乳制品企业为基础,建立以养奶牛为主体的牧草饲料作物杂粮奶牛种养模式,其模式的构成是根据奶牛营养标准配置耕地中种植牧草或饲料玉米的数量,而与奶牛配方精料有关的杂粮能够满足奶牛对配方精料的需要,奶牛排出的粪便经过无公害技术处理后,成为有机肥料用于种植饲草饲料,减少化肥施用量,既可以防止环境和土壤污染,又可保证奶牛产出的鲜奶达到绿色食品标准的模式。

(2)"粮—菜—猪"种养模式。在养猪基础条件较好的农业区,由企业牵头带动农户建立以发展养猪为主体"粮—菜—猪"一体化的种养模式。此模式是按照猪的营养标准和要求配置相应耕地种植猪所需要的优质饲料,而饲料的种植不施化肥只施猪排出的粪便经加工处理的有机肥。此模式能够保证猪所用的青贮精料无公害,因此生产的猪肉达到绿色食品标准。

(3)"稻—菇—鹅"种养模式。在水草资源丰富的农业区,以生产绿色产品为目标的企业,将稻米副产品稻秸秆粉碎处理后作为食用菌平菇的营养基原料,而栽菇生产的副产品菌糠经生物处理后作为鹅的饲料,将养鹅及产生的鹅肉、鹅绒及鹅肥肝等产品副产品及鹅粪经过无公害处理后还田种植水稻的模式。

此外,还有"牛(羊)—沼—菜(果)""猪—鱼—青梅""猪—沼—蔗(花、稻、烟、桑)""三种五养,稻鸭共育""优质土鸡—竹园(板栗园)""鸡—粪—鱼(珍珠)"等多种种养结合典型模式。

5."种养结合"畜牧生产系统存在的问题

在现代养殖业中,"种养结合、以养促种"生态循环模式已经进行了大量的探索与实践,得到了一定推广,也取得了很多显著的成效,但也存在着一些需要全社会共同关注和解决的问题。

(1)资金短缺,模式发展难度加大。发展种养结合,要同时建设标准化规模养殖场和标准化规模种植基地,需要投入大量的资金。

(2)组织管理复杂。养殖业和种植业,虽然同属于农业,但两者有许多不同的地方。推行种养结合,同时组织好畜牧业生产和种植业生产,使两者达到有机结合是相当有难度的。

(3)综合集成配套技术应用程度偏低。科学技术是第一生产力,现代农业的发展依赖于不断创新的技术支持,其内涵深远。"种养结合"工程体系需要先进的农业综合配套技术支撑,包括工程规划与设计技术、沼气技术、畜舍及菜果林园建设和种养技术、沼肥沼渣科学使用技术等。然而,目前传统种养方式依然盛行,许多方法已经脱离社会发展轨道,农民的文化素质较低,各种技术知识匮乏,大多数种养模式技术配套集成率不高、应用面不广,很大程度上影响了模式的推广应用及农业效益。

(4)产业化程度不高。有些模式虽然效益好,但大多以自产自销为主,规模较小,而一旦加大规模,因缺乏行业组织协会,没有形成订单农业,其销路和效益就会出现问题。虽有龙头企业联合,但农户与企业之间基本上都是松散型合作形式,无法做到风险共担、利益共享。部分龙头企业习惯于依赖政府和管理部门,基地建设的热情不高,信心不足,主动性不强,措施办法不得力,存在政府、农户两头热,龙头企业中间冷的现象,极大地制约了模式的产业化发展。

(5)思想观念不新。少数干部的思想认识和工作摆位还存在着领导重视程度不够、工作投放精力不够、深入调研解决问题不够、已经制定和出台的政策措施落实不够等问题。部分农业企业负责人思想观念比较保守,"小富即安"思想和"小农意识"比较严重,企业不能做大做强。

6. 推进"种养结合"畜牧生产系统的注意事项

"以地定养、以养肥地、种养对接",根据畜禽养殖规模配套相应粪污消纳土地,或根据种植需要发展相应养殖场户,就近消化畜禽粪污。重点推广种养结合、生态循环、绿色农牧业"三个循环"。一是主体小循环,养殖业与种植业为同一主体,产生的畜禽粪污在养殖场周边自有的土地进行农牧结合,生态循环;二是区域中循环,以村为单位或第三方作为纽带,将一定区域范围内的养殖场与种植户对接,实现区域内农牧结合,生态循环;三是县域大循环,以县域为单位,由政府牵头,企业运作,统一收集,集中处理,实现县域内农牧结合,生态循环。

7. "种养结合"畜牧生产系统的优化措施

目前,"种养结合、以养促种"生态循环模式在全国各地都还处于试验、示范阶段。从实施的意义来看,其在有效消除养殖业对环境的污染和向社会提供高品质农产品等方面的社会、生态效益是非常显著的。然而,当前社会经济发展的整体水平不高,种养结合的经济效益还未完全显现出来,各级各部门要高度重视,加大力度,广泛宣传,制定各项制度,采取有效的保障措施,优化种养结合配置。

(1)增加资金投入,推动模式转换。国家要加强种养结合模式的宣传推广,结合农村实际,制定一些扶持政策,鼓励更多的人回乡创业;加大资金投入,促进规模化形成;研究出台相应措施,引导和推动传统农业发展模式向现代高效种养模式转变。

(2)追求高效,综合运用先进技术成果。现代农产品的竞争,最终是科技的竞争。各地要以种子工程为突破口,加快科学技术在种养模式中的应用,不断提高技术的综合集成配套。要有针对性地加大科技成果的引进、试验、示范、开发力度。引进的技术成果鉴定必须是当地需要的,特别是对培育各地的新兴优势产业有促进作用的技术;必须是符合当代需求的,如农业高新技术、安全生产技术、设施种养技术、沼气沼肥应用技术、保鲜贮藏技术等;还必须是以提高质量、效益为主,结合省工、节本综合配套技术。对适于本地实际的能提高农产品规模、质量和效益的传统技术,要通过送科技下乡、开展技术培训和鼓励科技人员下田、下车间进行技术承包等方法加快应用和推广。

(3)强化落实,提高农业产业化水平。首先要重点培育龙头企业,特别是要培训一批上规模、有特色的农业产业化基地,着力建设一批带动农户能力强、科技开发能力强、加工增值能力强和市场开拓能力强的龙头企业,分门别类进行引导、扶持和指导。同时,要加强农村专业合作社和农民营销队伍建设;要充分发挥各类协会、学会和社团的作用,加大对它们的扶持力度,以不断提高农民的组织化程度,增强应付市场风险的能力。

(4)注重生态,实现农业可持续发展。各地在推广应用种养模式中,要严格控制化学品的投入,根据作物、畜牧和水产的实际需要供给,严防过多、过滥投入而影响环境,同时要加快高效、低毒、低残留的替代品的引进开发和使用工作;要大力推行畜牧业排泄物的循环利用,因地制宜,加大政策引导和扶持力度,充分发挥生物间的降价和利用作用,减少面源污染。大力推行传统的耕作方式，水旱轮作、增施有机肥、深耕中耕培土、种植绿肥以培肥地力、冬耕冻融等，最终实现农业可持续生产和生态建设目标。

8. "种养结合"畜牧生产系统的效益分析

以农户为单位推行"种养结合、以养促种"，实行循环农业生产方式，符合我国可持续发展战略，具有显著的经济、社会和生态效益。

(1) 经济效益。"种养结合"是一条发展农业经济、农民致富奔小康的好路子。一是养殖成本下降。实行种养结合，农户在自家林地果园中养鸡、养猪、养牛、养羊，在稻田里养鸭，在玉米地里放牧养鸡，在耕地种植饲草饲料，降低了种养两业分离导致的过高交易成本，饲草饲料可以就近饲喂，畜禽粪便也就近施入农田，节约运输、人工等资源，降低养殖业成本。二是降低种植成本。农民种地大多依赖化肥，过去种养分离导致土壤有机质下降，土质退化，使化肥利用率降低，用量增大，大大增加了种植成本。实行种养结合，以农家肥替代化肥，极大地减少了化肥使用量，在化肥不断涨价的情况下，降低了种植成本。三是增加了农民综合收益。21世纪的消费潮流是绿色，为顺应消费者的绿色潮流，就必须培育绿色品牌。实行种养结合，可以获得绿色有机农产品，提升了农畜产品附加价值；农户可以横跨种养两业，在市场博弈中掌握更多的资源和规避市场风险的工具。实行种养一体化经营，农户利用肉蛋奶价格上涨机遇，通过养殖业增强经营实力，增加综合收益。

(2) 社会效益。"种养结合、以养促种"的推行，很大程度上促进了精神文明和物质文明的建设。一是彻底改善了农村环境条件。农民和城市用液化气一样，用上了电子沼气灶，结束了烟熏火燎的历史。尤其是实行了沼气池、猪舍、厕所的三结合布局，人畜粪便进入了沼气池，消灭了蚊蝇滋生场所，一些寄生虫和病菌在沼气池内得到杀灭，减少了疾病传染，提高了农民的健康水平，村容村貌大为改观。二是进一步解放了生产力，提高了农民的科技意识。沼气池可常年产气，全年使用，大大节约了砍柴劳动力。同时，通过技术培训、学习和实践，提高了农民的科技素质，懂得了农业生产必须从传统农业中走出来，采用先进技术，讲究标准管理、规模经营，很大意义上增强了持续发展意识。

(3) 生态效益。种植业和养殖业是相辅相成的，资源充分回收利用，变废为宝，极大地促进了生态的良性循环。一是兴办沼气，开发再生能源，保护了森林资源。农户建上一个 $6m^3$ 的沼气池，一年可节约柴草 2.5t，相当于 $0.35hm^2$ 林木年生长量，大大减少了森林资源的消耗，增加了森林覆盖率。二是土壤结构及耕作性能得到改善。沼肥是一种优质农家肥，可以促进农作物生长和改良土壤，增强农作物和果树的抗旱、抗冻和抗病虫能力，极大地解决了因长期大量使用化肥而造成的土壤养分失衡、结构破坏、水体污染等问题，提高了农产品品质，周而复始，使自然界(水、肥、气、热、土壤)和人、动植物以及微生物处于一个共生和谐的良性生态环境。三是种养结合，形成天然防疫屏障，达到生态化防疫。在田边地头和林地草地中饲养畜禽，畜群之间在地域上互相拉开距离，由绿色植物进行间隔，成为天然隔离带，能有效防止疫病集中暴发。四是养殖排泄物无害化处理，实现零排放、无污染。畜禽粪尿经厌氧发酵变废为宝得到资源化利用，净化了环境，改善了畜禽养殖的生态条件，发病率、死亡率明显下降，畜禽生产性能得到进一步提高。

第三章 畜牧生产系统优化

畜牧生产系统优化是在系统分析的基础上，在各种可控因素允许变动的范围内，寻找实现系统预期目标最优方案的过程。系统优化的过程也是对畜牧生产系统的各要素进行有效整合，进而使整个生产系统效果达到最优的过程。本章主要介绍线性规划在畜牧生产系统中的应用和畜牧生产适度规模的确定等内容。

第一节 系统优化的基本方法

系统的优化方法有很多，在畜牧生产系统管理中主要的优化方法有线性规划及其拓展的一些线性规划方法，如整数规划、动态规划和灰色规划等。

在此，重点介绍线性规划、目标规划、整数规划和动态规划的方法。

一、线性规划

(一)线性规划的定义

线性规划(LP)就是在一组约束条件下寻求目标函数最大(或最小)的数学方法。线性规划是运筹学的一个重要分支，也是进行优化分析的重要方法，其在农业中有着广泛的应用。

线性规划由 3 个部分组成：

①规划变量，如 x_1，x_2，x_3，$\cdots$，x_n。

②目标函数，要求达到目标的数学描述。

③约束条件，目标的限制因素。

线性规划的一般形式为：

约束条件为：

$$\begin{cases} a_{11}x_1+a_{12}x_2+\cdots+a_{1n}x_n \leqslant b_1 \\ a_{21}x_1+a_{22}x_2+\cdots+a_{2n}x_n \leqslant b_2 \\ \cdots\cdots \\ a_{m1}x_1+a_{m2}x_2+\cdots+a_{mn}x_n \leqslant b_m \\ x_1, x_2, x_3, \cdots, x_n \geqslant 0 \end{cases}$$

使线性目标函数 $\qquad f=c_1x_1+c_2x_2+\cdots+c_nx_n \rightarrow \max(或\ \min)$

式中　$x_1, x_2, \cdots, x_n$——规划变量；
　　　$a_{11}, a_{12}, \cdots, a_{mn}$——投入产出系数；
　　　$b_1, b_2, \cdots, b_m$——资源限定量；
　　　$c_1, c_2, \cdots, c_n$——效益系数。

(二)线性规划的建立

如何根据实际要求和限制来建立线性规划模型呢？下面通过一个例子来说明如何建立线性规划模型。

【例 3-1】　某养鸡场有 1 万只鸡，用动物性饲料和谷物性饲料混合喂养。每天每只鸡平均吃混合料 0.5kg。要求混合饲料中动物性饲料的比例不得少于 20%，又已知该场每周只能购得谷物性饲料 5t。已知动物性饲料的价格为 3.6 元/千克，谷物性饲料的价格为 1.8 元/千克。问：如何配料，才能使成本最低？

解：

(1)设规划变量。

设该场每周需要动物性饲料 $x_1$kg，需要谷物性饲料 $x_2$kg。

(2)根据已知条件列出约束方程。

由上面的约束条件，可知，约束方程为：

$$\begin{cases} x_1 + x_2 = 35\ 000 \\ x_1 \geqslant 7\ 000 \\ x_2 \leqslant 5\ 000 \\ x_1, x_2 \geqslant 0 \end{cases}$$

(3)根据要求确定目标函数。

目标函数　　　　　　　　$f = 3.6x_1 + 1.8x_2 \longrightarrow \min(\max)$

于是，就建立了线性规划模型。

上面的 3 个步骤就是建立线性规划模型的一般步骤。

建立线性规划模型是进行畜牧规划确定最优解的关键，只有建立线性规划模型，才能求出线性规划的最优解。

线性规划问题的数学模型是描述实际问题的抽象和概括的数学形式。它反映了客观事物数量关系的本质规律。建立数学模型也就是要了解客观事物的规律。所以，建立线性规划模型一定要遵循客观事物的本质规律。

建立线性规划模型时，约束方程可以多一些，也可以少一些，即约束方程可以细一些，也可以粗一些。模型越细，则考虑的因素越多，模型可能越接近于真实，但是模型的求解也就越复杂。若模型较粗，考虑的因素较少，模型就会与实际相差较大，但模型的求解就会容易。至于约束方程数目确定多少，应根据问题的要求，抓住问题最本质的因素，剔除不太重要的因素，尽可能建立既简单又能够真实地反映问题本质的模型。

(三)线性规划的求解

包含 2 个规划变量的线性规划问题，可以用图解法求解。包含 3 个规划变量以上的线性规划问题，则需要利用单纯形法及换元法求解。对于某些特殊的含 3 或 4 个变量的线性规划也可以经过变换后用图解法来求解。

线性规划的解法有许多理论和方法，由于篇幅限制及使用对象和用途的关系，本节主要讲解图解法，对于单纯形法不做介绍。

图解法中有 3 个结论：

(1) 线性规划问题的可行域一般是一个凸域(当域中任两点的连线都位于域内，则称为凸域)。最优解一定能在凸域的某一个顶点上得到。

(2) 若最优解能在凸域的两个顶点上得到，那么这两个顶点连线上的任一点都是线性规划的最优解。

(3) 若可行域是一个无限域，这时线性规划问题可能无最优解。

这 3 个结论是我们进行图解法的基础。

下面举例来介绍图解的方法。

【例 3-2】 某一线性规划模型如下，求最优解。

$$\begin{cases} x_1+2x_2 \leqslant 8 \\ x_1+x_2 \leqslant 6 \\ x_1, \ x_2 \geqslant 0 \end{cases}$$

目标函数 $f=3x_1+4x_2 \longrightarrow \max$

解：

(1) 建立坐标系。以 x_1 为横坐标轴，以 x_2 为纵坐标轴建立坐标系。

(2) 分别将 $x_1+2x_2 \leqslant 8$、$x_1+x_2 \leqslant 6$、$x_1 \geqslant 0$、$x_2 \geqslant 0$ 在坐标系中表示出来(图 3-1)。

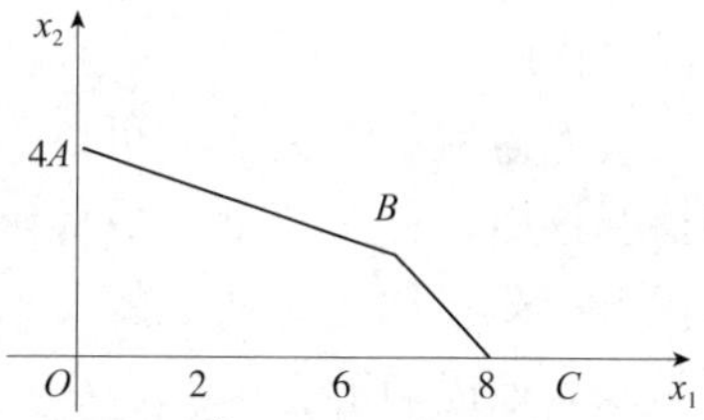

在图 3-1 中，凸域 $OABC$ 是线性规划的可行域，其 4 个顶点之中就可能有最优解。

(3) 确定凸域顶点的坐标值，本凸域的 4 个顶点坐标分别为：

$$O(0,0),\ A(0,4),\ B(4,2),\ C(6,0)$$

图 3-1 线性规划区域

分别将各顶点的坐标值代入目标函数中，计算目标函数的值。

在 O 点，$f=0$；在 A 点，$f=16$；在 B 点，$f=20$；在 C 点，$f=18$。

(4) 确定线性规划的最优解。通过比较各顶点上的目标函数的值，在 B 点取得最大值。于是，线性规划在 B 点取得最优解，最优解为：

$$x_1=4,\ x_2=2$$

此时目标函数 $f=20$。

【例 3-3】 设线性规划模型为，求最优解。

$$\begin{cases} x_1+3x_2 \leqslant 12 \\ x_1+x_2 \leqslant 6 \\ x_1 \leqslant 5 \\ x_1, \ x_2 \geqslant 0 \end{cases}$$

目标函数 $f = x_1 + x_2 \to \max$

解：

建立坐标系，将3个约束条件在坐标系中表示出来（图3-2）。由图3-2可以看出，线性规划的凸域是 OABCD 围成的，各顶点的坐标为 $O(0, 0)$，$A(0, 4)$，$B(3, 3)$，$C(5, 1)$，$D(5, 0)$。分别将各顶点的值代入 f 中，计算各 f 值，并比较各 f 值的大小。

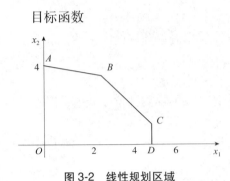

图 3-2　线性规划区域

通过比较，在 B、C 两点的 f 值相等，都等于6。

于是，在 BC 线段上的任一点均是线性规划的优化解。

【例 3-4】 设线性规划为，求最优解。

$$\begin{cases} x_1 + x_2 \geq 2 \\ -x_1 + 2x_2 \leq 4 \\ x_1, x_2 \geq 0 \end{cases}$$

目标函数 $f = 2x_1 + x_2 \longrightarrow \max$

解：

建立坐标系，将各约束条件在坐标系中表示出来（图3-3）。

由图3-3可以看出，本线性规划的可行域是一个无限域，目标函数可以取无限的值，这表明本线性规划无最优解。

由上面的3个例子，可以看出线性规划的解有3种情况：第一种是有唯一最优解；第二种是有无数个最优解；第三种是无最优解。无最优解并不表示无解而是没有最优的解。

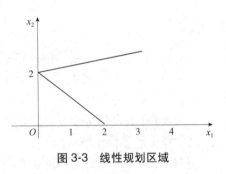

图 3-3　线性规划区域

二、目标规划

线性规划是最常见的优化模型，但是它也有局限性，其中一个明显的表现就是目标的单一性。在现实畜牧系统中都是追求多目标的。因此，如何考虑在多目标的情况下寻求系统的优化是畜牧系统优化所要研究的重要内容。

为了能够应用线性规划进行优化，通常的做法是将多目标化为单目标，然后按照线性规划求解的方法进行优化求解，这就是目标规划。

目标规划是对多目标或相互矛盾的多重目标进行择优的一种方法。目标规划是以线性规划为基础而发展起来的，但在运用中，由于要求不同，又有不同于线性规划之处。

将多目标化为单目标的方法常用的有3种。

（一）约束法

约束法应用最普遍，尤其是农业系统的"种养加"总体协调优化时。由于系统涉及的目标众多，其他方法一般是无法代替的。其具体做法是：

(1) 首先对 n 个目标 $f_i(x)(i=1, 2,\cdots, n)$ 进行重要性排序，然后把第一位的目标作为线性规划的目标函数。

(2) 将余下的 $n-1$ 个目标转化为约束条件，即
$$f_i(x) \geq (\text{或} \leq) \varepsilon_i (i=1, 2,\cdots, n-1)$$

式中的 ε_i 代表第 i 个目标的约束量，它是经过其他定性和定量分析的方法给出的数量指标。

需要说明的是，约束法虽然方便实用，但由于仅考虑了一个主要目标优化，加上 ε_i 的值是事先给定的，所以采用约束法得出的最优解，不一定是多目标规划的非劣解。

（二）分层序列法

分层序列法的基本思路是：首先对 n 个目标进行重要性排序，然后按序列依次进行单目标优化，并把每次优化的目标函数值作为约束条件，依次引入下一级的优化中。

例如某畜牧生产过程中，提出如下 3 个目标：

①经济效益最大，即 $\max f_1(x)$。
②产量最大，即 $\max f_2(x)$。
③资金消耗最少，即 $\min f_3(x)$。

假设上述 3 个目标的重要序列为：$f_1(x) > f_2(x) > f_3(x)$
则分层序列的分级优化模型为：

第一级：求 x

$$\begin{cases} g_i(x) \leq b_i \\ x \geq 0 \end{cases}$$
$$\max f_1(x)$$

设一级优化的结果为 $f_1(x) = \varepsilon_1$，转第二级优化，模型为：

第二级：求 x

$$\begin{cases} g_i(x) \leq b_i \\ f_1 \geq \varepsilon_1 \\ x \geq 0 \end{cases}$$
$$\max f_2(x)$$

设二级优化的结果为 $f_2(x) = \varepsilon_2$，转第三级优化，模型为：

第三级：求 x

$$\begin{cases} g_i(x) \leq b_i \\ f_1(x) \geq \varepsilon_1 \\ f_2(x) \geq \varepsilon_2 \\ x \geq 0 \end{cases}$$
$$\min f_3(x)$$

如果第三级优化有解，即是兼顾 3 个目标的最优解。

这里需要说明一点，应用层次序列法很难求得最优解，因为如上一级的最优解是唯一的，则下一级优化无法进行。为了克服这个缺点，一般在一级优化解的基础上增加一个宽容限

$\Delta\varepsilon$。如在第一级优化的基础上,增加宽容限 $\Delta\varepsilon_1$,于是第二级优化模型变为:

$$\begin{cases} g_i(x) \leq b_i \\ f_1 \geq \varepsilon_1 - \Delta\varepsilon_1 \\ x \geq 0 \end{cases}$$
$$\max f_2(x)$$

依此类推。

(三)线性加权和法

线性加权和法应用的也比较普遍,其基本思路是:首先对 n 个目标 $f_i(x)$ 分别给予权系数,然后统一每个目标的优化方向,最后以 n 个目标的加权和作为线性规划的目标函数。即

$$\max(\min) \cup (x) = \sum_{i=1}^{n} \alpha_i f_i(x)$$

式中 $f_i(x)$——统一优化方向后的目标函数。

例如,在畜牧生产中,提出两个目标:

①效益最大,$f_1(x) = 50x_1 + 200x_2$。
②饲料消耗最少,$f_2(x) = 60x_1 + 70x_2$。

根据上面介绍的做法:分别给予权系数,$\alpha_1 = 0.6$,$\alpha_2 = 0.4$。然后将两个目标函数的优化方向统一,均统一为最大。则将 $f_2(x)$ 求最小,变成为求最大,即变为:$-f_2(x)$。

于是统一的目标函数为:

$$\max \cup (x) = 0.6(50x_1 + 200x_2) + 0.4(-60x_1 - 70x_2) = 6x_1 + 92x_2$$

经过各目标的加权和处理后得到了最终的目标函数,然后即可按照线性规划的求解方法求优化值。

三、整数规划

线性规划还有一个明显的局限性,就是解的连续性。在许多生产实际问题中,要求规划变量取整数才有意义,如畜禽的头数、人员的数量、仪器设备的配置等。

整数规划主要是指整数线性规划。一个线性规划问题,如果要求部分规划变量为整数,则构成一个整数规划问题,它在项目投资、人员分配、畜禽种群结构的优化方面具有广泛的应用。

整数规划是近二三十年发展起来的数学规划的一个重要分支,根据整数规划中规划变量为整数的条件不同,整数规划可以划分为三类:所有规划变量都要求为整数的称为纯整数规划;仅有一部分规划变量为整数的称为混合整数规划;规划变量只取 0 或 1 的整数规划称为 0-1 整数规划。

整数规划模型与一般线性规划模型的基本区别在于它要求给决策变量以整数解,其一般数学形式与线性规划的一般形式的差别仅仅是要求规划变量为整数。

对于整数规划的求解方法主要有分枝限界法和 0-1 整数规划,其中最常用的是分枝限界法。

(一)分枝限界法

分枝限界法是在线性规划最优解的基础上加以改进的,即如果最优解不满足整数条件,就将原问题分成两个分枝,然后增加新的约束条件,从而缩小了原来的可行域。下面以一个

例子来说明其具体的计算步骤如下：

【例3-5】 求解整数规划

$$\begin{cases} 9x_1+7x_2 \leq 56 \\ 7x_1+20x_2 \leq 70 \\ x_1, x_2 \geq 0 \end{cases}$$

x_1, x_2为整数。

$$f=40x_1+90x_2 \to \max$$

解：

(1) 首先不考虑整数约束，把其当作一般线性规划问题来解，经求解，得：

$$x_1=4.809, \quad x_2=1.817$$

(2) 分枝迭代一。因为x_1和x_2不满足整数条件，所以要分枝。分枝限界法首先注意其中一个非整数解（可任选），如我们选$x_1=4.809$，我们可以认为最优解x_1满足如下条件：

$$x_1 \leq 4 \quad 或 \quad x_1 \geq 5$$

而在4与5之间是不合乎整数条件的。于是，得到两个分枝：

$$分枝① \begin{cases} 9x_1+7x_2 \leq 56 \\ 7x_1+20x_2 \leq 70 \\ x_1 \leq 4 \\ x_1, x_2 \geq 0 \end{cases} \qquad 分枝② \begin{cases} 9x_1+7x_2 \leq 56 \\ 7x_1+20x_2 \leq 70 \\ x_1 \geq 5 \\ x_1, x_2 \geq 0 \end{cases}$$

目标函数 $\qquad\qquad\qquad f=40x_1+90x_2 \to \max$

对上面这两个分枝的线性规划问题进行求解，得到如下两个最优解：

$$\begin{cases} x_1=4 \\ x_2=2.1 \end{cases} \qquad \begin{cases} x_1=5 \\ x_2=1.571 \end{cases}$$

$$\max f=349 \qquad \max f=341.39$$

比较两个分枝的最优解，都不满足整数条件。考虑目标函数是求最大值，所以将目标函数值最大的分枝保留下来，而另一组解舍掉。显然保留分枝①。又因为$x_2=2.1$，不符合整数条件，再分枝。

(3) 分枝迭代二。令$x_1 \leq 2$或$x_1 \geq 3$，则有两个分枝：

$$分枝③ \begin{cases} 9x_1+7x_2 \leq 56 \\ 7x_1+20x_2 \leq 70 \\ x_1 \leq 4 \\ x_2 \geq 3 \\ x_1, x_2 \geq 0 \end{cases} \qquad 分枝④ \begin{cases} 9x_1+7x_2 \leq 56 \\ 7x_1+20x_2 \leq 70 \\ x_1 \leq 4 \\ x_2 \leq 2 \\ x_1, x_2 \geq 0 \end{cases}$$

目标函数 $\qquad\qquad\qquad f=40x_1+90x_2 \to \max$

对这两个分枝分别求解，得到如下最优解：

$$分枝③ \begin{cases} x_1=1.428 \\ x_2=3 \end{cases} \qquad 分枝④ \begin{cases} x_1=4 \\ x_2=2 \end{cases}$$

$$\max f = 327.12 \qquad \max f = 340$$

比较这两个分枝的最优解，发现分枝④已经满足整数条件，而分枝③不满足整数条件，则舍掉分枝③的解，保留分枝④的解。于是原规划问题的整数解为：

$$\begin{cases} x_1 = 4 \\ x_2 = 2 \end{cases}$$

需要说明一点的是，若线性规划无解，则整数规划也无解。

(二) 0-1 整数规划

0-1 整数规划问题，是一种特殊形式的整数规划。0-1 整数规划就是规划中决策变量仅取 0 或 1 两个数值。用 0-1 整数规划可以决策应该进行哪些工程项目，不应该进行哪些工程项目，还可以规划 n 项工作指定 n 个人或机器去完成，使最终获得最大效果等指派问题。

下面以示例来说明如何建立 0-1 整数规划模型。

【例 3-6】 某县设计畜牧工程计划，提出了 5 项工程（P_1，P_2，P_3，P_4，P_5），这 5 项工程的期望收益和预期成本如表 3-1 所示。由于某些原因，只能从 P_1，P_3，P_5 之中选择一项，P_2，P_4 之中也只能选择一项。此外，若 P_3 开工，则 P_3 的开工是以 P_4 开工为条件的。该县当年可提供的资金总额为 150 000 元。问：应该进行哪些工程，使纯收益最大？

表 3-1 工程期望收益和预期成本 元

工程项目	期望收益	预期成本
P_1	10 000	60 000
P_2	80 000	40 000
P_3	7 000	20 000
P_4	60 000	40 000
P_5	90 000	50 000

解：

(1) 设定规划变量。设各项工程为 x_j。

本例又可设 $x_j = \begin{cases} 1 \\ 0 \end{cases}$ 当第 j 项工程被选中为 1，反之为 0。

(2) 根据题意确定约束条件。由于 P_1，P_3，P_5 之中选择一项，P_2，P_4 之中也只能选择一项，则：$P_1 + P_3 + P_5 = 1$，$P_2 + P_4 = 1$。又由于若 P_3 开工，则 P_3 的开工是以 P_4 开工为条件的，则：若 P_3 选中，则 P_4 也必须选中。相反若 P_4 选中，则 P_3 可能选中，也可能不选中。即：$x_3 \leq x_4$。

于是，根据题义，建立线性规划的约束条件

$$\begin{cases} x_1 + x_3 + x_5 = 1 \\ x_2 + x_4 = 1 \\ x_3 \leq x_4 \\ 60x_1 + 40x_2 + 20x_3 + 40x_4 + 50x_5 \leq 150 \\ x_j = 0, 1 \end{cases}$$

(3) 确定目标函数 $\quad f = 10x_1 + 80x_2 + 7x_3 + 60x_4 + 90x_5 \to \max$

(4)确定线性规划模型。将约束条件和目标函数合起来,即线性规划模型。

0-1 整数规划的求解,主要有 3 种方法:一是穷举法,二是隐枚举法,三是匈牙利法(指派问题)。

1. 穷举法

穷举法是 0-1 规划的基本解法。它的思路是列出解的全部组合数,然后代到模型中每个约束条件。对于满足约束条件的解,再分别计算目标函数的数值,最后通过比较目标函数的大小来选择一个最优解。就以【例 3-6】来说明。

本例符合条件的组合是:

x_1	1	1	0	0	0	0
x_2	1	0	0	0	0	1
x_3	0	0	1	0	0	0
x_4	0	1	1	1	1	0
x_5	0	0	0	0	1	1

分别计算目标函数的值:

$f_1 = 90$,$f_2 = 70$,$f_3 = 67$,$f_4 = 150$,$f_5 = 170$。因此,最优解为:

$$x = (0, 1, 0, 0, 1)$$

即工程 P_2 和 P_5 开工,纯收益最大。

2. 隐枚举法

对于规划变量较少的问题,可以用穷举法,当规划变量较多时候,穷举法计算次数多,就显得烦琐。于是,人们研究一种新的方法,即通过检查变量组合的一部分,就可以得到问题的最优解,这就是隐枚举法。

下面仍然举例来说明隐枚举法的具体解法。

【例 3-7】 0-1 规划求解。

$$\begin{cases} x_1 + 2x_2 - x_3 \leqslant 2 \\ x_1 + 4x_2 + x_3 \leqslant 4 \\ x_1 + x_2 \leqslant 3 \\ 4x_2 + x_3 \leqslant 6 \\ x_j = 0, 1 \end{cases}$$

$$f = 3x_1 - 2x_2 + 5x_3 \to \max$$

解:

(1)首先找一个可行解。容易看出(1, 0, 0)就是一个可行解,算出其相应的目标函数值 $f = 3$。

(2)增加新的约束条件。对于极大化问题,自然希望函数值越大越好,于是将目标函数大于 3 增加为新的约束条件:

$$3x_1 - 2x_2 + 5x_3 \geqslant 3 \quad \cdots\cdots\cdots\cdots \quad ⊙$$

条件⊙称为过滤条件。这样,原规划的约束条件由原来的 4 个变为 5 个。

(3)将5个约束条件按⊙~④顺序排好，代入约束条件，检查是否满足条件，如果条件⊙不能满足，其余的约束条件就不必计算。如果条件⊙满足，接着就要检查①~④条件是否满足，全部满足打√号，并保留函数值。若某个条件不满足，剩下的条件就不必计算。最后比较 f 值，选函数值最大的解为最优解。据此，列出计算表(表3-2)。

表3-2　计算表

序号	解的组合数 (x_1, x_2, x_3)	条件 ⊙	①	②	③	④	满足条件	f 值
1	(0, 0, 0)	0						
2	(0, 0, 1)	5	−1	1	0	1	√	5
3	(0, 1, 0)	−2						
4	(1, 0, 0)	3						
5	(1, 0, 1)	8	0	2	1	1	√	8
6	(1, 1, 0)	1						
7	(0, 1, 1)	3	1	5				
8	(1, 1, 1)	6	2	6				

根据表3-2中的计算和判断，选取函数值最大的解为最优解。即：
$$x = (1, 0, 1)$$

3. 匈牙利法——指派问题

0-1整数规划的特殊情形之一，是所谓的指派问题，即分配 n 个人(或 n 个设备)来完成 n 件工作，如何分配使得总工时量最小(或成本最小，或收益最大等)的问题。

下面仍然以举例来说明指派问题。

【例3-8】　畜牧生产中有4项任务(R_1, R_2, R_3, R_4)由4个人(甲、乙、丙、丁)来完成，要求每个人只能完成一项工作，由于各人的专长和技能不同，他们的工时不同(表3-3)。问：应该如何分派任务，使总工时最少？

表3-3　不同人完成不同工作的工时

人	任务			
	R_1	R_2	R_3	R_4
甲	2	15	13	4
乙	10	4	14	15
丙	9	14	16	13
丁	7	8	11	9

解：
首先引入0-1变量 x_{ij}，且：
$x_{ij} = 1$，当指派第 i 个人去完成第 j 项任务时；

$x_{ij}=0$，当不指派第 i 个人去完成第 j 项任务时。

于是，其数学模型为：

$$\begin{cases} \sum_{i=1}^{n} x_{ij} = 1 \\ \sum_{j=1}^{n} x_{ij} = 1 \\ x_{ij} = 0, 1 \end{cases}$$

$$f = \sum_{i=1}^{n}\sum_{j=1}^{n} c_{ij} x_{ij} \to \min$$

解决这类问题，可以用 0-1 规划解决，但不经济。匈牙利数学家克尼格提出了一种解法，常称为匈牙利法。

其基本理论是：如果从系数矩阵 c_{ij} 中每一行（列）减去最小的元素，得到新的矩阵 (b_{ij})，那么以 (b_{ij}) 系数的矩阵的指派问题的最优解与原问题的最优解相同。

利用这个性质，我们来求解本例，其解法如下：

第一步：通过数学变化，使系数矩阵出现 0 元素。为此：①从系数矩阵的每行元素中分别减去该行最小的元素。②再从所得系数矩阵中的各列元素中分别减去该列最小的元素。于是：

$$\text{系数矩阵 } c_{ij} = \begin{vmatrix} 2 & 15 & 13 & 4 & -2 \\ 10 & 4 & 14 & 15 & -4 \\ 9 & 14 & 16 & 13 & -9 \\ 7 & 8 & 11 & 9 & -7 \end{vmatrix} \to \begin{vmatrix} 0 & 13 & 11 & 2 \\ 6 & 0 & 10 & 11 \\ 0 & 5 & 7 & 4 \\ 0 & 1 & 4 & 2 \end{vmatrix} \to \begin{vmatrix} 0 & 13 & 7 & 0 \\ 6 & 0 & 6 & 9 \\ 0 & 5 & 3 & 2 \\ 0 & 1 & 0 & 0 \end{vmatrix} = (b_{ij})$$

第二步：试求最优解。经过第一步的变化，矩阵 (b_{ij}) 的每行和每列都有了 0 元素，如果能在所有 0 元素中找出 n 个不同行不同列的 0 元素，那么我们就令这 n 个 0 元素对应的 $x_{ij}=1$，其余的 $x_{ij}=0$，这就是 (b_{ij}) 的最优解。

按此判断，(b_{ij}) 中的 b_{22}，b_{43}，b_{31}，b_{14} 既不同行也不同列，于是得到最优解：

$$(x_{ij}) = \begin{vmatrix} 0 & 0 & 0 & 1 \\ 0 & 1 & 0 & 0 \\ 1 & 0 & 0 & 0 \\ 0 & 0 & 1 & 0 \end{vmatrix}$$

结果表明：若指派甲完成 R_4、乙完成 R_2、丙完成 R_1、丁完成 R_3 项工作所用时间最少。

四、动态规划

动态规划是解决一些相互关联的多阶段决策过程最优化的一种方法，该方法是美国数学家贝尔曼等人于 1951 年创建的。动态规划在工程技术、经济、工农业生产及军事等领域具有广泛的应用。在畜牧系统的优化求解中，利用动态规划进行寻优常比线性规划或非线性规划更具有效果，特别是对于离散问题的处理上，是解析数学不能比拟的。下面以一个例子来说明什么是动态规划。

【例 3-9】 有一个旅行者从图 3-4 中的 A 点出发，途中要经过 B，C，D 等处，最后达到 E 点。

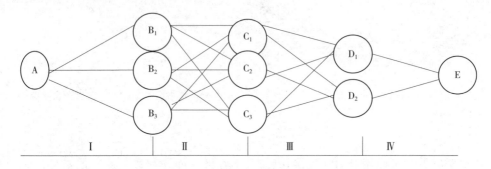

图 3-4 路线图

显然，从 A 到 E 有多条线路可以选择，各点之间的距离不同。如何选择线路，使 A 点到 E 点的距离最小，这就是一个最简单的多阶段决策问题，也就是动态规划问题。

1. 动态规划所涉及的基本概念

(1) 阶段。根据问题所给的过程，恰当地划分成若干相互联系便于求解的步数称为阶段。如在【例 3-9】中，A-B，B-C，C-D，D-E 就是阶段。常用 K 表示问题的阶段数，$K = 1$, 2, …, n, 故又把 K 称作阶段变量。

(2) 状态。状态表示某阶段的出发位置。【例 3-9】中 A，B_1，B_2，B_3，C_1，C_2，C_3…就是状态。

(3) 决策。指某个阶段给定后，从该状态演变到下一个阶段某状态的选择。

(4) 策略和子策略。由过程的第一阶段开始到终点为止的过程，称为问题的全过程。由每段的决策组成的决策函数序列称为全过程策略，简称策略。由 K 阶段开始到终点过程称为全过程的后部子策略，简称子策略。

(5) 指标函数和最优指标函数。在多阶段决策过程最优化问题中，指标函数是用来衡量所实现过程优劣的一种数量指标，它又分为阶段指标函数和过程指标函数。最优指标函数是指某一确定状态下其最优策略得到的指标函数的值。在【例 3-9】中最优指标函数是指从 A 到 E 的最短距离。

2. 动态规划最优原理与基本方程

最优化原理是求解动态规划问题的基本理论基础，它是由美国数学家贝尔曼首先提出的，又称贝尔曼原理。最优化原理概括为：作为整个过程的最优策略具有这样的性质，无论过去的状态和决策如何，对前面所形成的状态而言，余下的诸策略必构成最优策略。

应用这个原理，动态规划的求解要按逆序方向进行，即从终点开始逐渐向始点方向寻求最优路线。其递推关系式称为动态规划的基本函数方程。

3. 动态规划的解法

仍然以【例 3-9】来说明动态规划的求解方法。

解：

其基本方程为：

$$\begin{cases} f_k(x_k) = \min\{v(x_k, u_k) + f_{k+1}(x_{k+1})\} \\ f_{n+1}(x_{n+1}) = 0 \end{cases}$$

（1）第Ⅳ阶段的最优选择。

旅行者要想达到 E 点，上一站必须到 D_1 或 D_2。于是，

$f(D_1) = 3$，即 D_1-E 的距离；

$f(D_2) = 4$，即 D_2-E 的距离；

$\min f(D_i) = f(D_1) = 3$，即距离 D_1-E = 3 是本阶段的最优指标函数。

（2）第Ⅲ阶段的最优选择。

第Ⅲ阶段有 3 个状态，第Ⅳ阶段有 2 个状态，分别进行计算。

当旅行者位于 C_1 状态，并且为最短线路走到 E，必然是如下结果：

$$f(C_1) = \min \begin{cases} v(C_1, D_2) + f(D_1) \\ v(C_1, D_1) + f(D_2) \end{cases}$$

$$= \min \begin{cases} 1+3 \\ 3+4 \end{cases} = 4$$

即从 C_1 到 E 的最短路线为：C_1-D_1-E。

当旅行者位于 C_2 状态，并且为最短线路走到 E，必然是如下结果：

$$f(C_2) = \min \begin{cases} v(C_2, D_1) + f(D_1) \\ v(C_2, D_2) + f(D_2) \end{cases}$$

$$= \min \begin{cases} 6+3 \\ 3+4 \end{cases} = 7$$

即从 C_2 到 E 的最短路线为：C_2-D_2-E。

当旅行者位于 C_3 状态，并且为最短线路走到 E，必然是如下结果：

$$f(C_3) = \min \begin{cases} v(C_3, D_1) + f(D_1) \\ v(C_3, D_2) + f(D_2) \end{cases}$$

$$= \min \begin{cases} 3+3 \\ 3+4 \end{cases} = 6$$

即从 C_3 到 E 的最短路线为：C_3-D_1-E。

（3）第Ⅱ阶段的最优选择。

当旅行者位于 B_1 状态，并且为最短线路走到 E，必然是如下结果：

$$f(B_1) = \min \begin{cases} v(B_1, C_1) + f(C_1) \\ v(B_1, C_2) + f(C_2) \\ v(B_1, C_3) + f(C_3) \end{cases}$$

$$= \min \begin{cases} 7+4 \\ 5+7 = 11 \\ 6+6 \end{cases}$$

即从 B_1 到 E 的最短路线为：B_1-C_3-D_1-E。

当旅行者位于 B_2 状态，并且为最短线路走到 E，必然是如下结果：

$$f(B_2) = \min \begin{cases} v(B_2, C_1) + f(C_1) \\ v(B_2, C_2) + f(C_2) \\ v(B_2, C_3) + f(C_3) \end{cases}$$

$$= \min \begin{cases} 3+4 \\ 2+7 = 7 \\ 4+6 \end{cases}$$

即从 B_2 到 E 的最短路线为：$B_2\text{-}C_1\text{-}D_1\text{-}E$。

当旅行者位于 B_3 状态，并且为最短线路走到 E，必然是如下结果：

$$f(B_3) = \min \begin{cases} v(B_3, C_1) + f(C_1) \\ v(B_3, C_2) + f(C_2) \\ v(B_3, C_3) + f(C_3) \end{cases}$$

$$= \min \begin{cases} 5+4 \\ 1+7 = 8 \\ 5+6 \end{cases}$$

即从 B_3 到 E 的最短路线为：$B_3\text{-}C_2\text{-}D_2\text{-}E$。

(4) 第 I 阶段的最优选择。

该接只有一个出发状态 A，故从 A 到 E 的最优选择为：

$$f(A) = \min \begin{cases} v(A, B_1) + f(B_1) \\ v(A, B_2) + f(B_2) \\ v(A, B_3) + f(B_3) \end{cases}$$

$$= \min \begin{cases} 2+11 \\ 5+7 = 11 \\ 3+8 \end{cases}$$

即从 A 到 E 的最短路线为：$A_1\text{-}B_3\text{-}C_2\text{-}D_2\text{-}E$，距离是 11。

第二节　线性规划方法的应用

线性规划方法是常用的优化方法，在畜牧生产系统管理中具有广泛的应用，在此选择几个具有代表性的例子进行讲解。

一、饲料配方的优化

【例3-10】　某饲料厂欲配制产蛋率小于 65% 的蛋鸡的配合饲料，当地饲料资源有玉米、鱼粉、豆饼、菜籽饼、磷酸氢钙、石粉、麸皮、油脂等，各种饲料的营养成分和单价见表3-4。0~6 周龄的生长蛋鸡的日粮要求代谢能不少于 11.50MJ/kg，粗蛋白不少于 14%，钙不少于 3.20%，有效磷不少于 0.30%，赖氨酸不少于 0.62%，蛋氨酸不少于 0.30%，食盐和预混料各占 0.3% 和 2%，由于饲料原料数量有限，麸皮最多能供给总量的 10%，菜籽粕最多能供给总量的 7%，鱼粉最多能供给总量的 5%，同时油脂的含量一般按供给总量的 2% 配制。

问：应如何配料使混合料的成本最低？

表 3-4 各种配料的营养成分和单价

成分	玉米	麸皮	豆粕	菜籽粕	鱼粉	磷酸氢钙	石粉	油脂	赖氨酸	蛋氨酸
代谢能/(MJ/kg)	13.47	6.82	9.62	7.41	12.18	0	0	36.82	0	0
粗蛋白/%	7.80	15.70	43.00	38.60	62.50	0	0	0	0	0
钙/%	0.02	0.11	0.32	0.65	3.96	21.00	35.00	0	0	0
磷/%	0.10	0.30	0.20	0.33	3.05	16.00	0	0	0	0
赖氨酸/%	0.23	0.58	2.45	1.30	5.12	0	0	0	78.80	0
蛋氨酸/%	0.15	0.13	0.64	0.63	1.66	0	0	0	0	98.00
单价/(元/千克)	1.22	1.08	2.30	1.20	5.37	1.55	0.12	8.00	17.50	31.50

解：

建立线性规划模型：

设各种饲料原料所占的比例 $x_1, x_2, x_3, \cdots, x_{10}$

于是，根据已知条件和要求建立 LP 模型：

$$\begin{cases} 13.47x_1+6.28x_2+9.62x_3+7.41x_4+12.18x_5+36.82x_8 \geqslant 11.50 \\ 7.8x_1+15.7x_2+43x_3+38.6x_4+62.5x_5 \geqslant 14 \\ 0.02x_1+0.11x_2+0.32x_3+0.65x_4+3.96x_5+21x_6+35x_7 \geqslant 3.2 \\ 0.1x_1+0.3x_2+0.2x_3+0.33x_4+3.05x_5+16x_6 \geqslant 0.3 \\ 0.23x_1+0.58x_2+2.45x_3+1.3x_4+5.12x_5+78.8x_9 \geqslant 0.62 \\ 0.15x_1+0.13x_2+0.64x_3+0.63x_4+1.66x_5+98x_{10} \geqslant 0.31 \\ x_1+x_2+x_3+x_4+x_5+x_6+x_7+x_8+x_9 = 0.977 \\ x_2 \leqslant 0.1 \\ x_4 \leqslant 0.07 \\ x_5 \leqslant 0.05 \\ x_8 = 0.02 \end{cases}$$

目标函数 $f = 1.22x_1+1.08x_2+2.3x_3+1.2x_4+5.37x_5+1.55x_6+0.12x_7+8x_8+17.5x_9+31.5x_{10} \to \min$

利用线性规划程序求解：

经计算，$x_1 = 0.661$，$x_2 = 0$，$x_3 = 0.114$，$x_4 = 0.700$，$x_5 = 0.200$，$x_6 = 0.794$，$x_7 = 0.841$，$x_8 = 0.200$，$x_9 = 0$，$x_{10} = 0.620$。

二、生产结构的优化

【例 3-11】 某农场有 100 亩*土地及 10 000 元资金可用于发展生产。农场劳动力情况为

---

* 1 亩 = 0.067 hm^2。

秋冬季 3 000 人·日，春夏季 6 000 人·日，如劳动力本身用不了时可外出干活，春夏季收入为 4.8 元/人·日，秋冬季收入为 2.4 元/人·日。该农场种植 3 种作物：大豆、玉米、小麦，并饲养奶牛和鸡。种作物时不需要专门投资，而饲养动物时每头奶牛投资 500 元，每只鸡投资 2 元。养奶牛时每头需拨出 2.8 亩土地种饲草，并占用人工秋冬季 200 人·日，春夏季为 100 人·日，年净收入每头奶牛 800 元。养鸡时不占用土地，需人工为每只鸡秋冬季需 0.5 人·日，春夏季为 0.2 人·日，年净收入为每只鸡 10 元。农场现有鸡舍允许最多养 2 000 只鸡，牛栏允许最多养 20 头奶牛。3 种作物每年需要的人工及收入情况如表 3-5 所示。试决定该农场的经营方案，使年净收入为最大。

表 3-5 生产项目的资源使用情况和产量

	大豆	玉米	小麦
秋冬季需人·日	30	45	20
春夏季需人·日	55	65	35
年净收入（元/亩）	240	320	180

解：

建立线性规划模型。

根据已知条件和要求建立 LP 模型。

用 x_1，x_2，x_3 分别代表大豆、玉米、麦子的种植数（亩）；x_4，x_5 分别代表奶牛和鸡的饲养数；x_6，x_7 分别代表秋冬季和春夏季多余的劳动力（人·日），用 f 表示该农场每年从种植农作物和畜牧中获得的总净收入，则使得该农场的经营方案获得最大的利润的目标函数就是：

目标函数　　$f = 240x_1 + 320x_2 + 180x_3 + 800x_4 + 10x_5 + 2.4x_6 + 4.8x_7 \to \max$

于是，根据已知条件，建立线性规划模型。

线性规划模型为：
$$\begin{cases} 30x_1 + 45x_2 + 20x_3 + 200x_4 + 0.5x_5 + x_6 \leq 3\,000 \\ 55x_1 + 65x_2 + 35x_3 + 100x_4 + 0.2x_5 + x_7 \leq 6\,000 \\ 500x_4 + 2x_5 \leq 10\,000 \\ x_4 \leq 20 \\ x_5 \leq 2\,000 \\ x_1 + x_2 + x_3 + 2.8x_4 \leq 100 \\ x_1, x_2, x_3, x_4, x_5, x_6, x_7 \geq 0 \end{cases}$$

经利用线性规划程序计算，$x_1 = 0$，$x_2 = 0$，$x_3 = 0$，$x_4 = 0$，$x_5 = 2\,000$，$x_6 = 2\,000$，$x_7 = 5\,600$。由结果可知：鸡饲养数为 2 000，秋冬季的多余劳动力为 2 000，春夏季的多余劳动力为 5 600 时，该农场的经营方案获得最大利润，最大利润是 51 680 元。

三、规划布局问题

【例 3-12】 某饲料厂拟在甲、乙、丙 3 个地区设立销售部。经实地勘察，在甲地区有 3

个地点(A_1，A_2，A_3)、乙地区有 2 个地点(A_4，A_5)、丙地区有 2 个地点(A_6，A_7)可以选择。根据有关原则，要求：在甲地区至多选 2 个，乙地区只能选 1 个，丙地区只能选 1 个。经分析测算，在各点建立销售部的投资和年利润见表 3-6。该饲料厂准备 30 万元用于建立销售部。问：如何选点使年利润最大？

表 3-6 各地点投资与年利润情况 　　　　　　　　　　　　　　　　　　万元

地点	A_1	A_2	A_3	A_4	A_5	A_6	A_7
投资	6	4	2	4	5	7	6
年利润	1	6	0.7	5	9	5	8

解：

引入 0-1 变量 x_j。

$$x_j = \begin{cases} 0 \\ 1 \end{cases}$$

x_j 取 0，代表不选择该地点；x_j 取 1，代表选择该地点。

(1) 建立线性规划模型。

$$\begin{cases} x_1+x_2+x_2 \leqslant 2 \\ x_4+x_5 \geqslant 1 \\ x_6+x_7 \geqslant 1 \\ 6x_1+4x_2+2x_3+4x_4+5x_5+7x_6+6x_7 \leqslant 30 \\ x_j = 0,\ 1 \end{cases}$$

$$f = x_1+6x_2+0.7x_3+5x_4+9x_5+5x_6+8x_7 \rightarrow \max$$

(2) 求解。

利用穷举法来求解。由题意可知，该题有 $(3+3) \times 2 \times 2 = 24$ 个解的组合，解 x_j 的组合分别为：

(0, 0, 1, 0, 1, 0, 1)，(0, 0, 1, 1, 0, 0, 1)
(0, 0, 1, 0, 1, 1, 0)，(0, 1, 0, 1, 0, 1, 0)
(0, 1, 0, 0, 1, 0, 1)，(0, 1, 0, 1, 0, 0, 1)
(0, 1, 0, 0, 1, 1, 0)，(0, 1, 0, 1, 0, 1, 0)
(1, 0, 0, 0, 1, 0, 1)，(1, 0, 0, 1, 0, 0, 1)
(1, 0, 0, 0, 1, 1, 0)，(1, 0, 0, 1, 0, 1, 0)
(0, 1, 1, 0, 1, 0, 1)，(0, 1, 1, 1, 0, 0, 1)
(0, 1, 1, 0, 1, 1, 0)，(0, 1, 1, 1, 0, 1, 0)
(1, 0, 1, 0, 1, 0, 1)，(1, 0, 1, 1, 0, 0, 1)
(1, 0, 1, 0, 1, 1, 0)，(1, 0, 1, 1, 0, 1, 0)

$$(1, 1, 0, 0, 1, 0, 1), (1, 1, 0, 1, 0, 0, 1)$$
$$(1, 1, 0, 0, 1, 1, 0), (1, 1, 0, 1, 0, 1, 0)$$

将这些解分别代入目标函数，经计算比较，确定当：$x_j = (1, 1, 0, 0, 1, 0, 1)$时，目标函数 $f = 24$ 最大。即，当在甲地区选择 A_1，A_2，乙地区选择 A_5，丙地区选 A_7 时，销售部的年总利润最大。

四、资源分派问题

1. 人力资源分派

【例3-13】 在畜牧生产中有4个生产任务由4个人甲、乙、丙和丁来操作，每人只能完成一项工作。由于各人对各环节的熟悉程度和技能不同，因而各人完成各环节的效率不同，其效率见表3-7。

表3-7 各人的工作效率

人	任务			
	1	2	3	4
甲	35	27	28	37
乙	28	34	29	40
丙	35	24	32	33
丁	24	32	25	28

问：如何分派人员，使总工作效率最大？

解：

首先，引入 0-1 变量，$x_{ij} = \begin{cases} 0 \\ 1 \end{cases}$

$x_{ij} = 0$，表示不做此项工作；$x_{ij} = 1$，代表从事此项工作。

根据题意，建立数学模型：

$$\begin{cases} \sum_{i=1}^{4} x_{ij} = 1 \\ \sum_{j=1}^{4} x_{ij} = 1 \\ x_{ij} = 0, 1 \end{cases}$$

$f = 35x_{11} + 27x_{12} + 28x_{13} + 37x_{14} + 28x_{21} + 34x_{22} + 29x_{23} + 40x_{24} + 35x_{31} + 24x_{32} + 32x_{33} + 33x_{34} + 24x_{41} + 32x_{42} + 25x_{43} + 28x_{44} \to \max$

建立系数矩阵：

$$(c_{ij}) = \begin{vmatrix} 35 & 27 & 28 & 37 \\ 28 & 34 & 29 & 40 \\ 35 & 24 & 32 & 33 \\ 24 & 32 & 25 & 28 \end{vmatrix}$$

分别对系数矩阵各行、各列中减去最小元素。

$$(c_{ij}) = \begin{vmatrix} 35 & 27 & 28 & 37 & -27 \\ 28 & 34 & 29 & 40 & -28 \\ 35 & 24 & 32 & 33 & -24 \\ 24 & 32 & 25 & 28 & -24 \end{vmatrix} = \begin{vmatrix} 8 & 0 & 1 & 10 \\ 0 & 6 & 1 & 12 \\ 11 & 0 & 8 & 9 \\ 0 & 8 & 1 & 4 \end{vmatrix} = \begin{vmatrix} 8 & 0 & 0 & 6 \\ 0 & 6 & 0 & 8 \\ 11 & 0 & 7 & 5 \\ 0 & 8 & 0 & 0 \end{vmatrix} = \begin{vmatrix} 0 & 0 & 1 & 0 \\ 1 & 0 & 0 & 0 \\ 0 & 1 & 0 & 0 \\ 0 & 0 & 0 & 1 \end{vmatrix}$$

于是,根据相关原则确定:甲从事第三项工作,乙从事第一项工作,丙从事第二项工作,丁从事第四项工作时总效率最大。

2. 设备配置

【例 3-14】 某企业集团购置了 3 台设备,拟分配给下属 3 个工厂甲、乙、丙使用。由于各工厂外部环境及内部条件的差异,在获得这些设备后所获得的利润也不同,如表 3-8 所示。问:该集团如何分配设备,使获得的利润总和最大?

表 3-8 各种设备分配到各厂获得的利润　　　　　　　　　　　　　　　万元

设备数	甲	乙	丙工厂
0	0	0	0
1	3	5	4
2	8	10	6
3	13	11	14

解:

利用动态规划求解。

首先,将问题分为 3 个阶段:

S_1 甲	S_2 乙	S_3 丙
X_1	X_2	X_3
$S_1 = 3$	$S_2 = S_1 - X_1$	$S_3 = S_2 - X_2$

设 S_1, S_2, S_3 为状态变量,分别表示这 3 个阶段起始时可用于分配的设备台数。在第一阶段,甲工厂分配所得的设备台数为 X_1;在第二阶段,可用于分配的设备台数 $S_2 = S_1 - X_1$。在该阶段中,乙工厂分配所得的设备台数为 X_2,因而,在第三阶段开始时,可用于分配的设备台数为 $S_3 = S_2 - X_2$,X_3 为丙工厂分配所得的设备台数。令 $P(X_1)$,$P(X_2)$ 和 $P(X_3)$ 分别表示甲、乙、丙 3 个工厂在取得设备 X_1、X_2 和 X_3 时所得的盈利。S_1, S_2, S_3 为状态变量,X_1, X_2, X_3 为决策变量,状态转移方程为:$S_2 = S_1 - X_1$,$S_3 = S_2 - X_2$。

现从最后一个阶段即第三阶段开始,进行逆推计算。

设在第三阶段开始时,可用于分配的设备台数为 S_3,于是在第三阶段的最优分配后的盈利为:

$$f(S_3) = \max P_3(X_3)$$

从表 3-9 中可以看出,S_3 有多少,就应该全部分配给丙工厂。具体计算见表 3-9。

表 3-9 测算表

S_3 \ X_3	$P_3(X_3)$				$f_3(S_3)$	X_2
	0	1	2	3		
0	0				0	0
1		4			4	1
2			6		6	2
3				14	14	3

在表 3-9 中，获得最大利润 $f_3(S_3) = 14$，而最优解为 $X_3 = 3$。

第二阶段时的动态规划基本方程为：

$$f_2(S_2) = \max\{P(X_2) + f_3(S_2 - X_2)\}$$

这个方程表示在第二阶段开始时，把 S_2 台设备中 X_2 台分给乙工厂，而其余量 $S_2 - X_2 = S_3$ 台，则在第三阶段按最优方式分配。S_2 中 X_2 应该分配多少，才能得到最优解。

当 $S_2 = 0$ 时，必有：

$$f_2(S_2) = \max\{P(X_2) + f_3(S_2 - X_2)\} = 0$$

当 $S_2 = 1$ 时，有两种可能：一种全部给丙工厂，一种全部给乙工厂。则

$$f_2(1) = \begin{cases} P(0) + f_3(1-0) \\ P(1) + f_3(0-1) \end{cases}$$

$$= \{(0+4), (5+0)\} = 5，此时，X_2 = 1。$$

当 $S_2 = 2$ 时，

$$f_2(2) = \begin{cases} P(0) + f_3(2-0) \\ P(2) + f_3(0-2) \\ P(1) + f_3(2-1) \end{cases}$$

$$= \{(0+6), (10+0), (5+4)\} = 10，此时，X_2 = 2。$$

当 $S_2 = 3$ 时，

$$f_2(3) = \begin{cases} P(0) + f_3(3-0) \\ P(3) + f_3(0-3) \\ P(1) + f_3(3-1) \\ P(2) + f_3(3-2) \end{cases}$$

$$= \{(0+14), (11+0), (5+6), (10+4)\} = 14，此时，X_2 = 0 或 X_2 = 2。$$

第一阶段时的动态规划基本方程为：

$$f_1(3) = \max\{P(X_1) + f_2(S_1 - X_1)\}$$
$$= \{(0+14), (3+10), (8+5), (13+0)\} = 14$$

从而得到最优解：$X_1 = 0$，$X_2 = 0$，$X_3 = 3$；或 $X_1 = 0$，$X_2 = 2$，$X_3 = 1$。

3. 资金分配

【例 3-15】 某畜牧企业在今后 5 年内有 4 种投资机会：

项目 A：从第一年到第四年，每年年初投资，于次年年末收回本金，并获利 15%；

项目 B：从第三年年初投资，于第五年末收回本金，并获利 25%。但该项目投资不能超过 4 万元；

项目 C：第二年初投资，到第五年末收回本金，并获利 40%，但规定该项目投资不能超过 3 万元；

项目 D：五年内每年年初投资，于当年年底收回本金，并获利 6%。

现该企业有资金 10 万元，应如何进行投资，使第五年末本利之和最大？

解：

设各年各项目的投资额分别为：

项目	年 份				
	1	2	3	4	5
A	x_{1A}	x_{2A}	x_{3A}	x_{4A}	
B			x_{3B}		
C		x_{2C}			
D	x_{1D}	x_{2D}	x_{3D}	x_{4D}	x_{5D}

于是，根据条件，建立线性规划模型：

$$\begin{cases} x_{1A}+x_{1D}=100\ 000 \\ x_{2A}+x_{2C}+x_{2D}=1.06x_{1D} \\ x_{3A}+x_{3B}+x_{3D}=1.15x_{1A}+1.06x_{2D} \\ x_{4A}+x_{4D}=1.15x_{2A}+1.06x_{3D} \\ x_{5D}=1.15x_{3A}+1.06x_{4D} \\ x_{2C}\leqslant 40\ 000 \\ x_{3B}\leqslant 30\ 000 \end{cases}$$

$$f=1.15x_{4A}+1.40x_{2C}+1.25x_{3B}+1.06x_{5D}\rightarrow \max$$

经求解，得：

$x_{1A}=34\ 782.609,\ x_{1D}=39\ 130.439$

$x_{2A}=39\ 130.439,\ x_{2C}=30\ 000,\ x_{2D}=0$

$x_{3A}=0,\ x_{3B}=40\ 000,\ x_{3D}=0$

$x_{4A}=45\ 000,\ x_{4D}=0$

$x_{5D}=0$

第五年末资金总额为 143 750 元。

第三节　畜牧生产适宜规模的确定

畜牧生产是在具体的生产技术条件和管理水平下、在一定的市场需求和规律的约束下进行的，这就要求畜牧生产在客观上总有一个比较适宜的规模来适应自身条件约束和市场需求。

若畜牧生产规模过大，投入也过大，就必然受到资源、资金和市场等的约束，并且资金回收期长、经济效益差；若生产规模过小，资金得不到合理利用，形成不了规模优势，不能得到合理的经济效益，并且单位产品的成本相对过大，产品的价格偏高，产品缺乏市场竞争力。因而，畜牧生产规模应在市场经济规律的引导下，全面衡量自身的各种条件和外部的各种约束，采用科学的方法来确定。

目前，我国有相当一部分畜牧企业和有关主管领导在确定畜牧生产规模时是盲目的，过分追求数量，制订不切实际的生产规模。也有的企业在市场经济条件下，缺乏魄力，丧失了应得经济利益和有利的企业发展机遇。因此，了解和掌握确定适宜的畜牧生产规模的方法非常必要。

一、畜牧生产规模的定义

畜牧生产规模是指畜禽的存栏量或生产能力的大小，一般是以存栏量来表示。畜牧生产规模的确定比较复杂且较难以准确计算，它涉及诸多因素，它不仅受现在各种因素的影响，也受将来的各种因素影响。畜禽存栏数量的大小确定，是一个畜牧生产发展的战略问题，应在了解过去、把握现在、预测未来的基础上加以确定。

二、确定畜牧生产规模的原则

确定畜牧生产规模应坚持以下几条原则：

(1)综合考虑所饲养的畜禽在现在和将来的生产技术和市场需求等各方面的因素，既要稳妥，又要在科学预测的基础上有一定的风险意识。

(2)按市场的需求合理确定规模。"国家调节市场，市场引导企业"已成为市场经济条件下的基本准则，市场的导向才是企业生存和发展的根本方向。

(3)考虑本地区和本企业的实际条件和资源情况，综合考虑饲料来源、加工能力、供应情况、资金情况、劳力、技术等各方面的约束条件，统筹考虑确定畜牧生产规模。

(4)考虑合理利用已有的各种资源、设备、场房等情况，在尽量降低单位生产成本的前提下，适当地扩大生产规模。

(5)考虑生产的利润。以获取最大利润为目的，来确定合理的生产规模。

(6)畜牧生产规模是一个动态的指标，不是一成不变的，它要随着市场需求和各种影响因素的变动而变动。

(7)以合理配置各种资源和合理组合各个生产要素为原则来确定畜牧生产规模，既要合理利用各种资源、减少浪费，也要考虑对环境的污染以及环境对畜牧生产的影响等问题。

(8)考虑各种畜产品的市场需求的周期性变动。

(9)以畜禽的种类、种群繁殖特点和繁殖水平、畜牧生产水平的高低来合理确定。若畜禽的繁殖速度快、繁殖周期短，可以考虑适当降低存栏量，反之要加大存栏量；若畜禽的生产水平高，可以考虑适当降低存栏量，反之就要适当增大存栏量。

三、确定适宜生产规模的意义

在市场经济条件下，企业的生存战略主要有两种方式：一种是"船大自然稳"，另一种是

"船小好掉头"。"船大自然稳"是指企业依靠雄厚的资金、技术、规模和市场占有率等优势，在市场竞争中抗风险能力强、经得起市场的冲击，击败其他竞争对手而占据优势。"船小好调头"是指企业的资金、技术和规模比较弱小，在市场竞争中抗风险能力差，难以与大企业进行直接的竞争，但企业采取灵活机动的经营策略，采取"短平快"的经营方针，什么项目有利可图，就经营什么项目，快速投资、快速收益，一旦市场情况不好，可以迅速转变经营方向。

确定适宜的生产规模具有以下意义：
（1）可以充分利用生产设备和场地，从而降低单位产品的固定成本。
（2）能使投入生产的各个生产要素得以合理的组合，有利于各个生产环节的相互协调。充分利用人力，提高饲养管理水平，发挥各种资源的作用。
（3）有利于实施新工艺、采用新技术，不断提高劳动生产率。
（4）可以获得最佳的经济效益。
（5）有利于企业在市场竞争中处于有利的地位，提高企业在市场竞争中的生存能力和发展能力。

应当看到，所谓的合理生产规模并不是一成不变的，它是随着科学技术的进步、饲养方式的改变、劳动者的素质提高、经营管理水平的提高和市场行情的改变而变化的。规模合理是相对的，不合理是经常的。作为企业的经营者、决策者要经常根据各个因素的变化采取相应的对策，不断调整经营策略，力争适应市场发展的趋势。

四、确定畜牧生产规模的基本方法

确定生产规模的方法主要有以下几种。

（一）估算法

估算法是根据畜牧生产影响因素的大小来估计应发展的畜牧生产规模。

1. 根据市场占有率估算法

通过市场调查，确定本地区和辐射区域的畜产品的需求总量以及本企业在市场上经过努力可以达到的市场份额，来估算本企业的生产规模。

如经调查某地区的牛奶市场年需求总量为500t，某奶牛场在该市场可以占到20%的份额，则该奶牛场可以年生产100t的牛奶。若该牛场的产奶牛年平均产奶量为5t，则该场的产奶牛存栏量保持在20头的规模。

2. 根据资源约束估算法

根据饲料供给的情况、资金情况、人力情况来估算，具体的估算方法类似于根据市场占有率的估算法。

3. 根据现有条件估算法

根据本场现有的条件，如房舍、场地、加工能力、交通情况等来估计。

（二）线性规划方法

将市场占有率、资源和现有条件等约束条件确定后建立线性规划方程，通过对线性规划方程的求解来确定适宜的生产规模。

【例3-16】 饲养一头肉牛年需饲料500kg、用工时60个工日、需要投入资金1 000元、

占用房舍 $2m^2$，每头牛可获收益 450 元。现该地区年需要 1 000 头肉牛，该场可以占到 50% 的份额，该场每年可提供饲料 600t、资金 400 万元、房舍 $600m^2$。问：该场的生产规模应多大？

解：

设该场生产规模为饲养 X 头肉牛，于是

$$\begin{cases} 500X \leq 600\,000 \\ 0.1X \leq 400 \\ 2X \leq 600 \\ X \leq 500 \end{cases}$$

目标函数收益 $L = 450X \longrightarrow \max$

具体的线性规划方程的建立和求解在第二章中已经讲过了，在此对本例就不再求解了，请读者自行求解。

（三）回归分析方法

回归分析方法是指调查本地区各养殖场的饲养规模与其收益情况的数据，并建立回归方程，然后选优求解。

【例 3-17】 经调查，某地区的个体养猪场的生产规模与收益之间的关系呈现如下规律：

$$Y = 1.8X - 0.02X^2$$

式中 Y——养猪收益；

X——饲养规模。

试确定该地区的最佳饲养规模。

解：

对该回归方程选优求解：

$$Y' = 1.8 - 0.04X$$

令 $Y' = 0$，于是，$X = 45$ 头。即，该地区个体养猪场的最佳饲养规模为 45 头。

【例 3-18】 某地区历年奶牛的存栏量（成母牛）与利润见表 3-10。

表 3-10　奶牛存栏量与利润情况

年份	奶牛存栏量 X/万头	利润 Y/万元
1990	0.4	600
1991	0.8	1 100
1992	1.0	1 400
1993	1.4	2 100
1994	2.0	2 900
1995	2.4	3 650
1996	2.8	3 900
1997	2.9	4 100

试确定 1998 年的奶牛存栏量。

解：

经拟合计算，得出各回归方程：

$$Y = -143.37 + 1\,696.71X - 78.87X^2$$
$$Y = -199.1 + 668.75T - 13.39T^2$$
$$X = -0.062\,5 + 0.411T - 0.002\,98T^2$$

当 $T=9$ 时，$X=3.395$ 万头，此时，$Y=4\,735$。

经计算分析预测，1998 年的奶牛存栏量将为 3.4 万头左右。

(四)不确定性风险性决策方法

对于确定畜牧生产规模的这一决策，可以采用不确定性风险性决策的方法来确定。

【例 3-19】 某养羊场每生产一头种羊平均成本为 77.35 元，每头平均收入 100.71 元。如种羊销售不出去，则做肉羊销售，则每头羊将损失 30 元。根据该场 10 年的销售记录来看，销售 4 000 头种羊的有 3 年，销售 5 000 头种羊的有 4 年，销售 6 000 头种羊的有 2 年，销售 7 000 头种羊的有 1 年。问：来年应生产多少只种羊？

解：

由该场 10 年的销售记录来看，销售种羊情况在 4 000~7 000 头，那么，来年的生产规模也应在生产 4 000~7 000 头种羊之间。

(1) 若生产 7 000 头种羊，有 4 种可能：

① 其中销售 4 000 头，则盈利为：

$$4\,000(100.71 - 77.35) - 3\,000 \times 30 = 3\,440 \text{ 元}$$

② 其中销售 5 000 头，则盈利为：

$$5\,000(100.71 - 77.35) - 2\,000 \times 30 = 56\,800 \text{ 元}$$

③ 其中销售 6 000 头，则盈利为：

$$6\,000(100.71 - 77.35) - 1\,000 \times 30 = 110\,160 \text{ 元}$$

④ 其中销售 7 000 头，则盈利为：

$$7\,000(100.71 - 77.35) = 163\,520 \text{ 元}$$

但销售 4 000 头的可能性为 3/10，销售 5 000 头的可能性为 4/10，销售 6 000 头的可能性为 2/10，销售 7 000 头的可能性为 1/10。所以，安排生产 7 000 头的期望利润为：

$$3\,440 \times 3/10 + 56\,800 \times 4/10 + 110\,160 \times 2/10 + 163\,520 \times 1/10 = 62\,136 \text{ 元}$$

(2) 若生产 6 000 头种羊，有 3 种可能：

① 其中销售 4 000 头，则盈利为：

$$4\,000(100.71 - 77.35) - 2\,000 \times 30 = 33\,440 \text{ 元}$$

② 其中销售 5 000 头，则盈利为：

$$5\,000(100.71 - 77.35) - 1\,000 \times 30 = 86\,800 \text{ 元}$$

③ 其中销售 6 000 头，则盈利为：

$$6\,000(100.71 - 77.35) = 140\,160 \text{ 元}$$

但销售 4 000 头的可能性为 3/10，销售 5 000 头的可能性为 4/10，销售 6 000 头的可能性为 3/10(包括销售 7 000 头的可能性 1/10)，所以，安排生产 6 000 头的期望利润为：

$$33\,440 \times 3/10 + 86\,800 \times 4/10 + 140\,160 \times 3/10 = 86\,800 \text{ 元}$$

(3)若生产 5 000 头种羊，则有 2 种可能：

①其中销售 4 000 头，则盈利为：
$$4\,000(100.71-77.35)-1\,000\times30=63\,440 \quad 元$$

②其中销售 5 000 头，则盈利为：
$$5\,000(100.71-77.35)=116\,800 \quad 元$$

但销售 4 000 头的可能性为 3/10，销售 5 000 头的可能性为 7/10（包括销售 6 000 头可能性 2/10，销售 7 000 头的可能性 1/10），所以，安排生产 5 000 头的期望利润为：
$$63\,440\times3/10+116\,800\times7/10=100\,792 \quad 元$$

(4)若生产 4 000 头种羊，则期望销售利润为：
$$4\,000(100.71-77.35)=93\,440 \quad 元$$

比较上述 4 种方案，可以看出，以生产 5 000 头种羊的期望利润最高，故来年应安排生产 5 000 头种羊。

注意：按此方法计算饲养规模时，要注意不同销量在历年中所占的比例和每头动物的平均获利和损失额的数据一定要准确。否则，不能用此方法。

（五）盈亏平衡分析方法

利用盈亏平衡分析方法也可以确定畜牧生产的规模。

该畜牧生产企业的固定成本为 TFC，平均可变成本为 AVC，每个动物的年产值为 P_y，则企业在不亏不赢的生产规模（畜禽数量）Q 为：

$$Q=\frac{TFC}{P_y-AVC}$$

若企业要求获得一定利润 L 时，其生产的规模 Q 为：

$$Q=\frac{TFC+L}{P_y-AVC}$$

利用这两个计算公式，就可以计算出企业在经营平衡时或有一定利润要求时的生产规模。下面以一个实例来说明如何确定畜牧生产经营平衡点。

【例 3-20】 某养鹅场的房舍和设施的折旧费、修理费、管理费总共每年为 86 000 元，每只鹅每年产蛋销售和出售淘汰鹅的收入为 420 元，每只鹅平均每年承担的饲料费、人员工资、医药治疗费、育雏费等费用为 260 元。问：该养鹅场的经营平衡点是多少？

解：

由题意可知：
$$TFC=86\,000,\ P_y=420,\ AVC=260$$

则经营平衡点 Q 为：
$$Q=TFC/(P_y-AVC)=86\,000/(420-260)=538 \quad 只$$

即该厂的生产经营平衡点为饲养 538 只鹅。

若该厂计划盈利 30 000 元，应养多少鹅？此时的生产规模 Q 为：

$$Q=\frac{86\,000+30\,000}{420-260}=725 \quad 只$$

（六）组合法

组合法即是各种方法确定的规模的加权平均数，其计算公式为：

$$S = \sum P_i S_i$$

式中　S——加权平均数；

　　　P_i——权重；

　　　S_i——第 i 种方法确定的规模。

【例 3-21】　某奶牛场的饲养规模确定，已知用估算法确定的规模为 85 头，用线性规划的方法确定的规模为 94 头，用不确定性风险性决策的方法确定的规模为 90 头，用成本分析的方法确定的规模为 96 头。由经验可知，这 4 种方法的权重分别为：0.2，0.35，0.2，0.25，利用组合法确定该场的生产规模。

解：

由组合法的计算公式：

$$S = \sum P_i S_i$$
$$S = 0.2 \times 85 + 0.35 \times 94 + 0.2 \times 90 + 0.25 \times 96 = 92$$

即该场应养 92 头奶牛。

利用组合法确定生产规模时，要注意几个问题：

① 权重直接影响到决策的结果，所以，权重的确定一定要慎重和科学。

② 各种确定方法所确定的规模要尽可能合理。

③ 如果有某一种方法所确定的规模是合理的、科学的，并且最接近于实际情况，就不必再用组合确定法，当各种方法均不能较可靠地确定规模时，采用组合法是比较合适的。

上面仅介绍了确定畜牧生产规模的几种方法，在畜牧生产实际中，确定畜牧生产规模是一项复杂的战略决策，决策者一定要高瞻远瞩，要分析过去、把握现在、展望未来，要综合地考虑各个方面的影响因素，既要科学稳妥地决策，也要有一定的冒险精神，正确地把握有利时机，力争现在和将来都获得最大的利润。

第四章

畜牧生产系统的经济分析

畜牧生产系统最重要的活动就是经济活动，获取经济效益是畜牧生产系统运行的主要目的。经济分析是指根据各项经济指标和有关资料，对畜牧生产部门或单位在特定时期的经济活动所做出的分析。在市场经济条件下，随着集约化畜牧业的快速发展，经济分析在畜牧生产系统管理中的重要性日益凸显。本章主要讲述畜牧生产过程中的成本分析、盈利核算、畜牧生产函数及应用等内容。

第一节 畜牧生产成本分析

畜牧生产的利润是销售收入与成本之差，成本是影响经济利润的一个重要方面，减少成本就是增收。由于畜牧生产是一个人工开放系统，需要各种资源的投入，所以畜牧生产的成本是不可以随意减少的，它有自己的最低限度，若随意减少投入成本，会影响产出和收入。本节就畜牧生产成本进行细化和分析。

一、基本概念

1. 成本(TC)

在畜产品的生产过程中耗用的各种物化劳动和活劳动的货币总和，即为畜产品的成本。物化劳动是指饲料、畜舍、设施、有关机械等实物的投入，活劳动是指劳动力和技术等投入。

畜产品的成本包括4个方面的内容：①固定资产的折旧；②劳动对象和低值易耗品的费用；③工资；④生产管理费用。畜产品的成本又可以细分为：工资和福利费；饲料费；燃料和动力费；医药和治疗费；动物繁殖费；固定资产折旧费；固定资产修理费；低值易耗品的消耗；共同生产费；企业管理费；其他直接和间接费用等。畜产品的成本等于上述各项之和。

2. 成本的划分

成本根据它的作用和周转方式，可以划分为固定成本和可变成本。

(1)固定成本(TFC)。与生产间接发生联系的成本，如畜舍和设备的折旧费、维修费、管理费和税等。

(2)可变成本(TVC)。在一定时期内因生产的变动而变动的成本，如饲料资、工资、医药和治疗费、繁殖费等。

总成本等于固定成本和可变成本之和，即

$$TC = TFC + TVC$$

3. 产值和销售收入

畜产品的产值是指按现行市场价格计算的价值。销售收入是指畜产品在市场流通和交换中体现的货币价值。

销售收入和产值是两个不同概念，销售收入是已经在市场上完成交换的货币价值体现，而产值是产品仅仅按现行价格计算的价值，它并不是在市场交换中体现的。当产品完全在市场上流通交换后，销售收入等于总产值，若产品没有完全在市场上交换，则销售收入不等于总产值。在本书中，除特别指出外，均假设产品完全在市场流通交换，既销售收入等于产值，销售收入用 S 表示，则：

$$S = Y \cdot P_y$$

其中，Y 代表产量，P_y 代表现行价格。

4. 利润（L）

利润是指销售收入与所销售产品的生产成本之差。

若产品完全销售，则利润等于产值与总成本之差。此时，

$$L = S - TC$$

在本章中，我们假设产品是完全销售的。

5. 单位产品固定成本（AFC）

$$\text{单位产品固定成本 } AFC = \text{总固定成本 } TFC / \text{产品总量 } Y$$

6. 单位产品可变成本（AVC）

$$\text{单位产品可变成本 } AVC = \text{总可变成本 } TVC / \text{产品总量 } Y$$

7. 单位产品总成本（ATC）

$$\text{单位产品总成本 } ATC = \text{总成本 } TC / \text{产品总量 } Y$$

8. 边际成本（MC）

每增加一个单位产品所增加的总成本的数量。

$$MC = \Delta TVC / \Delta Y$$

由于固定成本不因产品数量的变化而变化，所以边际成本实际上是指增加一个单位产品所引起的变动成本的增加值。

由边际成本的公式可以推出：

$$MC = \Delta TVC / \Delta Y \Rightarrow$$

$$MC = \frac{dTVC}{dY} = \frac{d(P_x \cdot X)}{dY} = \frac{P_x \cdot dX}{dY} = \frac{P_x}{\frac{dY}{dX}} = \frac{P_x}{MPP}$$

由此式可见，边际成本与边际产量成反比，它随着边际产量的增加而减少，又随着边际产量的减少而增加，边际成本与单位产品成本的关系和边际产量与平均产量的关系相反，当单位产品变动成本大于边际成本时，变动成本呈下降趋势；当单位产品变动成本小于边际成本时，单位产品变动成本呈上升趋势。

二、成本分析和管理的意义

研究畜产品的成本问题，在畜牧生产系统管理中具有重要的意义，主要表现为：

①衡量企业经营管理水平的高低。企业经营水平的高低主要反映在产品的成本上,若企业的成本低,说明企业的生产率高,管理水平和技术水平就高。

②可以指导企业进行正确的分配。企业只有了解了总成本,才能确定利润,才能正确考虑如何进行利润的分配。

③是企业改进生产措施和提高管理水平的依据。通过对各项成本分析,可以找出增产增收和节支的途径,为企业改进生产措施和改善经营管理提供依据。

④是国家和有关部门进行合理布局和投资的依据。

⑤是确定畜产品价格的依据。

三、成本构成分析

通过畜牧生产全过程的分析,构成畜牧生产成本如图4-1所示。

1. 产品成本

畜牧业需要计入成本的生产费用是指整个畜牧生产过程中发生的全部费用,包括产畜禽、幼畜禽和育肥畜禽的生产费用。按其经济用途可以划分为下列各成本项目。

(1)直接材料。指构成产品实体或有助于产品形成的原料及材料。包括畜牧企业生产经营过程中实际消耗的精饲料、粗饲料、动物饲料和矿物饲料等饲料费用(如需外购饲料,在采购中的运杂费用也列入饲料费),以及粉碎和蒸煮饲料、孵化增温等耗用的燃料动力费等。

(2)直接人工。包括企业直接从事畜产品生产人员(如饲养员、技术员、挤奶员等人)的工资、奖金、津贴、补贴和福利费等。其中的福利费可按现行的企业财务制度,一般不超过职工工资总额的14%进行提取,主要用于职工的卫生保健、困难职工生活补助、职工食堂和职工浴室等职工福利设施的支出。

(3)其他直接支出。包括畜禽医药费、畜舍折旧费、专用机器设备折旧费、产畜摊销费等。畜禽医药费指畜禽耗用的药品费和能直接记入的医疗费。产畜摊销费指自繁幼畜或畜产品应负担的来自于繁殖畜禽的分期产畜摊销费,即繁殖畜禽的折旧费用。公畜从能授配开始计算产畜摊销,母畜从产仔开始计算产畜摊销。其计算公式为:

$$产畜摊销费(元/年)=\frac{产畜原值-残值}{使用年限}$$

(4)制造费用。指畜牧企业为组织和管理生产所发生的各项费用。包括生产单位管理人员工资、租赁费(不包括融资租赁费)、修理费、低值易耗品、取暖费、水电费、办公费、差旅费、运输费、保险费、试验检验费、劳动保护费、季节性和修理期间的停工损失,以及其他制造费用。

2. 期间费用

期间费用是指企业在生产经营过程中发生的,与产品生产活动没有直接联系,属于某一时期耗用的费用。期间费用不计入产品成本,直接计入当期损益,期末从销售收入中全部扣除期间费用包括管理费用、财务费用和销售费用3项。

(1)管理费用。指企业行政管理部门为管理和组织生产经营活动而发生的各项费用,包括公司经费(管理人员工资、福利费、差旅费、办公费、折旧费、物料消耗费用等)、工会经费(按职工工资总额的2%计提)、职工教育经费(按职工工资总额的1.5%计提)、劳动保险

第一节 畜牧生产成本分析

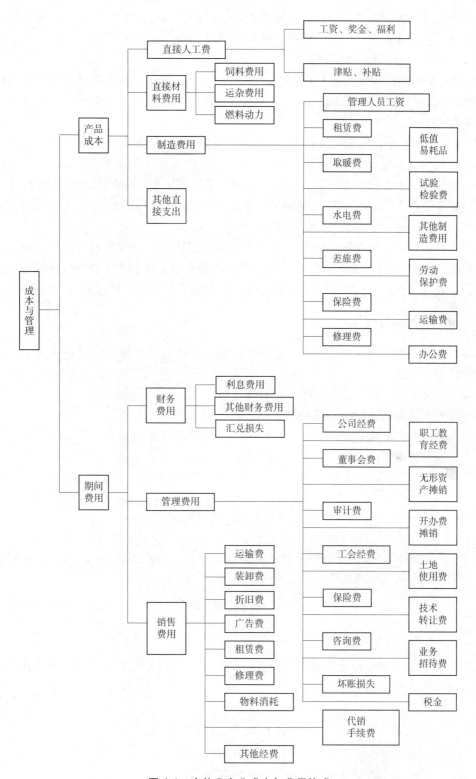

图 4-1 畜牧业企业成本与费用构成

费、待业保险费、董事会费、咨询费、审计费、诉讼费、税金、土地使用费、土地损失补偿费、技术转让费、无形资产摊销、开办费摊销、业务招待费、坏账损失、存货盘亏、毁损和报废(减盘盈),以及其他管理费用。

(2)财务费用。指畜牧企业为筹集资金而发生的各项费用,包括企业生产经营期间发生的利息支出(减利息收入)、汇兑净损失、调剂外汇手续费、金融机构手续,以及筹资发生的其他财务费用等。

(3)销售费用。指畜牧企业在销售畜产品或其他产品、自制半成品和提供劳务等过程中发生的各项费用以及专设销售机构的各项经费,具体包括应由企业负担的运输费、装卸费、包装费、保险费、委托代销手续费、广告费、展览费、租赁费(不包括融资租赁费)和销售服务费用,销售部门人员工资、职工福利费、差旅费、办公费、折旧费、修理费及其他经费,物料消耗、低值易耗品摊销及其他经费。

现行财务制度还明确规定,企业不得列入成本费用还有:为购置和建造固定资产、无形资产和其他资产的支出,对外投资的支出;被没收的财物,支付的滞纳金、罚款、违约金、赔偿金,以及企业赞助、捐赠支出;国家法律、法规规定以外的各种付费的其他支出。

四、成本分析的应用

成本分析的主要应用是经营平衡点的确定。畜牧生产的经营平衡点是指畜牧生产不亏不赚时的生产经营规模。

由成本构成来看,$TC=TFC+TVC$,销售额 $S=Y \cdot P_y$

若企业不亏不赚时,$L=0$,则 $S=TC$

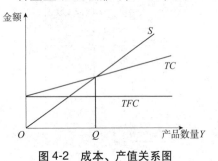

图4-2 成本、产值关系图

将成本和销售额在同一个坐标系中表示出来,其图像见图4-2。

由图4-2可以看出,在 S 和 TC 的交叉点时 $S=TC$,此时,企业不亏不赚,交点的产品数量(生产规模)Q 即是企业的经营平衡点。

$$S=TFC+TVC$$

将 $S=Q \cdot P_y$,$TVC=AVC \cdot Q$(AVC 是平均可变成本)代入上式,于是,

$$Q \cdot P_y = TFC + Q \cdot AVC$$

$$Q = \frac{TFC}{P_y - AVC}$$

即在 Q 点时的生产规模为畜牧生产的经营平衡点,此时畜牧生产不亏不盈,若要求有一定利润 L 时,畜牧生产的规模 Q 为:

$$Q \cdot P_y = TFC + Q \cdot AVC + L$$

$$Q = \frac{TFC+L}{P_y - AVC}$$

下面以一个实例来说明如何确定畜牧生产经营平衡点。

【例4-1】 某养鸡场的房舍和设施的折旧费、修理费、管理费总共每年为300 342元,每

只鸡每年产蛋销售和出售淘汰鸡的收入为72.8元,每只鸡平均每年承担的饲料费、人员工资、医药治疗费、育雏费等费用为56.7元。问:该养鸡场的经营平衡点是多少?

解:

由题意可知:

$$TFC = 300\ 342,\ P_y = 72.8,\ AVC = 56.7$$

则经营平衡点 Q 为:

$$Q = TFC/(P_y - AVC) = 300\ 342/(72.8 - 56.7) = 18\ 655 \quad 只$$

即该厂的生产经营平衡点为饲养18 655只鸡。

若该厂计划盈利100 000元,应养多少鸡?此时的生产规模 Q 为:

$$Q = \frac{300\ 342 + 100\ 000}{72.8 - 56.7} = 24\ 866 \quad 只$$

第二节 盈利核算

畜牧企业的经营目的在于获取利益。企业只有能够获利,才有存在的可能。盈利核算是对企业在一定生产经营期间所取得的经营成果进行计算、考核和分析,为衡量企业的经营业绩、挖掘企业潜力、实施投资决策提供重要依据。盈利核算是通过计算销售收入、成本、税金而实现的。

一、盈利核算的意义

产品价值减去产品成本后是剩余产品的价值,剩余产品价值的货币表现就是盈利,盈利是劳动者为社会创造的价值。产品成本反映生产经营中物化劳动和活劳动消耗的价值,盈利则是反映企业最终经营成果。在企业盈利中有一部分以税金形式上缴给国家,其余部分构成企业利润。盈利的意义在于以下两个方面。

(1)盈利是社会积累和扩大再生产源泉。企业作为国民经济的细胞,企业的纳税是国家财政收入的主要来源。企业实现盈利,意味着为国家提供剩余产品,增加社会物质财富。若没有盈利,社会经济就不能发展,整个社会就不能进步。所以,盈利具有发展社会经济、推动社会进步的基本职能。

(2)盈利是反映企业经营成果的综合性指标。企业生产经营中的原材料耗费、固定资产使用效率、流动资金使用效果、劳动用工合理程度及产品产量、质量高低等都能在盈利水平中得到体现。盈利实现程度不仅表明企业生产消耗的节约及挖潜的程度,而且也表明社会对企业生产产品的接受程度。所以,盈利水平能反映企业经营管理水平及经营成果的大小。

通过盈利核算和分析,可以了解企业的盈利状况和盈利能力,不断挖掘企业改善财务状况、扩大经营成果的内部潜力,以便寻求措施,提高企业的盈利水平。

二、盈利核算的内容和方法

盈利核算包括营业收入核算和利润核算两部分。

(一)营业收入核算

营业收入是指企业通过销售产品、提供劳务等经营活动所取得的销售收入。营业收入的增加通常会带来资产的增加或负债的减少,营业收入是企业盈利的主要途径。

1. 营业收入的内容

按在企业收入中的重要程度,可将营业收入划分为主营业务收入、其他业务收入和对外投资收入。主营业务收入是指企业从事主要经营活动所取得的收入,在企业营业收入中占有较大比重,在畜牧企业主要是指生产和销售畜产品的收入。其他业务收入是指畜牧企业从事除畜产品生产和销售以外的其他业务活动所取得的收入,即营业外收入,包括出租物品、出售原材料、转让无形资产所有权或使用权等所取得的收入,这部分收入在企业收入中所占比重较小,对企业盈利影响不大。对外投资收入主要指股票、债券及其他投资取得的收入。

2. 营业收入的计量

畜牧企业营业收入的实现,一般应于畜产品已经发出,服务或者劳动已经提供,并收讫价款或取得收取价款的凭证。

销售收入的数额应根据企业与购货方签订的合同或协议金额确定,无合同或协议的,应按购销双方都同意或都能接受的价格确定。劳务收入也应按企业与接受劳务方签订的合同或协议金额确定。对外投资收入按合同或协议规定的存、贷款利率确定。

由于企业在经营过程中经常会出现销售折扣、折让和销售退回等情况,这些项目构成企业营业收入的抵减项目。销售折扣是企业根据客户购货批量大小、付款时间长短而给予对方的一种价格优惠。销售折让是指企业向客户交付商品后,因客户对所收商品提出异议,经双方商定,客户接受商品,而企业则在价格上给予一定比例的让度。销售退回是指在交易活动已经完成,销售收入已经实现后,客户向企业退货,企业退回相应货款。一般而言,销售退回应冲减退货当月的营业收入。

(二)利润核算

利润是企业在一定生产经营期间由于生产经营活动所取得的经营成果,在数量上等于各项收入和各项支出相抵后的差额。处于正常生产经营活动的企业,这个差额为正数,则表示企业实现了利润。若这个差额为负数,则表明企业的生产经营活动发生了亏损。企业的利润主要由3部分组成,即营业利润、投资净收益和营业外收支净额。即:

$$利润总额=营业利润+投资净收益+营业外收入-营业外支出$$

1. 营业利润

营业利润是企业在一定时期从事生产经营活动所取得的利润,是利润总额的主体。营业利润包括主营业务利润和其他业务利润。畜牧企业的主营业务是生产并销售畜产品。营业利润的计算公式如下:

$$营业利润=主营业利润+其他业务利润-管理费用-财务费用$$
$$主营业利润=主营业收入-主营业务成本-营业税金及附加$$
$$其他业务利润=其他业务收入-其他业务成本-其他销售税金及附加$$

主营业收入是指从主产品销售收入中扣除发生的产品销售退回、折让或折扣的净收入。

营业成本是指企业在一定时期为销售产品、提供劳务或从事其他经营活动而发生的成本;畜牧企业的主营业务成本主要指销售主产品而发生的成本。

营业税金及附加是指企业因从事生产经营活动而按法律规定交纳的应从营业收入中抵扣的税金,主要包括农牧业税、流转税、资源税和教育费附加等。

其他业务利润是企业从事基本生产经营活动以外的其他经营活动所取得的利润，在生产性企业中就是其他销售利润。

管理费用和财务费用是企业的期间费用，其高低直接影响企业营业利润的高低，也是评价和分析企业经营管理工作效率的一个重要因素。

2. 投资净收益

投资净收益是企业对外投资取得的收益扣除投资损失后的余额。投资收益包括对外投资分得的利润、股利和利息，投资到期收回或中途转让取得款项高于账面价值的差额，以及股权投资在被投资单位增加的净资产中所拥有的数额等；投资损失包括投资到期或中途转让取得的款项低于账面价值的差额，以及股权投资在被投资单位减少的净资产中所分担的数额等。

3. 营业外收支净额

营业外收支净额是指与企业生产经营活动没有直接联系的各种营业外收入（即营业收入中的其他收入部分）减去营业外支出后的余额。营业外支出包括：固定资产盘亏、报废、毁损和出售的净损失，企业职工的劳动保险，物资保险，带薪上学人员的工资、福利，积压物资的削价损失，加工改制费，呆账损失，非季节性和非修理期间的停工损失，非常损失，公益救济性捐赠，赔偿金，违约金等。

净利润又称税后利润，是指企业纳税后形成的利润，是企业进行利润分配的依据。计算公式为：

$$净利润 = 利润总额 - 应交税额$$

企业所得税是企业依法对其生产经营所得和其他所得按规定的税率计算缴纳的税款。企业应交所得税额为：

$$应交所得税额 = 应纳税所得额 \times 所得税税率$$

其中，应纳税所得额为企业年度利润总额减去允许扣除的项目或加上税法不允许计入成本费用的开支后的数额。所得税税率一般按33%计算。

（三）利润分配的核算管理

根据《企业财务通则》的规定，企业在生产经营过程中获得的利润，一般按下列程序进行分配。

1. 企业的利润总额

应当按照国家规定做相应的调整，然后按照税法交纳所得税。

2. 企业交纳所得税后的利润

企业交纳所得税后的利润一般按照下列顺序进行分配。

第一步，用于抵补被没收的财产损失，支付各项税收的滞纳金和罚款。

第二步，弥补企业以前的年度亏损。《企业财务通则》规定，企业发生的年度亏损，可以用下一年度的税前利润来弥补。下一年度的税前利润不足弥补的，可以在5年内延续弥补。5年内不足弥补的，可以用企业的税后利润等弥补。

第三步，提取盈余公积金。盈余公积金是企业从税后利润中计提的公共积累基金，主要用于企业的扩大再生产和防范经营风险。盈余公积金有法定公积金和任意公积金之分，除股份公司之外，一般企业不提任意盈余公积金。法定盈余公积金一般按企业当年实现净利润的10%提取，用于发展企业的生产经营、弥补亏损或按国家规定转赠资本金等。但转赠资本金后，企业法定盈余公积金一般不得低于注册资金的25%。法定盈余公积金累计额已达注册资金的50%时，可不再提取。

第四步，提取公益金。这主要用于企业职工的集体福利设施支出。公益金应按当年实现净利润的5%~10%提取。

第五步，向投资者分配利润。企业以前年度未分配的利润可以并入本年度分配。如果是股份有限公司，在提取公益金以后，可以按照下列顺序分配利润：①支付优先股股利。②提取任意盈余公积金，应按照公司章程或股东会决议提取和使用。③支付普通股股利。

当年无利润时，不能分配利润，但在用盈余公积金弥补亏损后，经股东会特别决定，可以按照不超过股票面值的6%的比率用盈余公积金分配股利，在分配股利后，企业法定盈余公积金不得低于注册资金的25%。

三、损益表(利润表)编制与企业盈利能力分析

企业的盈利能力，主要是通过损益表进行分析的，因而首先应编制好损益表。

(一)损益表的编制

损益表又称利润表，集中反映企业在一定期间内收入、费用的发生情况及收益的最终形成，即企业在该期间的经营业绩。

损益表一般根据等式"收入-费用=净收益"来表示。

为了分析和考核企业经营业绩的形成，对损益表中的收益和费用还需要做进一步的分类。通常把收入和费用按营业收入和费用、其他收入和费用、营业外收入与营业外支出进行划分，并在此基础上对各项目进行细分。损益表一般要求按月编制。表4-1是某奶牛场的损益表示例。

表4-1　某奶牛场损益表　　　　　　　　　　元

项目	本月数	项目	本月数
主营业收入	390 000	营业利润	114 080
减：主营业成本	195 000	加：投资收益	7 000
主营业税金及附加	26 000	营业外收入	4 460
主营业利润	169 000	减：营业外支出	3 200
加：其他业务利润	54 500	利润总额	122 340
减：销售费用	15 170	减：所得税	40 732
管理费用	29 250	净利润	81 608
财务费用	65 000		

(二)盈利能力的一般分析

盈利能力是指企业赚取利润的能力，是企业经营业绩和管理效率的最直接的体现。衡量企业盈利能力的指标一般有4个。

1. 销售利润率

销售净利率是净利润与销售收入之比，又称主营业务净利率。该指标反映企业销售收入

的收益水平,即每一元销售收入所赚取的净利润数额。这一比例越高越好。企业在增加销售收入额的同时,必须相应地获得更多的净利润,才能使销售净利率保持不变或有所提高。其计算公式如下:

$$销售利润率 = \frac{净利润(税后利润)}{销售收入} \times 100\%$$

2. 成本费用利润率

成本费用利润率是指企业净利润与成本费用总额的比率。它是反映企业投入与产出关系的重要财务指标,该比率越高,说明盈利能力越强。计算公式如下:

$$成本费用利润率 = \frac{净利润}{成本费用总额} \times 100\%$$

3. 总资产报酬率

总资产报酬率是指企业的净利润与平均资产总额之间的百分比,又称资产收益率。它反映企业以其资产赚取利润的能力。资产报酬率越高,说明企业生产经营过程中利用资产获利的效率越高。计算公式为:

$$总资产报酬率 = \frac{净利润}{资产平均总额} \times 100\%$$

4. 权益资本利润率

权益资本利润率是指企业的净利润与平均所有者权益的比率。它表明企业所有者的实际收益水平。其计算公式如下:

$$权益资本利润率 = \frac{净利润}{年平均所有者权益} \times 100\%$$

(三)长期偿债能力

企业向外借债的目的是为了获得必要的经营资本,而决定是否举债的原则是使用这笔借款所获得的利润应大于举债所支付的利息,否则会得不偿失。因此,企业举债经营的风险负担就是到期应付利息可能超过借入经营资本的盈利。衡量这种风险的程度,可用利息保障系数来表达。其计算公式为:

$$利息保障系数 = \frac{税前利润 + 利息费用}{利息费用}$$

利息保障系数既是企业举债经营的前提依据,也是衡量企业长期偿债能力大小的重要指标,一般而言,若要维持正常的偿债能力,从长期看,利息保障系数至少应当大于1,而且比值越高,企业长期偿债能力也越强。如果利息保障系数过小,企业偿债的安全性和稳定性则下降,经营风险加大。企业利息保障系数究竟应是利息的多少倍,才算偿付能力强,这要根据往年的经验和行业特点来判断。

四、提高盈利的主要途径

提高畜牧企业的盈利,主要从市场竞争、挖掘内部潜力、加强流通管理及深加工增值4个方面入手探索途径。

(1)在市场调查和预测的基础上,进行正确、合理的决策,为畜牧企业制订长期战略目标，使企业有明确的发展方向，减少生产的盲目性。

（2）重视科学技术，应用先进的畜牧生产工艺，提高畜牧企业的机械化水平，提高劳动生产率。

（3）加强职工素质教育，提高职工的业务素质，提高劳动生产效率。

（4）提高畜产品的产量和质量，提高产品的市场竞争力；加强市场管理，实行薄利多销，以增加销售收入。

（5）畜产品的成本由各项费用支出组成，严格控制各项费用支出，努力降低各种耗费，不断降低生产成本，以促进畜牧企业经济效益的不断提高。

（6）在流通领域中，减少中间环节，降低销售费用。

（7）发展畜产品加工业，进行畜产品的深加工，提高畜产品附加值。

第三节 畜牧生产函数及其应用

畜牧生产系统管理的一个主要研究内容就是如何合理配置资源，以期以最小的投入获得最大的产出。欲达此目的，了解和掌握畜牧生产过程中投入与产出的数量关系是十分重要的而且也是必须的，因此就必须要研究畜牧生产函数。此外，畜牧生产系统管理学对问题的主要处理手段是定性问题定量化、定量问题模型化、模型问题优化，建立畜牧生产过程的各种相关的数学方程并用来分析问题是畜牧生产系统管理学最基本的方法和手段，因此，研究畜牧生产函数是十分重要的。

研究畜牧生产函数可以定量地分析投入产出问题，为科学的经济决策提供依据；可以确定合理的资源投入量及各种资源的投入比例，进而达到合理配置资源、提高资源的转化效率的目的；可以了解畜牧生产过程中的各种相关因素的数量关系，便于科学管理及协调、控制系统的运行；可以定量地评价畜牧生产效果，诊断畜牧生产中问题并可以确定主要矛盾，以便在解决问题时抓住重点，兼顾一般，统筹兼顾。

一、畜牧生产函数

（一）定义

在畜牧生产过程中，投入与产出之间，各生产要素之间、各影响因素之间及与畜禽生产性能之间的数量变化关系，即为畜牧生产函数。函数是进行畜牧生产投入与产出分析的基础。在数学上，函数定义有多种，主要有经典定义和映射定义。

经典定义：在某变化过程中设有两个变量 x，y，按照某个对应法则，对于每一个给定的 x 值，都有唯一确定的 y 值与之对应，那么 y 就是 x 的函数。其中，x 叫自变量，y 叫因变量。

映射定义：设 A、B 是两个集合，如果按照某种对应法则 f，对于集合 A 中任何一个元素，在集合 B 中都有唯一的元素和它对应，这样的对应叫作从集合 A 到集合 B 的映射。当集合 A、B 都是非空的数的集合，且 B 的每一个元素都有原象时，这样的映射就叫定义域 A 到值域 B 上的函数。在数学领域，函数是一种关系，这种关系使一个集合里的每一个元素对应到另一个（可能相同的）集合里的唯一元素。

(二)生产函数的表达形式

畜牧生产函数常有以下几种表达形式：①列表；②图像；③描述；④数学方程式。

其中，以第四种表达形式——数学方程式最常用和最实用。在以后章节中，除非特指外，畜牧生产函数均是指数学方程式。

对于第四种数学方程式，在此再表述一遍，它的一般形式是：

$$y = f(x_1, x_2, \cdots, x_n)$$

式中 y——因变量；

x_i——自变量。

(三)畜牧生产函数的类型

畜牧生产函数的类型主要有以下几种：

1. 生产投入与畜产品之间的

$$y = f(x_1, x_2, \cdots, x_n)$$

式中 x_i——各生产要素。

2. 畜产品之间的

$$y_i = f(y_1, y_2, \cdots, y_{i-1}, y_{i+1}, \cdots, y_n)$$

式中 y_i——各种产品量。

3. 环境因素与畜牧生产系统之间的

$$y = f(x_1, x_2, \cdots, x_n)$$

式中 y——畜牧生产效果；

x_i——各种环境因素。

(四)常用的畜牧生产函数模型

在畜牧生产系统管理中常用的生产函数主要有以下几种模型：

1. 一元线性方程

$$y = A + Bx$$

其图像如图 4-3 所示。

2. 指数函数

$$y = A \cdot B^x$$

其图像如图 4-4 所示。

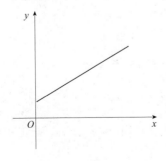

图 4-3　直线方程

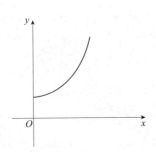

图 4-4　指数方程

3. 对数函数

$$y = A + B\lg x$$

其图像如图 4-5 所示。

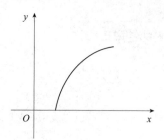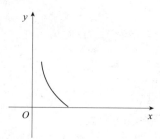

图 4-5　对数方程

4. 幂函数

$$y = A \cdot x^B$$

其图像如图 4-6 所示。

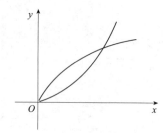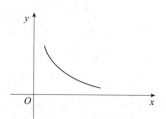

图 4-6　幂函数方程

5. "S"型曲线

$$y = \frac{1}{A + Be^{(-x)}}$$

其图像如图 4-7 所示。

6. 二次函数

$$y = A + Bx + Cx^2$$

其图像如图 4-8 所示。

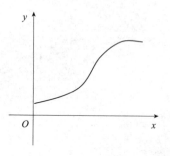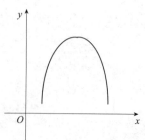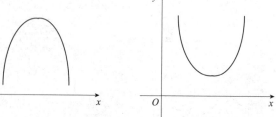

图 4-7　"S"型曲线方程　　　　　图 4-8　二次方程

7. 多元线性方程

$$y = A_0 + A_1 x_1 + A_2 x_2 + \cdots + A_n x_n$$

(五)生产函数的建立

生产函数是一个经验公式,可以利用因与果之间的数量变化关系,根据最小二乘法取得参数后确定。其具体步骤如下:

①确定因 x 和果 y 的数据。

②建立 x 与 y 的直角坐标系,将各对 (x_i, y_i) 在坐标系上描点,并以一条平滑的曲线将各点连接起来(或最接近于各点)。

③根据所得曲线的形状,与已知的曲线相比较,以最相像的已知曲线方程作为将要确定的曲线方程模型。

④将曲线直线化,利用最小二乘法确定直线方程中的各参数,进而确定曲线的方程。

⑤对已求得的方程模型进行检验。

其中,最小二乘法在生物统计中已经讲述了,在此再叙述一遍。

最小二乘法是一个有广泛应用的方法,一般认为是德国数学家高斯提出的,也有人认为是法国数学家勒让德提出的。

最小二乘法的基本思想是:设为估计某事物的某一个数值,对其进行了 n 次测量(或称量),由于各种原因,每次的测量结果均有误差,各不相同,其各次测量结果为: x_1, x_2, …, x_n。若用数 T 来估计该数值,则它与各次的测量结果的误差分别为 x_1-T, x_2-T, …, x_n-T,欲使 T 值尽可能接近于真值,即各个误差为最小,也即误差和为最小。由于误差有正有负,有可能使误差和最小失真,于是,取各误差的平方和 $(x_i-T)^2$ 为最小。寻找一个 T 值,使上述的误差平方和最小,以这个 T 值作为该事物所求的数值。

最小二乘法即是:二乘是平方之意,是指误差平方;最小是指误差平方和最小。

最小二乘法的计算方法:

现设对变量 (x, y) 进行 n 次观察或试验,得到数据 (x_1, y_1), (x_2, y_2), …, (x_n, y_n),已知 x 与 y 存在着线性相关,我们想找一条直线 $y=A+Bx$,能尽可能好地拟合这些数据。按方程 $y=A+Bx$ 来看,当 x 取值 x_i 时,y 应取值 $A+Bx_i$,而实际观察到为 y_i,这就存在着误差 $y_i-(A+Bx_i)$,它相当于上面的 (x_i-T),根据上面思想,误差平方和 Q 为:

$$Q = \sum [y_i - (A+Bx_i)]^2 \tag{1}$$

式(1)中的 A、B 为参数,只要求得 A、B 的值,即可确定方程。

由 $Q = \sum [y_i-(A+Bx_i)]^2 \longrightarrow 0$ 这一要求,利用数学分析中求函数极值的方法,要使 Q 最小,需求 Q 关于 A、B 的偏导数,并令其为 0,即

$$dQ/dA = -2\sum [y_i - (A+Bx_i)] = 0 \tag{2}$$

$$dQ/dB = -2\sum [y_i - (A+Bx_i)] x_i = 0 \tag{3}$$

求解式(2)和式(3)联立方程,得

$$B = \frac{\sum x_i y_i - \frac{1}{n}(\sum x_i \sum y_i)}{\sum x_i^2 - \frac{1}{n}(\sum x_i)^2} \tag{4}$$

$$A = (\sum y_i - b\sum x_i)/n$$

于是，求得方程中的参数 A、B，则确定了回归线性方程：

$$y = A + Bx$$

对于非线性方程，可以把曲线问题直线化，然后利用最小二乘法原理计算回归方程。其具体的曲线直线化转化方法为：

(1) 指数函数 $y = AB^x$

令

$$A' = \ln A, \quad B' = \ln B, \quad y' = \ln y$$

于是，原方程转化为线性方程：

$$y' = A' + B'x$$

(2) 对数方程 $y = A - B\lg x$

令

$$y' = y, \quad x' = \lg x$$

则原方程转化为线性方程：

$$y' = A + Bx'$$

(3) "S"型曲线方程 $y = 1/(A + Be^{-x})$

令

$$y' = 1/y, \quad x' = e^{-x}$$

则原方程转化为线性方程：

$$y' = A + Bx'$$

(4) 二次函数 $y = A + Bx + Cx^2$

令

$$x' = x^2$$

则原方程转化为线性方程：

$$y = A + Bx + Cx'$$

非线性方程转化为线性方程后，即可利用最小二乘法估计出线性方程中的参数，再根据转化过程中所设的非线性方程中的参数与线性方程中参数的关系，进行逆计算，求得非线性方程中的参数，就确定了非线性方程。

建立回归方程后，还应对变量 x 与 y 的线性假设做进一步的检验。为此，考察一下因变量 y 与平均值 $\bar{y}$ 之间的波动，其波动量用 S_s 来表示，S_s 的数学表示为：

$$S_s = \sum (y_i - \bar{y})^2$$

S_s 越大，y_i 的波动越大。分析 S_s 变动的原因，需对 S_s 进行分解，于是

$$\begin{aligned} S_s &= \sum (y_i - \bar{y})^2 = \sum [(y_i - \hat{y}_i) + (\hat{y}_i - \bar{y})]^2 \\ &= \sum (y_i - \hat{y}_i)^2 + \sum (\hat{y}_i - \bar{y})^2 + 2\sum (y_i - \hat{y}_i)(\hat{y}_i - \bar{y}) \\ &= \sum (y_i - \hat{y}_i)^2 + \sum (\hat{y}_i - \bar{y})^2 \end{aligned}$$

这里，$\sum (\hat{y}_i - \bar{y})^2$ 为回归平方和，记为 S_r；$\sum (y_i - \hat{y}_i)^2$ 为剩余平方和，记为 S_c。

在 S_s 中，S_r 所占的比例越大越好，说明回归的效果越好。

为了检验因变量 y 与自变量 x 之间的线性假设是否合适，还需用统计量 f：

$$f = \frac{S_r}{S_c}(N-2) \tag{5}$$

f 是自由度为 $(1, N-2)$ 的 f 变量。这样，在给定的显著水平（如 $\alpha = 0.05, 0.01$）下，查 f

分布表得到临界值。再计算式(5)中的 f 值，若 $f>f_\alpha$，则认为线性回归效果显著。否则，线性回归效果不显著。

(六)确定生产函数模型的原则

在畜牧生产系统中，在确定生产函数模型时，不仅要考虑模型的拟合效果，也要考虑畜禽的生物、生态学特性，也要考虑各种自然、社会经济及系统的规律和定性关系。所以，确定畜牧生产函数模型时，应遵循以下原则：

①根据研究对象所反映的变量与变量之间的关系及其客观变化规律来选择函数模型。
②根据研究的目的和内容来选择生产函数模型。
③遵循各种相关的自然、社会经济和系统的规律以及发展趋势来选择适宜的生产函数模型。
④生产函数模型的拟合效果要好。
⑤生产函数模型要容易求解。
⑥生产函数模型要有一定的生物学意义。

二、畜牧生产函数的应用

建立畜牧生产函数不是目的，而是利用生产函数对畜牧生产管理问题进行定量分析，寻求其最优值，为畜牧生产的最优化提供理论参考。在畜牧生产系统管理中，畜牧生产函数的利用主要有以下几方面。

(一)边际分析

边际分析是指通过对生产函数的分析，来对畜牧生产过程中的经济效果进行变动分析的方法。边际是指"增量""变化率"的意思，相当于高等数学中的导数，即边际是指两个相关增量的变化率。

生产函数可以比较精确地反映出投入与产出之间数量关系及其变化过程，因而可用来进行畜牧生产的边际分析。在此，对投入产出之间的边际分析、资源配合的边际分析进行讨论。

1. 投入产出之间的边际分析

在进行投入与产出边际分析前应先说明几个有关的基本概念，即总产量、平均产量、边际产量。

总产量是指使用一定变动资源所产出的总额。它不是指一般统计中所指的各部分产量的总和，总产量以 TPP 表示。

平均产量指每单位产变动资源所平均引起的产量，以总产量与相应的变动资源投入量相比即是，平均产量以 APP 表示。

边际产量是指每单位变动资源所引起总产量的变化值，边际产量以 MPP 表示。

对于投入产出函数 $y=f(x)$ 而言，若 y 为产量，x 为资源投入量，则：总产量 $TPP=y$，而平均产量和边际产量分别为：

$$APP=\frac{y}{x}, \quad MPP=\frac{\Delta y}{\Delta x}$$

利用上述的总产量、平均产量和边际产量公式，可以求得足够的数据，并据以勾画出总产量曲线、平均产量曲线和边际产量曲线。把总产量曲线与平均产量曲线和边际产量曲线在一

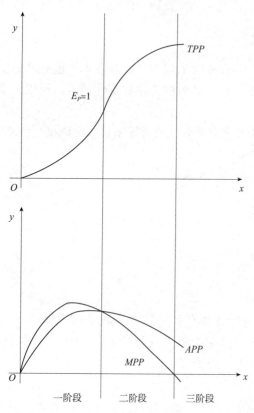

图 4-9　总产量曲线、平均产量曲线和边际产量曲线关系

个坐标系中表示出来，便可清楚地看出这 3 条曲线的关系和生产过程的 3 个阶段(图 4-9)。

纵观图 4-9 中 3 条曲线，有两个最重要的转折点：一是边际产量曲线与平均产量曲线的相交点，在此点，边际产量等于平均产量，也是平均产量最高的一点。二是总产量曲线的顶点，边际产量在这个转折点上为零，过此转为负值。以这两点为界限，连续投入资源的生产过程可以划分为 3 个阶段：第一阶段：由原点到平均产量最高点。此阶段，边际产量高于平均产量，因而引起平均产量逐渐提高，总产量增加的幅度大于资源增加的幅度。因此，只要资源允许，就应继续加大资源的投入。第二阶段：由平均产量最高点到总产量最高点。在此阶段，边际产量低于平均产量，因而引起平均产量逐渐降低，总量增加的幅度小于资源增加的幅度，即出现报酬递减。第三阶段：总产量最高点以后。此阶段，边际产量转为负值，资源越投入越减产，因而是生产的绝对不合理阶段。

为了便于分析产量的增加与资源投入之间变化关系，在此引入生产弹性的概念。生产弹性是用于反映产量的增加对于投入资源的敏感程度的，用 E_p 表示。

$$E_p = \frac{\Delta y / y}{\Delta x / x}$$

生产弹性也是反映产量增加的幅度与资源增加幅度的比例关系。当生产弹性大于 1，只要资源允许，就应继续加大资源的投入来获得增加生产效益；当生产弹性小于 1，资源的投入就要适当减少。当生产弹性为负值时，继续投入资源反而引起产量的下降。

利用生产函数进行畜牧生产的投入产出边际分析，可以合理划分各生产阶段，便于进行投入的科学决策。

2. 资源配合的边际分析

这里所说的资源配合是指在使用一定固定资源的基础上，两种或两种以上变动资源以不同比例配合生产一种产品的情况。

设有两种变动资源，分别以 x_1 和 x_2 表示，它们以不同的配合比例生产一种畜产品 y。又设有一系列的生产数据 x_{11}，x_{21}，y_1；x_{12}，x_{22}，y_2；…；x_{1n}，x_{2n}，y_n；经数据拟合，建立如下生产函数：

$$y = f(x_1, x_2)$$

之后就可以对此生产函数进行分析了。

(1)边际产量和等产量曲线。通过求生产函数 $y=f(x_1, x_2)$ 对两种变动资源的偏导数,分别确定 x_1 和 x_2 在不同用量时的边际产量。

$$MPPx_1 = \frac{\partial y}{\partial x_1}$$

$$MPPx_2 = \frac{\partial y}{\partial x_2}$$

若分别令这两种边际产量为零,并解这两个联立方程,就可以确定在总产量达到最大时 x_1,x_2 的使用量。

若做出 y,x_1,x_2 的直角坐标图像,它是一个三维图,是一个含有 3 个变量的曲面。

若设 y 取一个定值,就可以得到一条关于 x_1,x_2 的等产量曲线。这条等产量曲线就表明在达到一定产量时 x_1 和 x_2 之间的数量关系。等产量曲线有许多条,只要确定了一个总产量的值,就可以相应地有一条等产量曲线。

(2)资源边际替代率。两种变动资源之间,有许多配合比例都可以生产出同一产量的产品。就是说,这两种资源虽然在生产中起不同的作用,但在一定范围内,它们是可以相互替换的。那么,如何在它们可以互相替代的数量变化中找到一种最经济合理的资源配合比例呢?这就要研究资源的边际替代率。

资源的边际替代率,反映了两种变动资源之间可以互相替代的数量关系。它的作用类似于用边际产量反映变动资源转化为产品的数量关系。研究边际替代率是以等产量曲线为基础进行的。

下面以图 4-10 为例说明边际替代率的定义。

在图 4-10 中,曲线为一条等产量曲线,在它的 A、B 段范围内,x_2 代替 x_1 的边际替代率(MRS)为:

$$MRS = \frac{\Delta x_1}{\Delta x_2}$$

由资源边际替代率的公式,可以看出,资源的边际替代率实际上就是等产量曲线的某点切线的斜率。

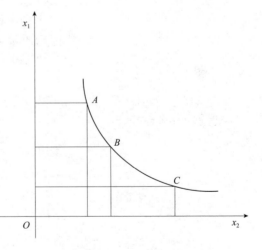

图 4-10 平均边际替代率

如果两种资源中,资源 x_1 的用量不变,只有 x_2 变化,那么总产量就会因 x_2 的数量变化而发生变化,这个变化量就是 x_2 的边际产量。反过来,如果 x_2 的用量不变,只有 x_1 变化,x_1 数量变化引起的总产量变化量,就是 x_1 的边际产量。所以,边际替代率也就是两种边际产量的比值。即

$$MRS = \frac{MPPx_2}{MPPx_1} = \frac{\dfrac{\partial y}{\partial x_2}}{\dfrac{\partial y}{\partial x_1}}$$

如果已知等产量曲线上某一点的坐标，就可以计算出来在此点的边际替代率。利用边际替代率可以确定成本最低的点。

（3）等成本线与成本最低的资源配合。以 P_{x1} 和 P_{x2} 分别表示 x_1 与 x_2 的价格，那么两种变动资源的合计成本 VC 即可用下式表示：

$$VC = P_{x1}x_1 + P_{x2}x_2$$

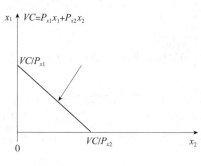

图 4-11　等产量坐标

将此式在等产量坐标系中表示出来，它是一条经过 $(0, VC/P_{x1})$、$(VC/P_{x2}, 0)$ 的直线（图 4-11）。

此直线 VC 就是一条等成本线，在此直线上的任何一点的合计成本都是相等的。同样，等成本线也有许多条，且与此直线平行。

使等成本线与等产量曲线相切，在切点上边际替代率与等成本线的斜率必然相等。这个相切点的条件可以用下式表示：

$$\frac{\Delta x_1}{\Delta x_2} = \frac{P_{x2}}{P_{x1}}$$

在此相切点时，合计成本最低。即当两种资源的配合比例等于这两种资源价格的反比时，合计成本最低。一般又称为边际替代原理。等产量曲线上有无数个点，只有符合上述条件的点，才是成本最低的点。

【例 4-2】 已知两种资源 x_1 和 x_2 配合生产某一畜产品的生产函数为：

$$y = 6(x_1 \cdot x_2)^{\frac{1}{3}}$$

资源 x_1 的单价 $P_1 = 25$，资源 x_2 的单价 $P_2 = 200$，产品的单价 $P_y = 200$，预使畜产品的产量达到 108 时，两种资源如何配合，可取得最低成本？

解：

由前所述，当两种资源的边际替代率等于其价格的反比时，成本最低。

资源 x_1 的边际产量为：

$$MPPx_1 = \frac{\partial y}{\partial x_1} = 2x_1^{-\frac{2}{3}} \cdot x_2^{\frac{1}{3}}$$

资源 x_2 的边际产量为：

$$MPPx_2 = \frac{\partial y}{\partial x_2} = 2x_1^{\frac{1}{3}} \cdot x_2^{-\frac{2}{3}}$$

于是，资源 x_2 代替 x_1 的边际替代率为：

$$\frac{MPPx_1}{MPPx_2} = \frac{2x_1^{-\frac{2}{3}} \cdot x_2^{\frac{1}{3}}}{2x_1^{\frac{1}{3}} \cdot x_2^{-\frac{2}{3}}} = \frac{P_{x1}}{P_{x2}} = \frac{25}{200}$$

$$\frac{x_2}{x_1} = \frac{1}{8} \Rightarrow x_1 = 8x_2$$

将此式代入原方程中，求得 $x_2 = 27$

则

$$x_1 = 8 \times 27 = 216$$

即当使用资源 $x_1=216$，$x_2=27$ 之时，可取得最小成本。即最小成本：
$$VC=P_1x_1+P_2x_2=10\ 800$$

（4）扩展线与盈利最高的资源配合。既然在水平不同的资源配合中，有无数条的等产量曲线，也可以相应做出无数条与这些等产量曲线相切的等成本线，因而等成本线与等产量曲线的切点也就有无数个，这些相切点，即不同产出水平的最低合计成本点，可以形成一条直线。这种连接最低合计成本点的线称为扩展线，即产出水平不同时，合理的资源配合应沿扩展线发展。

若要盈利最高时，则生产利润方程为：

设产品的价格为 P_y，生产利润为 L
$$L=P_yf(x_1,\ x_2)-(P_{x_1}x_1+P_{x_2}x_2)$$

分别求 L 对 x_1，x_2 的偏导数，并令之为 0

$$\frac{\partial L}{\partial x_2}=P_y\frac{\partial y}{\partial x_2}-P_{x_2}=0$$

$$\frac{\partial L}{\partial x_1}=P_y\frac{\partial y}{\partial x_1}-P_{x_1}=0$$

解上两式的联立方程，即可解出当盈利最高时的资源 x_1，x_2 的投入量。将 x_1，x_2 的值代入生产函数方程即可求出最大利润。

3. 产品配合的边际分析

在一定生产资源的条件下，畜牧生产通常不只生产一种畜产品。而是几种、十几种等配合起来进行生产。那么，如何把有限的资源分配与不同的产品生产，以获取最大的效益呢？在此讨论多种畜产品的配合生产问题。

产品配合问题实际上也是一个资源分配的问题。一般地，产品配合的关系有 3 种：

（1）互助关系。在资源既定的条件下，一种生产资源若用于两种产品的生产，增加甲种产品的生产则乙种产品也随之增加。例如，畜禽的饲养量增加，畜禽的粪便产量也随之增加。

（2）互补关系。在资源既定的条件下，一种生产资源，若用于两种资源的生产，甲种产品生产增加，不影响乙种产品的生产。例如，在草原共饲牛、羊、猪圈里适当的养鸡等。

（3）竞争关系。在既定资源的条件下，一种生产资源，若用于两种产品的生产，甲种产品增加，乙种产品就要减少。例如，一定饲料用来养猪、养牛，若养猪多，则必然养牛少。

研究产品配合问题应该研究产品的边际替换率。产品的边际替换率就是利用一种资源生产两种产品时，乙产品的增加量和甲产品的增加量的比率，称为乙产品对甲产品的边际替换率。用 $\Delta Y_甲/\Delta Y_乙$ 表示。

产品的边际替换率可以根据生产函数的一阶导数计算出来。

【例 4-3】 如生产方程为
$$y_1=100-0.006\ 5y_2^2$$

则 y_2 对 y_1 的边际替换率：
$$\frac{\mathrm{d}y_1}{\mathrm{d}y_2}=-0.013y_2$$

若 $y_2=10$，则边际替换率等于 0.13。

研究产品的边际替换率是为了研究在获得最大收益时两种产品的适宜生产比例。

解:

设产品 y_1 的价格为 P_1，y_2 的价格为 P_2。则总收益 L 为:

$$L = P_1 \cdot y_1 + P_2 \cdot y_2$$

总收益最大时，L 的一阶导数为零。

$$L' = \frac{dy_1}{dy_2}P_1 + P_2 = 0 \Rightarrow \frac{dy_1}{dy_2} = -\frac{P_2}{P_1}$$

对 L 求导数，并令之为 0，即当总收益最大时，边际替换率等于其产品价格的负反比。

就上面的产品方程，若 y_1 的价格为 5，y_2 的价格为 6，其收益最大时，解得 $y_2 = 92.3$，将其代入生产函数中，$y_1 = 44.6$。

$$\frac{dy_1}{dy_2} = -0.013 \quad y_2 = -\frac{6}{5}$$

【例 4-4】 饲料总量为 200t，生产肥猪和肉鸡两种产品，其生产函数分别为:

$$y_1 = 500x_1 - x_1^2$$

$$y_2 = 900x_2 - 1.5x_2^2$$

式中，y_1 为肥猪的产品量，y_2 为肉鸡的产品量，x_1 为用于肥猪的饲料量，x_2 为用于肉鸡的饲料量。问：如使总产量最大，应如何分配饲料资源？

解:

总产量 $\qquad\qquad\qquad y = y_1 + y_2$

欲使 y 最大，对其求偏导数，并令之为 0。

$$\frac{\partial y}{\partial x_1} = 500 - 2x_1 = 0$$

$$\frac{\partial y}{\partial x_2} = 900 - 3x_2 = 0$$

$$500 - 2x_1 = 900 - 3x_2$$

则 $\qquad\qquad\qquad x_2 = 1/3(400 + 2x_1)$

又由于 $x_1 + x_2 = 200$，于是 $x_1 = 40$，$x_2 = 160$。

则，在总产品量最大时，应投入 40t 饲料用于肥猪，160t 饲料用于肉鸡。

(二) 边际平衡分析

畜牧生产的最终目的是为了获得最大的经济效益，利用生产函数可以确定在投入、产出为多少才能获得最大的经济效益。这种分析方法就是边际平衡原理。

设畜牧生产的经济利润为 L，产量为 y，资源投入量为 x，产品的价格为 P_y，资源的价格为 P_x。于是畜牧生产的利润 L 为:

$$L = P_y y - P_x x - TFC \quad (TFC \text{ 为生产的固定成本})$$

当 y，x 为多少时，L 最大？

利用数学分析的求极值的方法来解决这个问题。

对 L 求导，并令为 0：

第三节 畜牧生产函数及其应用

$$L' = P_y y' - P_x = 0$$

$$y' = \frac{P_x}{P_y}$$

即当投入与产出生产函数的导数等于资源价格与产品价格之比时，可获得量大的经济效益，这就是边际平衡原理。由数学分析的知识可知，

$$y' = \frac{dy}{dx}$$

可得

$$\frac{dy}{dx} = \frac{P_x}{P_y}$$

又由于

$$\frac{dy}{dx} \approx \frac{\Delta y}{\Delta x}$$

故

$$\frac{dy}{dx} \approx \frac{\Delta y}{\Delta x} \rightarrow \frac{\Delta y}{\Delta x} \approx \frac{P_x}{P_y}$$

下面以一实例来说明生产函数的应用。

【例 4-5】 某畜牧生产过程中，其投入 x 与产出 y 存在着如下数据（表 4-2）。又已知资源的价格 $P_x = 16$，产品的价格 $P_y = 4$，问：投入和产出各为多少时，生产利润才最大？

表 4-2 投入与产出表

x	0	2	4	6	8	10	12	14	16	18	20	22
y	0	3.7	13.9	28.8	46.9	66.7	86.4	104.5	119.5	129.56	133.3	129.1

解 1（利用生产函数解）：

（1）建立 x 与 y 的直角坐标系，并将各数据在坐标系中表示出来，再以一条平滑的曲线连接起来（图 4-12）。

（2）观此图像，可采用三次函数拟合，即
$$y = ax^2 - bx^3$$
利用最小二乘法求得参数 a，b，得 $a = 1$，$b = 1/30$，代入方程，于是，

$$y = x^2 - \frac{1}{30} x^3$$

$$y' = 2x - 0.1x^2 = 0$$

（3）对 y 求导，并令其为 0。
解此方程，得

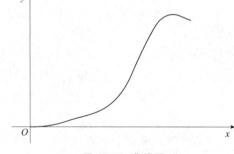

图 4-12 曲线图

$$x_1 = 0, \quad x_2 = 20$$

将 x 的值代入生产函数中，求得 y 值

$$y_1 = 0, \quad y_2 = 133.33$$

即当 $x = 20$，产量 y 最大，$y = 133.33$。

（4）令生产函数的导数等于 P_x / P_y

$$y' = 2x - 0.1x^2 = 4$$

解此方程，得
$$x_1 = 17.745, \quad x_2 = 2.255(舍去)$$
此时，
$$y = 128.63$$
最大利润
$$L = P_y y - P_x x = 4 \times 128.63 - 16 \times 17.745 = 230.602$$
即当 $x = 17.745$，$y = 128.63$ 时，生产利润最大，最大利润为 $L = 230.602$。

解 2（利润差分求解）：
$$\frac{\Delta y}{\Delta x} \approx \frac{P_x}{P_y}$$

列表并计算 x，y，Δx，Δy，$\Delta y/\Delta x$（表 4-3）。

表 4-3　数据表

x	Δx	y	Δy	$\Delta y/\Delta x$
2		3.7		
4	2	13.9	10.2	5.2
6	2	28.8	14.9	7.45
8	2	46.9	18.1	9.05
10	2	66.7	19.8	9.9
12	2	86.4	19.7	9.85
14	2	104.5	18.1	9.05
16	2	119.5	15	17.5
18	2	129.6	10.1	5.05
20	2	133.3	3.7	1.85
22	2	129.1	-4.2	-2.1

由于 $P_x/P_y = 4$，观察计算表中，$\Delta y/\Delta x$ 在 5.05~1.85 区间包含 $\Delta y/\Delta x = 4$，即最大利润在此区间。

设在区间 $\Delta y/\Delta x$ 的变化是线性的（由于区间很小），于是：

若设最大利润点的投入为 x，则 x 一定在 18~20。

$$\frac{5.05 - 1.85}{18 - 20} = \frac{5.05 - 4}{18 - x}$$

解得 $x = 18.656$，此时 y 为：

$$\frac{5.05 - 1.85}{129.6 - 133.3} = \frac{5.04 - 4}{129.6 - y}$$

解得
$$y = 130.81$$
最大利润
$$L = 130.81 \times 4 - 18.656 \times 16 = 224.744$$

通过上述两种计算方法，我们可以计算出在取得最大利润时，投入与产出的数值。此外，我们还可以利用生产函数和数学分析的有关方法进行各种投入产出的定量优化分析。总之，这种分析方法对于进行有关的定量分析畜牧生产中的投入产出问题是十分有意义的。

(三) 比较效益分析

利用边际平衡原理可以进行一个生产项目或一个生产过程内的投入产出的定量优化分析，但对同时进行 2 个及 2 个以上的生产项目的投入产出的定量分析、比较则无能为力。为此，介绍一种用来分析、比较 2 个以上的生产项目生产效益的方法——比较效益分析方法。

由边际平衡原理 $P_x \Delta x = P_y \Delta y$，可以推出

$$P_x = \frac{\Delta y}{\Delta x} P_y = MPP \cdot P_y = MVP \Rightarrow \frac{MVP}{P_x} = 1$$

式中　MPP——边际产量；

　　　MVP——边际效益；

　　　MVP/P_x——比较效益指数。

一般地，比较效益指数越高，则经济效益越高。当效益指数等于 1 时，则该项目的经济效益最高。

对于经营多种畜牧生产项目时，可以通过比较各项目的比较效益指数大小来判断各个项目的经济效益如何。也可以通过比较效益指数来调整比较效益较低的项目的投入资源或产品的价格，使各项目的比较效益指数相等。

下面以一个例子来说明比较效益指数的应用。

【例 4-6】 调查某地区的畜牧生产项目的有关数据，结果见表 4-4。

表 4-4　畜牧生产数据表

项目	编号	奶牛	农民养猪	农场养猪	肉仔鸡
平均生产力	1	2.326	0.416	0.286	0.397
产品价格 P_y	2	0.460	1.580	1.580	2.700
资源价格 P_x	3	0.552	0.546	0.581	0.80
比较效益指数	1×2/3	1.94	1.21	0.78	1.34

经计算，各生产项目的比较效益指数如表 4-4 中最后一行所示。可以看出，养奶牛的效益最好，其他生产项目的效益较差。若其他项目的比较效益指数与养奶牛项目的比较效益指数相同，如何调整各项目的 P_y，P_x 呢？

若使其他项目的比较效益指数与养奶牛的比较效益指数相等，即

$$\frac{MPP_1 \times P_{y1}}{P_{x1}} = \frac{MPP_2 \times P_{y2}}{P_{x2}} = \cdots = \frac{MPP_n \times P_{yn}}{P_{xn}}$$

若调整农民养猪的比较效益指数与养奶牛的比较效益指数相同，可以调整其资源价格或猪价格。若调整猪价格 P_{y2}，则

$$P_{y2} = \frac{MPP_1 \times P_{y1} \times P_{x2}}{P_{x1} \times MPP_2} = \frac{2.236 \times 0.46 \times 0.546}{0.552 \times 0.416} = 2.445$$

如若要调整农民养猪的资源价格 P_{x2}，请读者自行计算。

(四) 畜禽最佳出栏期（最佳淘汰期）的确定

利用生产函数可以确定畜禽的最佳出栏期。畜禽的最佳出栏期也就是获得最大利润之时。

下面以一实例来说明如何确定畜禽的最佳出栏期。

【例 4-7】 现有一品种的肉鸡，经饲养测定，其育肥日龄、体重及饲料消耗量见表4-5。

表 4-5　肉鸡饲养记录

日龄 T	21	28	35	42	49	56
体重 y/kg	0.4	0.69	1.03	1.44	1.88	2.06
耗料 x/kg	0.65	1.2	1.96	2.97	4.06	5.2

已知，毛鸡的价格为 $P_y = 6$ 元/kg，饲料价格为 $P_x = 1.6$ 元/kg，请确定该批肉鸡的最佳出栏期。

解：

经分析拟合计算，分别建立体重与日龄、耗料与日龄的生产函数，其方程式为：

$$y = -0.809 \times 10^{-6} T^2 + 0.0553T - 0.86$$

$$x = 0.0017 \times T^2 + 0.013 \times T - 0.596$$

利润函数 L 为：

$$L = P_y \cdot y - P_x \cdot x$$

对 L 求关于 T 的导数，并令之为 0：

$$L' = P_y \cdot y' - P_x \cdot x' = 0$$

$$L' = P_y(2 \times 0.809 \times 10^{-6} T + 0.0553) - P_x(2 \times 0.0017 T + 0.013) = 0$$

将 $P_y = 6$，$P_x = 1.6$ 代入式中，解出 T 值：

$$T = \frac{0.0553 P_y - 0.013 P_x}{2(0.809 \times 10^{-6} P_y + 0.0017 P_x)} = \frac{0.0553 - 0.013 \dfrac{P_x}{P_y}}{2\left(0.809 \times 10^{-6} + 0.0017 \dfrac{P_x}{P_y}\right)} \approx 56 \text{ d}$$

由上面的 T 求解式子中可以看出，最佳出栏期与资源价格和产品价格之比有关，是由其价格比决定的，而与资源价格或产品价格无关，也可以看出，在产品价格不变时，资源价格越高，则出栏期越提早；若资源价格不变时，产品价格越高，则最佳出栏期越延长。

我们仍用上面的例子来说明这个问题。

令 $P_x = 1.2$，1.4，1.8，$P_y = 5$，6，7，8，来探讨其最佳出栏期(表4-6)。

表 4-6　不同价格下的最佳出栏期

P_y	P_x			
	1.2	1.4	1.6	1.8
5	63	53	46	41
6	76	68	56	50
7	87	76	60	58
8	105	87	76	67

由表 4-6，可以看出最佳出栏期确定与资源价格与产品价格的比例相关，其随 P_y, P_x 的变化趋势也正如前面所述。

同理，利用对生产函数分析的方法同样可以计算产奶畜类的最佳淘汰期，其计算方法和计算过程与计算肉用畜类的最佳出栏期相似。

【例 4-8】 奶牛最佳淘汰期的确定。

某市奶牛公司对黑白花奶牛（纯种）进行 12 年的记录，记录了奶牛的产奶年次、产奶量、饲养成本 3 项指标。具体的记录见表 4-7。请根据所给出的数据计算分析奶牛的最佳淘汰期。已知牛奶价格 P_y 为 22 元/kg。

解：

据此记录，建立奶产量时间变化的生产函数：

$$y_1 = -40.28 + 78.88x + 2.88x^2 - 0.2x^3$$

奶牛饲养成本随年龄变化的生产函数：

$$y_2 = 1\,723.37x - 17.77$$

表 4-7 奶年生产记录

产奶年次 x/年	产奶量累积 y_1/kg	饲养成本累计 y_2/元
1	40	1 700
2	127	3 423.36
3	215	5 147.71
4	315	6 878.71
5	394	8 599.26
6	499	10 331.26
7	582	12 053.26
8	667	13 776.5
9	746	15 495.92
10	839	17 223.15
11	912	18 939.58
12	963	20 642.17

设：奶牛的生产利润为 L，于是，L 的方程式为：

$$L = P_y y_1 - y_2$$

$$L = -868.39 + 11.99x + 63.36x^2 - 4.4x^3$$

对 L 求导数，并令其为 0：

$$L' = 11.99 + 126.72x - 13.2x^2 = 0$$

解此方程，得

$$x_1 = 9.7, \quad x_2 = -0.09 (\text{舍去})$$

则，奶牛的最佳淘汰期在 9.7 年时可获得最大利润。

(五)最适资源投入量的确定

根据生产函数可以确定如何在使生产利润最大或产量最大时的资源最适投入量,下面我们仍以实例来说明如何利用生产函数来解决这样的问题。

【例 4-9】 某畜牧生产过程中,饲料投入与畜产品产量的生产函数为:

$$y = 3x + 0.2x^2 - 0.005x^3$$

已知饲料价格 $P_x = 9$,产品价格 $P_y = 3$。

问:(1)畜产品产量最大时饲料投入量?
(2)饲料利用率最大时的饲料投入量?
(3)平均产量最大时的饲料投入量?
(4)利润最大时饲料的投入量及产量?

解:

(1)产量最大时,生产函数的一阶导致为 0。即

$$y' = 3 + 0.4x - 0.015x^2 = 0$$

$$x = \frac{0.4 \pm \sqrt{(-0.4)^2 - 4 \times 0.015 \times (-3)}}{2 \times 0.015}$$

$$x_1 = 32.77, \quad x_2 = -6.1(舍去)$$

于是,当年产量最高时,饲料的投入量为 32.77。

当 $x = 32.77$ 时,最高产量 $y = 137.13$。

(2)饲料利用率最大时,即是边际产量最高之时,即在边际产量的一阶导数为 0 的点,也就是生产函数的二阶导数为 0 的点。

求生产函数的二阶导数,并令其为 0,于是

$$y'' = 0.03x - 0.4 = 0$$
$$x = 13.33$$

此时,边际产量 $\quad MPP = y' = 5.67$

(3)平均产量为:

$APP = y/x$,即 APP 为

$$APP = \frac{3x + 0.2x^2 - 0.005x^3}{x} = 3 + 0.2x - 0.005x^2$$

求平均产量最高,即是 APP 的一阶导数为 0 的点。

求 APP 的一阶导数,并令之为 0,即

$$0.2 - 0.01x = 0, \quad x = 20$$

此时的总产量 $y = 100$,平均产量 $APP = y/x = 5$。

(4)利润最大时,即利润函数的一阶导数为 0 的点。

令利润为 L,则

$$L = P_y y - P_x x$$

求 L 的一阶导效,并令之为 0。

$$L' = 3(3 + 0.4x - 0.015x^2) - 9 = 0$$

解之得 $\quad x_1 = 0(舍去), \quad x_2 = 26.667$

则当利润最大之时,饲料的投入量为 26.667,此时的产量为 $y=127.41$。

(六)畜牧生产技术经济预测

通过确立畜牧生产函数中的参数,确定了生产函数,也就确定了生产投入与产出之间的有规律数量关系,所以当生产函数确定以后,把参数作为已知量,就可以分析、预测 y 和 x 之间的未来演变。

下面我们通过实例来说明如何利用生产函数进行畜牧生产的技术经济预测。

【例 4-10】 已知通过 500 头肉牛的试验结果,根据投入的牧草 F(kg)、含有蛋白补充料的玉米 C,高于夏季平均环境温度的温度数 T,来建立肉牛增重方程 y:

$$y=0.1246C+0.0231F-0.000012C^2-1.11\times10^{-6}F^2-2.46\times10^{-6}C\cdot F-1.636T$$

若我们在确定了 C、F、T 的值,将其值代入方程就可以预测肉牛的增重了。

【例 4-11】 若某畜牧生产过程中,某项投入 x 与产出 y 之间的生产函数为:

$$y=50+0.2x$$

若已知该项投入是 20,则可预测出产出为 $y=50+0.2\times20=54$。

第五章

畜牧生产系统综合管理

第一节 畜牧系统生产要素管理

畜牧系统生产要素也可以叫作畜牧系统生产因素，是指进行畜牧产品生产所必需的一切要素，包括人的要素、物的要素及其结合因素。

人的要素劳动者与物的要素生产资料之所以是物质资料生产的最基本要素，是因为不论生产的社会形式如何，它们始终是生产不可缺少的要素，前者是生产者本身——人的条件，后者是生产的物质条件。但是，当劳动者和生产资料处于分离的情况，它们只在可能性上是生产要素，成为现实的生产要素就必须使二者结合起来。

劳动者与生产资料的结合，是人类进行社会劳动生产所必须具备的条件，没有它们的结合，就没有社会生产劳动。在生产过程中，劳动者运用劳动资料进行劳动，使劳动对象发生预期的变化。生产过程结束时，劳动和劳动对象结合在一起，劳动物化了，对象被加工了，形成了适合人们需要的产品，即各种各样的畜牧产品。如果整个过程从结果的角度加以考察，劳动资料和劳动对象表现为生产资料，劳动本身则表现为生产劳动。

畜牧系统生产要素管理就是对企业生产系统的设置和运行的各项管理工作的总称。生产要素管理分为：①生产计划，即编制生产计划、生产技术准备计划和生产作业计划等。②生产组织，即选择厂址、布置工厂、组织生产、实行劳动定额和劳动组织、设置生产管理系统等。③生产管理，对生产过程中的各个环节进行系统、有效的管理。④控制工作，即控制生产进度、生产库存、生产质量和生产成本等内容，保证畜牧产品按期交付到终端客户手里。

一、畜牧生产系统的职能

畜牧生产系统的职能实际上就是一种加工转换过程。在这个过程中，生产系统必须投入必要的生产要素（包括人、财、物、信息和技术），然后根据不同的生产目的，生产出满足人们生活中不同需要的畜牧产品，常见的如饲草、饲料、肉、奶、蛋、皮、毛等。如图 5-1 所示。

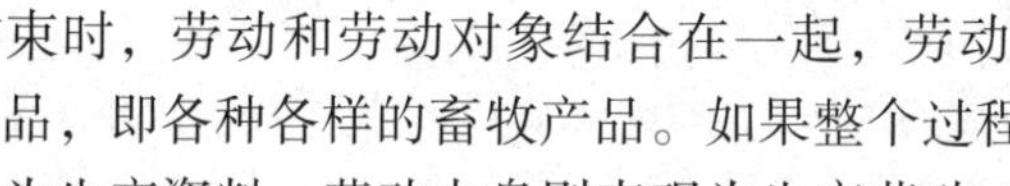

输入	生产	生产输出
生产要素	加工转换过程	产品或服务

图 5-1 畜牧生产系统的转换过程

在图 5-1 中，畜牧系统的生产职能是系统内部各组织结构职能中的核心。主要是负责创造畜牧产品或服务。投入土地、劳工、资本与原料，经过一个或多个转换过程，最后做出产品或服务。

要确保预期的产品和质量，必须在转换过程中，对其各个要点和环节按照既定的标准给以关注和衡量，以决定是否需要修正行动(控制)。

（1）生产与生产管理职能。生产是将一切对畜牧系统的输入转化成为输出的过程。生产要素的管理则是指对畜牧系统的生产有关的各项活动从输入原料开始到输出产品整个过程的管理。对生产过程的各个环节进行计划、组织、管理和控制，是和该过程有密切关系的各项管理工作的总称，即全部生产系统的各个要素的管理。

（2）制造性生产与服务性生产。制造性生产是通过物理和化学作用，将有形输入转化成有形输出的过程，如给奶牛饲喂饲草饲料后奶牛生产出牛奶、犊牛等各种奶牛产品。服务性生产又称为非制造性生产，它的基本特征是不制造有形产品，如养牛生产的培训班、咨询、指导等。

二、生产要素管理的内容

1. 生产系统设计

生产系统设计包括场址选择、生产设施布置和工作设计，一般在建场阶段和扩建、调整时进行，他决定了畜牧系统产出产品的成本、价格上的竞争力，从而决定了一个企业的兴衰。

2. 生产系统的运行

现行的生产系统如何适应市场的变化，按照市场不同用户的需求，生产合格的产品，其运行包括计划、组织、管理和控制4个方面。

三、生产要素的计划

计划是做好管理的基础，生产管理人员必须就未来可能的发展仔细考虑，并就劳工、资本、土地与物料、资料来源等做明确而清晰的通盘设想，之后才能开始拟订计划。

计划的类型包括长远计划和短程计划，其设计拟订的准则包括以下几方面。

1. 设定目标

设定目标就是生产计划，由总经理与董事会共同制订，是将来业务发展方面的指标，所有作业的综合程度、作业规模、财务、生产、市场等方面目标的决策都是在这层次决定的。

生产计划包括预测对本企业产品和服务的需求，确定产品品种与质量，设置产品交货期，编制产品出产计划、生产作业计划、统计生产进展情况等，包括新产品开发、基建布局、生产过程计划与产品规划。

2. 拟订政策

政策是完成既定目标的工作指导原则，不但要有一贯性，而且要有调和性。政策是帮助各功能部门建立决策的准则。

3. 确立行动方案

行动方案是达成目标的最好方法和作法，在既定政策下如何订出工作次序，使能达成组织目标。

4. 制订程序

制订程序包括将人、财、物、事等因素安排在一定时间内的进度表，并编成一套有秩序的措施能保证准确完成行动方案。程序是综合类似的行动形态，使它在行动时能一致且有效率，也就是标准化例行作业，减少管理决策所浪费的时间。

5. 生产过程计划与产品规划

（1）生产工艺设计。影响生产工艺过程设计的成本因素很多，如直接劳动和材料、设备费用、工具费用、间接劳动费用及非生产方面的工程技术费用等。

（2）工艺过程设计。设计时必须考虑生产的产品产量、产品质量和设备。

（3）开发方案的试验。新产品完成了产品设计和工艺设计以后不能立即投入生产，必须经过试制与鉴定。在实际生产条件下暴露出问题后，经过进一步修改后投产。按目的的不同，新产品试制与鉴定工作可分为样品试制与鉴定和小批试制与鉴定。

6. 产品开发方案的评价

开发新产品是市场竞争的需要，也是企业生存发展的需要。新产品开发需要时间长，投入的人力、物力和财力大，夭折率高，故要承担很大的风险。所以，新产品开发方案设计后必须予以方案的评价，慎重考虑。

四、生产要素的组织

良好的组织，就是要善于用人，将他们安排在最适当的地点，发挥集体的功能。组织工作实际是计划功能之一，因为组织工作要不断地审核并修正公司的结构，才能改善组织的效率。

1. 生产过程的组织

新产品的生产过程是从原材料投入到产品生产出的全过程，通常包括工艺过程、检验过程、运输过程、等待停歇过程和自然过程。为提高效率，现代化大生产必须分工协作、实行专业化生产，包括按照产品工艺特征和生产对象建立专业化生产单位。

生产过程组织的类型可以分为三类，大量生产、单件生产、成批生产。各个类型特点不同，导致生产效率的差别巨大。大量生产的特点是产量大、品种少，生产的重复度高，生产的组织方面可以进行细致地分工，工人专业化程度高、操作标准化、简单化，生产管理方面便于制订准确的工时定额；单件生产专业化程度低、批量小，与上述相反。

2. 生产过程的空间组织

生产过程的空间组织可以按照工艺专业化原则和对象专业化原则实施设置。其空间组织的方法有：

（1）物料流向法。即按照原料、半成品以及其他物资在生产过程中的流动方向和流动量（运输量），分别绘制物资流向图和物资流量图来布置、组建企业各个车间和生产服务单位的一种方法。

（2）作业相关法。即对拟定的作业关系图进行分析、判别，根据整体中各部分之间的关系的密切程度和靠近的必要性，来合理安排车间的位置。

（3）综合法。即将物资流向法和作业相关法相结合，来布置生产单位的一种方法。

（4）模板法。它是利用各种模板对厂房平面布置和工房内部的设备进行安置、排列的一种方法。经多次排列和调整，使各生产单位的布置达到紧凑、整齐，便于生产和运输。

（5）绘图法。它是用绘制图形，对厂房平面布置和工房内的工艺设备布置进行科学排列的一种方法。经多次绘制草图，反复研究，确认合理后，绘制正式的平面布置图，决定各生产单位的布置。

（6）分层利用法。它是经过科学计算进行主体布置的方法。这种方法是指在设计、建造厂房和厂房布置中，考虑工房的地下层、地面层、流动层、顶隔层、构架层、顶层等平面和空间的合理设计和利用，达到投资少、利用率高的要求。

（7）数学法。在考虑车间的设备布置时，物料的运输路线和运量的大小是必须考虑的一个重要问题。如果工段加工的材料品种较多，且各材料的工艺过程又不一致，为了使设备的平面布置更加科学合理，使材料的总运输路线最短和总运量最小，并做到尽量无倒流，单凭经验和试排的方法是不行的，必须利用一定的数学方法进行优化。

生产过程的空间组织可以按照生产场地的平面组织，包括生产设备的安排、场外运输设施、物料搬运、服务部门及辅助生产作业、包装、储运、办公室等。

3. 生产过程的时间组织

生产过程的时间组织包括生产设备设施的组织、前期管理、维修、改造和更新。

生产原料、半成品的合理的组织生产过程，不仅要对企业内的设备在空间上进行科学的布置，而且在对产品对象在各工艺、工序之间的运动时间上如何互相配合和衔接进行合理的组织。最大限度地提高生产过程的连续性和节奏性，以便提高生产率和设备利用率，缩短生产周期，降低成本。而不同的生产方式下的生产周期是不同的，从而表现为生产过程的时间组织应该给予一定的重视。

设备的前期管理，就是对设备前期的各个环节包括技术和经济的全面管理。设备前期管理的环节对于外购设备来说，包括选型采购、安装调试、验收、试运转等内容。对于自制设备而言，包括调查研究、规划设计、制造等内容。无论哪一种设备都是一次被购买，多次被使用，只是加工产品，并不构成产品的一部分。设备的这个特点，使得设备的购买价格往往很高。如果购置设备只是一次使用或偶尔一次使用，就是非常经济的。所以，在购置设备时一定要慎重。若是一次使用或偶尔一次使用，可以考虑用租赁方式。另外，要注意设备的先进性、可靠性、维修性、节能性、操作性等方面的特征是否符合要求。否则，您使用多少年，就跟着痛苦多少年；如果换掉它，您将蒙受巨额设备投资损失。

设备的维修、技术改造，是指把科学技术的新成果应用于企业现有设备，改变现有设备的技术落后面貌。例如，把旧的普通手提式挤奶罐改造成程控式全自动转盘式挤奶设备。

大多情况下设备维修、改造和更新都要求时间要短、收效要快。因此，经济效益要好一些，它是提高企业技术素质的一种经常性的手段。但是在进行设备改造前，要从企业的实际情况出发，认真考虑改造的必要性、技术上的可能性以及经济上的合理性，要与设备更新方案相比较，在企业长远利益与短期效益两方面进一步均衡，作出决策。

设备更新主要是用技术上先进、经济上合理的新设备去更换已经陈旧了的、不能再继续使用的设备，或在技术上已经不能满足产品质量的要求，在经济上又很不合理的设备，使企业生产手段经常保持在先进水平上。所谓设备更新，是指以新设备代替旧设备。新设备指效能更高、性能更完善的先进设备。旧设备是指从技术上或经济上看不宜再使用的设备。通过设备更新,保证了生产的持续进行,并且使企业的技术装备水平得以提高,为企业取得良好的经济效益奠定了物质基础。设备更新周期是指设备投入使用到被新设备代替退出生产领域经历的时间。

4. 人员的组织

人员的组织包括人力资源分配、劳动定额等。

五、生产要素的管理

(一)图表与管理

图表为管理资料,以特定方式整理。其目的在于说明或描述某种或某几种管理事实,以提供管理者或经营者处理管理问题或执行管理决策的参考。一般而言,图表都含有特定的管理目的,因此图表也是企业内部最主要而最正式的管理情报与管理资料。

1. 图表的种类

(1) 报告图表、工作图表、决策图表。

(2) 主要图表、参考图表。

(3) 生产图表、销售企划、财务、人事、行政、会计、采购图表。

根据企业功能可以分为采购验收付款、成本控制、产销数量控制;根据流程可以分为正式、非正式图表。

2. 图表资料的衡量尺度

由于图表资料的提供具有特定目的,此特定目的也就是衡量图表资料的标准,其衡量方法扼要说明:①对管理事实描述的真实度如何,是否与实际状况有偏差。②资料本身所含的干扰性因素有多少,信赖性如何。③资料提供的时效如何。④资料为主要资料还是参考资料。

3. 生产管理图表设计的步骤

生产图表设计是按照一般管理图表的步骤进行:

①确定图表体制的功能及管理需要。

②分析企业的生产类型,决定所应采行的图表制度,并决图表的简化与详尽程序。

③决定图表所需具备的资料,并研究其来源。

④确定表格的格式。

⑤研究图表资料的提供单位、使用单位与应通知人员。

⑥决定图表填制、审核人员。

⑦确定图表的流程。

⑧研究图表的联系、管理方法等。

⑨公布会议施行。

(二)工厂管理

畜牧系统生产的发展是互相关联的,某一行业的生产增加,必牵动其他关联工业的发展,因此企业与企业之间应互相合作分工,构成健全的分工生产体系,在适度的自由竞争下,相辅相成。

1. 中心卫星工厂的意义

所谓中心工厂,是指生产大量的公司主要畜牧产品或其他专业性产品的工厂,此类企业通常均为大规模形态的企业。而卫星工厂则指经常承接一家或数家，供应某种畜牧产品的辅助性产品或部分产品的半成品，并与中心工厂订约取得为其卫星工厂的资格，通常此类企业以中小型规模者居多。

中心卫星工厂制度又称分包关系，分包方式系基于生产、制造功能上必要的分工而来，与常见的工程上仅为图利赚取佣金或权利金的一包、二包等剥削转包情形有别。

中心卫星工厂分包形态可分为两种。一种为独立的分包，由独立的小型卫星工厂承包制作，供应数家以上大企业的辅助产品。这种形式的分包，以工业高度发展的欧美各国为多。例如，一家生产乳制品的生产厂家可能接受数家其他公司的订单，为其分别制造各种不同形式、不同特性的包装箱、广告宣传资料等，因而形成中心与卫星工厂的互利互惠关系。

另外一种为附属性的分包。小型卫星工厂几乎全部产量均由中心工厂所采购，他们也不准接受其他大工厂委托承制订单，换言之，他们仅为中心大工厂的附属，无独立经营拓展业务的权利。

2. 合理价格

关于分包合约的价格方面，卫星工厂经常遭遇到两方面的竞争威胁。首先，分包合约所定的零配件单位供应价格，必须低于或者至少相当于中心工厂自行产制的成本；否则，中心工厂就有可能考虑自制而不再外包。其次，分包合约的价格尚须较其他各竞争的卫星工厂所开的价格为低。在这一方面，最使卫星工厂困扰的，则是后来的各种恶性竞标的不合理低价竞争。

3. 按期交货，提供合格产品

中心工厂的外包业务，均系基于其全盘作业的装备产制需要，某一产品的制造，可能需要的零配件有数十百种，任何一种外包零配件的交货迟延，必将影响中心工厂的全部作业，甚至于波及市场供应及延误外销装船航期。

但如果分包工厂提前交货，也可能使某些大型中心企业发生存货管理、储存仓库不敷的困扰。因此，严格遵行按期交货，是建立中心卫星工厂制度的绝对必要条件。再者，卫星工厂对于其生于其生产作业日程不能排得过于紧凑，必须预留时间，以供为重要中心工厂做必要时的加工赶制。中心工厂方面除了注意卫星工厂的交货日程安排外，必要时协助其计算交货时间并制订一个检查点，定期检查，以免有误。严格注意时间的要求，对于整个工业生产发展，均有良好的影响作用。

4. 稳定的长期采购

中心工厂如能保持稳定的长期采购，不仅能使其本身免于缺料缺货的顾虑，也可使卫星工厂安心研究发展，精益求精；因此，在寻找卫星工厂之初，要注意价格的投标比较，但分包关系一经建立，应完全不再考虑价格的比较，而须改为品质方面的要求。这个时候讨论价格，应本着合理成本的分析而以议价方式进行，切忌时常调换卫星工厂，并须慎防恶性竞标、人情请托。

(三)品质管理

如何提高劳力密集的生产线的生产力，以保持其生产成本的竞争力，是品质管理的重要内容。若过分强调生产力，必将导致品质下降问题；若过分强调品质，如无适当的制度来维持生产力，也势必会牺牲生产力，结果也会使生产计划无法达成，导致成本上升。这两种情况都将会失去市场。经营者必须避免在品质与生产力之间作任何选择,应建立完善的品质计划,制订厂内作业程序,反馈实行情形,努力在制造上去追求进步。

(四)生产作业管理

如果说对人的管理是软技术,那么,将企业中的各种资源进行最佳配置,用尽可能少的成本,换取尽可能多的产出则是硬技术。

生产作业管理是由大量的硬件技能所组成的,着重解决包括人力资源在内的各种资源的最优利用。在诸如产品生产(如装配线效率)和提供服务(如减少顾客的等候时间)等领域中,作业管理技术将起着决定性的作用。

1. 规模经济和数量对产品成本的影响

大批量地生产或购买产品,会导致单位平均成本降低,认识到这一点相当重要。规模经济可以达到一定的规模程度,此时固定成本(不随产量变化而变化的成本)可能被所增加的产生或购买的数量所吸收,进而使单位固定成本下降。

强化规模经济最普遍的方法是兼并和收购、联合经营、压缩工作日程和集群管理。

所谓兼并和收购就是将以前两个独立的经营实体,通过兼并或收购的方式,合并成一个经营实体,常常会出现管理费用戏剧性下降的情况。例如,将两个养殖场合并成一个养殖场以后,就要考虑取消职能相同的部门。

联合经营就是指如果两个独立的实体各自履行着相同的职能,并且其实际经营能力,远远低于其潜在的经营能力,那么就可以把它们联合起来,共同履行同一职能,以使其经营能力接近于潜在的经营能力。例如,两个相邻的饲料厂,可以共同使用一些分析化验的药品、仪器和设备。

压缩工作日程是指假定一家养殖咨询机构,如果向社会提供每周 7d,每天 8h 的服务。而实际上这种服务平均来看每天只有 5h,由于其需求或利用率仅为 62% 的水平,那么每周关门两天也许更具有成本上的有效性。因此,可改为每周提供 5d、每天 7h 的服务时间,就这接近于充分利用的水平。

集群管理是指比如一个羊场,如果两个部门的职能紧密相连(如育成羊分场和空怀期羊分场),那么在管理上,就可以采取将两个分场合并成一个分场(如同在一把雨伞下)进行工作。这样有利于节约劳动力,成本也由于在场羊数量的增加而下降。

2. 用交叉点分析方法确定哪种产品更经济

这种定量分析工具能使人们考虑在哪一点上,应该从一处产品或服务转向另一个更优的方案。这涉及如何处理规模经济中的固定成本和可变成本问题。例如,你能购买价值为 1 000 美元的施乐复印机,每复印一份需 3 美分的成本;也能购买价值为 800 美元的 IBM 复印机,每复印一份的成本为 4 美分。那么经营业务达到什么水平(即复印多少份)时,就选择其中的一台复印机,而使这一台复印机的成本低于另一台复印机的成本,选择复印机的计算公式为:

$$N = \frac{FC_2 - FC_1}{VC_1 - VC_2}$$

式中　N——交叉点(又称平衡点);
　　　FC_2——2 号机器的固定成本(IBM,800 美元);
　　　FC_1——1 号机器的固定成本(施乐,1 000 美元);

VC_2——2 号机器的可变成本(IBM，0.04 美元);

VC_1——1 号机器的可变成本(施乐，0.03 美元)。

把假设情况中的有关数据代入公式，可得到:

$$N = \frac{800-100}{0.03-0.04} = 20\,000$$

平衡点 N 也称交叉点，等于 2 号机器的固定成本 FC_2(即购买价格)减去 1 号机器的固定成本 FC_1 之差，除以 1 号机器的可变成本 VC_1(每复印一份的成本)减去 2 号机器的可变成本 VC_2 之差。可以看出，不论使用哪一台机器，当复印到 20 000 份时，都没有差别。在实际工作中，当复印的业务量小于交叉点时，通常选择固定成本较低的那台设备较为有利。这里有两种检验的方法：为了找出复印份数少于 20 000 份，选择哪一台复印成本最低，就应该比较复印份数为 19 999 份时(比平衡点少 1 份)和复印 20 001 份时(比平衡点多 1 份)的成本情况。结果发现，IBM 复印机在复印份数少于平衡点时较为有利；而复印份数至少为平衡点时，施乐复印机更为有利。这些计算公式是，比平衡点少 1 份的数量：施乐 $1\,000 + 0.03 \times 19\,999 = 1\,599.97$(美元)，IBM $800 + 0.04 \times 19\,999 = 1\,599.96$(美元)。可见，当复印份数少于 20 000 份时，选择 IBM 复印机成本较低。比平衡点多 1 份的数量，其公式：施乐 $1\,000 + 0.03 \times 20\,001 = 1\,600.03$(美元)，IBM $800 + 0.04 \times 20\,001 = 1\,600.04$(美元)。可见，当复印份数多于 20 000 份时，选择施乐复印机成本较低。

3. 通过保本分析确定盈亏平衡点

通过盈亏平衡点的计算分析找出保本销售量、保本销售额、保本销售价格，做到应对得法。

4. 准时生产制

这种管理方法是由日本丰田汽车公司的大野耐一首先提出来的，用于将生产过程中的存货准确及时地输送到组装线上，以避免库存积压、占用资金、物流不通畅的现象发生。

借助于这种方法所产生的利益包括提高现金流量(降低了存货水平的结果)和质量控制水平(发现和弥补前一生产工序缺陷的结果)，根据存货的易腐烂性，这种方法很适合于畜产品加工业、饲料加工业等。

(五)经营活动的管理

1. 经营管理的作用

生产管理和经营管理这两个词所描述的是同类任务，二者都是涉及企业对生产销售给顾客或者其他机构的商品或者服务所需要的资源的管理。生产管理这一术语是随着制造业的出现和这个行业中对生产管理工作的相应重视而最先产生的；工业发达的国家，服务业的发展导致了经营管理这一更加恰当的通用术语的出现。

2. 短期管理与长期管理

系统内部的高层管理人员需要在经营职能的框架内做好短期和长期管理。如果与前期发展有关的成本、财产和人员的基础比较雄厚，在已议定的预算内的成本管理对于短期商业繁荣是十分重要的；同样，在经营范围内，雄厚的成本、财产和人员基础能够产生大量的实质性的节约机会。

3. 复杂状态的管理

在一定程度上，关于经营管理任务的描述可以归类为规模和重要性两个维度。由此所产生的结果之一就是复杂状态的管理。但是，这并不是说这项任务的各个侧面是复杂的，这种复杂状态的原因是构成经营内容的多种维度的相互作用，而维度的数量直接取决于经营管理的规模（即资产、成本和人员），而其间的相互作用则是由于经营中各因素相互作用的特性造成的。

4. 把市场活动与经营管理联系起来

这种做法在逻辑上具有压倒一切的优势，但在现实中却不能实现。大多数公司所面临的主要困难是如何着手创造这种联系，一些企业由于没有认识到经营管理的商务维度、内在复杂性以及其反应的稳定性而陷入困境。

六、生产要素的控制

(一) 计划与控制系统

由于市场的不稳定，而经营功能则要尽可能地保持稳定，二者本质上的差异造成了市场与经营间的矛盾。当经营受到若干市场不稳定因素左右时，会致使经营效率低下。为了解决这一矛盾，企业采用了很多方式投资，其中一些投资形式可以形成一种基本的缓冲机制，即经营计划与控制。在计划与控制系统中所涉及的过程涵盖了决策过程中从战略水平决策到战术水平决策——广阔的时间范围。

1. 长期经营计划

长期经营计划是针对未来5年或更长时间发展的战略问题。其目的在于为长期生产能力需要和资源配置做准备，按照未来的销售水平，新产品（服务）、技术发展和不同市场发展的要求实现未来的企业目标。

2. 中期或者综合计划

中期或者综合计划着眼于未来两年的时间。它要明确制定如何根据现有被认定基本固定的设备来满足市场需求详细方案。

3. 短期经营活动

短期经营活动是处理日常经营活动，保证顾客的需足，资源得到有效的利用。

(二) 生产控制

1. 生产控制的程序

生产控制的基本程序分为以下4个阶段，如图5-2所示。

(1) 确定生产作业安排。根据生产作业计划的规定，检查生产作业准备落实情况，安排作业顺序，给各个生产环节下达生产作业指令。

这些指令具有指示每个操作人员和工序进行具体作业的功能，因而可以说是作业计划的范围。但是，在实际工作中，这些指令的发生往往被看作是生产控制的一部分。为此，在确认生产技术准备完工情况、操作人员和设备状况之后再发生指令较为现实。

①作业安排的工作、内容：如图5-3所示，作业分配工作一般由调度员、工段长等负责进行。

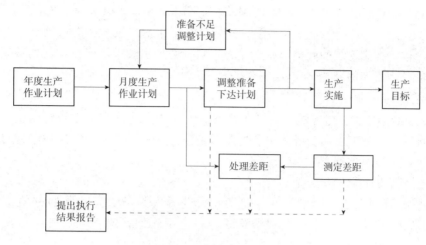

图 5-2 生产控制过程示意

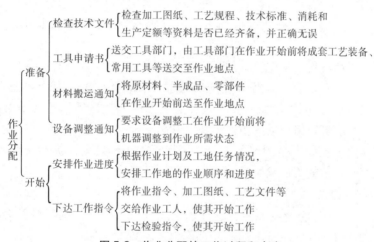

图 5-3 作业分配的工作过程和内容

②作业分配的方法：生产作业分配，由于车间、工段的生产类型不同，因而有不同的方式，包括标准派工法、定期派工法和临时派工法等。

(2) 进度控制。根据各项原始记录及生产作业统计报表，进行作业分析，确定每天生产进度，并查明计划与实际进度出现偏离的原因。

在大量生产条件下，主要控制生产节拍、平均日产量和在制品、库存半成品的变化趋势；在成批生产条件下，控制的主要对象是投入、产出的提前期与库存产品的成套水平，以及生产均衡程度；在单件小批生产条件下，控制的主要目标是产品的标准生产周期与实际进度的差异、主要产品的工序进度。无论哪一种生产类型的企业，都要严格控制设备负荷率和工序能力的变化。

(3) 校正偏差度。管理的目标不仅要及时发现计划与实际的偏离程度，采取有效措施，予以消除，还要提高预见性，预防偏离情况的发展。在进度控制中，发现有延迟的情况，应立即采取调整交货期较晚的任务和次序，或利用调整班次、增加人员、外部协调等临时性措施等加以校正。但是，防止偏离的根本方法在于查明和消除发生偏离的原因。为了能够应付突然来到的和特急的任务或订货，应经常保持一定的生产余力予以缓冲。

（4）提出建议。根据一个阶段生产作业计划执行结果提出报告，对计划执行全过程做出评价，为整个生产控制系统的调整提供必要的资料，并提出改进生产作业计划编制工作和完善其他部门的管理工作的合理化建议。

2. 生产控制的方法

（1）生产控制的数据分析方法。为了直观反映生产作业进度和计划执行情况，可将生产作业统计台账中汇总的资料用统计表格和控制图表进行反映，例如，编制成生产进度坐标图、甘特图和编制成流动数曲线图。

（2）生产控制的管理方法。

①漏斗模型管理方法：所谓漏斗，是 Wiendall 等人为了研究问题的方便，而对一个处理过程的形象描述。一个工厂、一个车间、一个工作地，或者一台机床，都可以被看作是一个"漏斗"。作为漏斗的输入，可以是来自用户的订货，或上一工序转来的工件等；作为漏斗的输出，可以是整个工厂、车间、工作地以及机床完工的任务量。输入和输出之间形成的未完工量（如排队等待加工的产品等），则被描述为漏斗中的物料，即在制品。

②看板管理：所谓看板就是记载有前道工序应生产的查件号、产品名称、数量以及运送时间、地点、运送容器等内容的卡片或其他形式的信息载体（如不同颜色的灯光、小球、小牌等）。前道工序根据看板所提供的信息，只在必要的时间生产后道工序所必要的产品，这样，就把整个生产系统真正组织成为由产出决定投入的闭环系统。从而把在制品的储备量压缩到最低限度，加速了流动资金周转，充分地利用了人力、设备，提高了生产效率。例如，肉鸡的工厂化生产、牛羊的工厂化肥育等可以采用这种办法。

3. 在制品控制的方法

（1）在制品控制概述。企业从原材料、外购产品等投入生产起到经检验合格办完入库手续之前，存在于生产过程中各个环节的产品都称为在制品。

为便于进行管理，企业通常根据在产品所处的不同工艺阶段，把在制品分为原材料、半成品和车间在制品。原材料指在加工生产产品时从厂外运进的各种原料并经检验合格办完入库手续的产品，如饲料生产厂中的玉米、麦麸，肉牛育肥场的架子牛等。半成品指从原材料经过加工、组合成合格的准备上市的产品之前，在这个过程中的各个环节中的各种没有达到最终要求的产品，并已经检验合格办完入库手续的制品。半成品一般还要进行后续加工和处理。车间在制品是指已投入车间，正处于加工、装配、检验，或处于等待状态，或处于运输过程中的各种原材料、半成品、外购产品等。

（2）在制品控制的方法。

①要管好在制品的流转和统一，必须及时处理在制品的增减，建立严格的交接手续，严格控制投料，及时处理废次品，定期清点盘存，保证账物相符。在大批量生产条件下，在制品数量比较稳定，并有标准定额，在生产过程中的移动是沿一定的路线有节奏地进行的。因此，通常采用轮班任务表，结合统计台账来控制在制品的数量及其流转。在单件小批生产和成批生产条件下，由于产品品种以及投入和生产批量比较复杂，通常是采用加工路线单和工作票等凭证以及统计台账来控制在制品的数量及其流转。

在制品在流转过程中,不可避免地会发生次品、废品,一旦发现要做好隔离和处理工作,防止不合格品混入合格品中。

②对在制品和半成品要正确地、及时地进行记账核对。在工作地之间、工段之间、工段与车间内部仓库之间、车间之间、制造车间与中间半成品(原材料)库之间,在制品、半成品的收发数量必须及时记账,及时结清账存,还要建立定期对账制度,做到账实相符和账账相符,从而正确掌握车间内部、车间之间在制品的流转情况。

③合理地存放和保管在制品、半成品,充分发挥库房的作用。加强存贮管理,要规定在制品的保管场所和方法,明确保管责任,严格准确地执行车间(工序)之间的收付制度。重点是要求严格掌握库存在制品数量动态的变化,做到账实相符、账账相符。要定期组织在制品的盘点,查清数量,调整台账的数字。

④做好在制品和半成品的清点、盘存工作。在制品和半成品在生产过程中不断流动变化,它的数量有增有减,为了确切地掌握它们的数量,除了要经常记账核对以外,还要做好清点、盘存工作。根据清点盘存的资料,对清点中超过定额的储备应当积极进行处理,尽量不浪费已消耗的劳动。清点盘存工作的范围、方法和时间根据具体情况确定,全厂性的清点盘存工作可以定期(如按季)进行。

(三)畜产品质量控制

1. 质量控制的现代含义

(1)质量的含义。质量有广义和狭义之分。狭义的质量指产品的质量;广义的质量除了产品质量以外,还包括过程质量、服务质量和工作质量。质量管理专家朱兰从用户的使用角度出发,将质量定义为:为了满足顾客的需要而产生的产品适用性(fitness for use)。

质量是商品按照用途满足其规定要求和需要的各种特性的总和,这些特性称为质量特性。产品和服务的质量特性要有以下特点:①就某一用途来说,商品质量只涉及与用途、需要相关的部分特性。②每项质量特性对于商品质量都有一定的贡献,但其对质量的决定程度都不相同,在综合评价时,加权、权重不同。③质量特性在使用期限内要同步。

对于产品而言,其质量特性主要是指产品的性能、使用寿命、可靠性、安全性和经济性。对于服务而言,其质量特性则表现在功能性、经济性、安全性、时间性、舒适性和文明性等方面,因此判断服务类产品质量比判断有形产品的质量要困难得多。

在许多情况下服务的质量是个模糊而难于量化的概念,直接与不同个体之间的价值判断标准有关,不同的个体对同一服务会有不同的感受和评价。顾客对服务人员的服务态度、方式会有不同的偏好和感受。

(2)质量管理的含义。质量管理是指制订和实施质量方针的全部管理职能。虽然质量管理的职责由最高管理者承担,但是为了获得期望的质量,要求企业全体人员承担义务并参与。质量管理包括战略策划、资源分配和其他有系统的活动,如质量策划、运行和评价。

质量对于每个制造商和服务供应者而言,意味市场利益和财富。产品或服务的质量决定了该制造商或服务提供者在其领域中能够占领的市场份额和利润。质量对他们而言犹如一座堤,若质量出现了问题,轻者会给其形象带来损害,影响其市场上的美誉程度和份额;重者将会因质量问题而被无情地逐出市场。

(3)宏观质量管理。在市场经济条件下,市场竞争趋于公平化,贸易竞争也趋于国际化,为了克服市场经济的消极因素(即片面地追求利润最大化),政府必须建立间接手段来进行宏观调控。

2. 畜牧产品的质量控制

(1)设计过程的质量控制。设计过程的质量控制包括以下几个方面的内容:第一,调查研究,确定产品质量目标。制订合适的质量目标,是质量管理的一项重要工作。在确定质量目标时,一定要经过广泛深入的调查研究,摸清用户的需要,了解国内和国际市场的情况,以及科学技术的发展趋向。同时要从实际出发,一方面考虑到技术的先进性,另一方面考虑到企业的实际能力和技术水平,并注重经济效果,最后尽量做到制订的质量目标既是先进的又是切合实际的。第二,设计评审的好坏决定着产品的质量。所以,决不允许设计质量出现大的问题,稍有不慎,必然造成不可挽回的损失。设计工作是靠设计人员去做,但单靠设计人员的经验和知识是不够的,因此,一项设计到底行不行,还得广泛征求工艺检验、销售、材料、使用与维修等方面的专门人才的意见,这就是设计(质量)评审。第三,新产品的试制、鉴定工作,实质上是对设计的验证。对新产品的试制鉴定,是从设计过程转到制造过程承上启下的一个关键环节,是质量管理的一个重要方面。通过试制鉴定,对新产品从技术、经济上做出全面评价,确定其使用范围、使用条件以及能否进入下一阶段的正式投产,同时还要正式认可和经过订正各项技术文件,使它成为指导制造过程并进行产品质量检验的依据。第四,设计过程的经济分析。产品设计的经济分析,主要体现在设计质量与质量成本之间的关系。目前不少企业运用质量、成本、价格的函数曲线,来选择产品设计质量的最佳点。评价产品设计质量关键在于讲求满足用户的使用适宜性,不是片面追求至善至美。

(2)制造过程的质量控制。生产过程管理的目的是要使工序处于稳定状态,首先是产品质量要稳定,但不只限于产品质量,还要稳定做到在规定的交货期、用计划的成本生产出所需数量的产品,实际上工序管理也属于广义的质量管理概念。工序管理主要是为了把质量维持在某一水平,用不合格产品率定量表示的话,则是将不合格产品率控制在某一水平。

质量管理人员应先验证其产品质量,然后才可以加工,否则可能造大批量不合格事故。验证方法有两种:一种是定量的生产能力指数法;另一种是定性分析法。简单地说,就是先生产一定数量的产品,并做到边加工、边检测、边调整,根据其结果可对生产能力做出正确的验证。

加工生产过程的质量控制还应该包括工序检验。检验的内容有:操作者自检、自动化检验、工序巡回检验、最终检验。每种半成品的最后一道工序,一般都是最终检验的对象。若被加工件是成品,其最终检验就是成品检验,目的是防止不合格品出厂。

已分出来的不合格品必须进行处理,处理方法有两种:一是应急处理,即对不良品的应急措施主要是挑选,通过全数检查,将混入成品中的不合格产品挑选出来;二是对不合格产品的永久处理。对不合格产品采取应急措施后,还要分析判断是自己的责任,还是外部(其他部门、外企业)责任造成的。对于外部责任,要将不合格产品反馈回去,要求改进。

(3)辅助生产过程的质量控制。辅助生产过程一般包括:辅助材料供应,工具的制造或外购原材料,设备的外购与维修,动力和水暖风气的供应以及运输保管等服务。这些都是为生产第一线服务的,是生产的后勤,它们的质量问题,与生产制造过程的质量有直接联系,有时甚至起着决定性的作用,因此,辅助生产过程的质量管理占有重要的地位。

(4)使用过程中的质量控制。使用过程中的质量管理主要包括两个方面：一是开展对用户的技术服务工作；二是做好市场保障工作。例如，提供产品说明书、建立产品维修网点和售后服务。对因产品质量问题造成的事故损失（如机毁人亡、房屋倒塌、火灾爆炸等）应照章赔偿。

3. 畜牧系统服务业的质量控制

(1)服务业质量控制概述。根据质量定义（GB/T 6583.1—1986）可知，质量是"产品、过程、或服务满足规定或潜在要求或需要的特征和特性总和"。

质量定义表明质量包含实物与服务两个方面的含义。目前，第三产业发展迅猛，服务质量急待改进。在工业企业内，各职能科室的工作质量也体现于"过程或服务"之中，其实质也是服务的质量。所以，在探索质量改进的理论与实施时，不能忽视服务的质量改进，因为它是提高企业素质的基本环节。

(2)服务业质量控制的评价标准。第一，征询表评价。服务的对象各不相同，他们对质量要求的侧重点和完善程度也产生很大的差异。因此，要建立一个客观的评价指标体系，制定其标准是有一定难度的。通常可以将顾客最关心的问题分别列出单项指标，通过征询表进行计分评价。然后再汇总各单项指标，进行综合评判。第二，信息的利用。服务是面对用户的，因此信息来源丰富，而且及时。关键的问题是要处理好这些信息，从中找出重点项目及其动态变化的资料。第三，采用多种科学方法改进服务质量。

(3)服务业的质量控制模型。目前，世界各国均重视质量控制的实施对策，方法各不相同。美国麻省理工学院 Robert Hayes 教授将其归纳为两种类型的管理策略，一种称为递增型策略，另一种称为跳跃型策略。其区别在于质量控制阶段划分，以及控制的目标效益值的确定两个方面有所不同。

递增型质量控制的特点是改进步伐小，但改进频繁。这种策略认为，最重要的是每天每月都要改进各方面的工作，即使改进的步子很微小，但是它却保证了无止境地改进。

跳跃型质量控制的特点是两次质量改进的时间间隔较长，但每次改进均须投入较大的力量，其改进的目标值较高。这种策略认为，当客观要求需要进行质量改进时，公司或企业的领导者就做出重要的决定，集中最佳的人力、物力和时间来从事这一工作。

4. 畜产品质量保证体系——ISO 9000 系列标准

(1)ISO 简介。ISO 是一个国际标准化组织，其成员由来自世界上 100 多个国家的国家标准化团体组成，代表中国参加 ISO 的国家机构是中国国家市场监督管理总局。ISO 与国际电工委员会（IEC）有密切的联系，中国参加 IEC 的国家机构也是国家技术监督局。ISO 和 IEC 作为一个整体担负着制定全球协商一致的国际标准的任务，ISO 和 IEC 都是非政府机构，它们制定的标准实质上是自愿性的，这就意味着这些标准必须是优秀的标准，它们会给工业和服务业带来收益，所以他们自觉使用这些标准。ISO 和 IEC 不是联合国机构，但他们与联合国的许多专门机构保持技术联络关系。

ISO 和 IEC 有约 1 000 个专业技术委员会和分委员会，各会员国以国家为单位参加这些技术委员会和分委员会的活动。ISO 和 IEC 还有约 3 000 个工作组，ISO、IEC 每年制订和修订 1 000 个国际标准。标准的内容涉及广泛，从基础的紧固件、轴承各种原材料到半成品和成品，其技术领域涉及信息技术、交通运输、农业、保健和环境等。每个工作机构都有自己的工作计划,该计划列出需要制订的标准项目(试验方法、术语、规格、性能要求等)。

ISO 的主要功能是为人们制订国际标准达成一致意见提供一种机制。其主要机构及运作规则都在一本名为《ISO/IEC 导则》的文件中予以规定,其技术结构在 ISO 是有 800 个技术委员会和分委员会,它们各有一个主席和一个秘书处,秘书处是由各成员国分别担任,承担秘书国工作的成员团体有 30 个,各秘书处与位于日内瓦的 ISO 中央秘书处保持直接联系。

通过这些工作机构,ISO 已经发布了 9 200 个国际标准。此外,ISO 还与 450 个国际和区域的组织在标准方面有联络关系,特别与国际电信联盟(ITU)有密切联系。在 ISO/IEC 系统之外的国际标准机构共有 28 个。每个机构都在某一领域制订一些国际标准,通常它们在联合国控制之下。例如卫生方面的标准,世界卫生组织(WHO)ISO/IEC 制订的 85% 的国际标准,剩下的 15% 由这 28 个其他国际标准机构制订。

(2) ISO 9000 标准简介。ISO 9000 标准是 ISO 在 1994 年提出的概念,是指由 ISO/TC 176(国际标准化组织质量管理和质量保证技术委员会)制定的国际标准。

随着商品经济的不断扩大和日益国际化,为提高产品的信誉,减少重复检验,削弱和消除贸易技术壁垒,维护生产者、经销者、用户和消费者各方权益,ISO 9000 标准不受产销双方经济利益支配,公证、科学,是各国对产品和企业进行质量评价和监督。ISO 9000 作为顾客对供方质量体系审核的依据。

ISO 通过它的 2 856 个技术机构开展技术活动,其中技术委员会(简称 TC)共 185 个,分技术委员会(简称 SC)共 611 个,工作组(WG)2 022 个,特别工作组 38 个。但是,ISO 9000 不是指一个标准,而是一族标准的统称。根据 ISO 9000-1∶1994 的定义:"'ISO 9000 族'是由 ISO/TC 176 制定的所有国际标准。"

(3) ISO 9000 标准认证的意义。企业组织通过 ISO 9000 质量管理体系认证具有如下意义:第一,可以完善组织内部管理,使质量管理制度化、体系化和法制化,提高产品质量,并确保产品质量的稳定性;第二,表明尊重消费者权益和对社会负责,增强消费者的信赖,使消费者放心,从而放心地采用其生产的产品,提高产品的市场竞争力,并可借此机会树立组织的形象,提高组织的知名度,形成名牌企业;第三,ISO 9000 质量管理体系认证有利于发展外向型经济,扩大市场占有率,是政府采购等招投标项目的入场券,是组织向海外市场进军的准入证,是消除贸易壁垒的强有力的武器;第四,通过 ISO 9000 质量管理体系的建立,可以举一反三地建立健全其他管理制度;第五,通过 ISO 9000 认证可以一举数得,非一般广告投资、策划投资、管理投资或培训可比,具有综合效益;还可享受国家的优惠政策及对获证单位的重点扶持。

ISO 9000 族标准不仅在全部发达国家推行,发展中国家也正在逐步加入到此行列中来,ISO 已成为一个名副其实的技术上的世界联盟,造成这种状况的原因,除上述它能给组织带来的巨大的实际利益之外,更为深刻的原因在于 ISO 9000 族标准是人类文明发展过程中的必然之物。因此,在一个组织或一个国家实行 ISO 9000 族标准并非是一个外部命令,而是现代组织的本质要求。

(四)成本控制

1. 成本控制的内涵与程序

(1)成本控制的内涵。成本控制就是在产品成本形成过程中,采取各种方法,对实际所发生的各种劳动耗费进行严格的管理，防止和纠正脱离计划或标准的偏差，保证成本计划的实现。

成本控制，包括生产过程前的控制和生产过程中的控制。生产过程前的成本控制，主要是生产主管在产品的研制和设计过程中，对产品的设计、工艺、工艺装备、材料选用等进行技术分析和价值分析，以求用低的成本使产品达到质量的要求。

产品的生产过程，是产品成本形成的主要阶段，做好生产过程中成本控制，对于生产主管组织高质量而又低成本地完成生产计划和作业计划有着重要的作用。因此，生产过程中的成本控制也是生产主管进行生产控制的重要内容。

(2) 成本控制的基本程序。生产过程中的成本控制，就是在产品的制造过程中，对成本形成的各项因素，按照事先拟定的标准严格加以监督，发现偏差，就及时采取措施加以纠正，从而使生产过程中各项资源的消耗和费用开支限制在标准规定的范围之内。

第一，制订成本标准。成本标准是成本控制的准绳。成本标准首先包括成本计划中规定的各项指标。但成本计划中的一些指标都比较综合，还不能满足具体控制的要求，这就必须规定一系列具体的标准。确定这些标准的方法，基本上有3种，包括计划指标分解法、预算法和定额法。

第二，监督成本的形成。就是根据控制标准，对成本形成的各个项目，经常地进行检查、评比和监督。不仅要检查指标本身的执行情况，而且要检查和监督影响指标的各项条件，如设备、工艺、工具、工人技术水平、工作环境等。所以，成本的日常控制要与生产作业控制等结合起来进行。成本日常控制的主要方面有材料费用的日常控制、工资费用的日常控制、间接费用的日常控制。

第三，及时纠正偏差。针对成本差异发生的原因，生产主管要查明责任者，分别情况，依据轻重缓急，提出改进措施，加以贯彻执行。对于重大差异项目的纠正，常常采用下列程序：提出课题，讨论和决策，确定方案实施的方法、步骤及负责执行的具体部门和人员和贯彻执行确定的方案。在执行过程中也要及时加以监督检查，方案实现后，还要检查方案实现后的经济效益，衡量是否达到预期目的。

2. 产品成本分类与预测

(1) 产品成本的分类。产品成本是企业在一定时期内为生产和销售一定数量的合格产品所支出的费用总额。它是反映企业生产经营工作质量的综合性指标。

为了便于成本管理，构成工业产品成本的全部费用，可按不同标准进行分类。主要有以下几种：

第一，按生产费用要素分类。工业企业的生产费用，按其经济性质（原始形态）进行分类，一般包括外购材料、外购燃料和动力、工资及工资附加费、折旧费和其他支出等。

按费用要素分类，可以反映企业计划期内各项费用支出的总额及其构成情况，用以分析比较企业在各个时期生产费用，挖掘企业潜力；还可以作为企业核定各项流动资金定额，编制采购计划，考核各项流动资金使用效果和计算净产值、国民收入的重要依据。但它不能说明生产费用的用途和发生的地点，难以寻找降低成本的途径。

第二，按成本项目分类。工业企业生产费用，按它在生产过程中的经济用途和发生地点进行划分，即成本项目。它是由国家统一规定的，一般包括原材料、燃料和动力、工资及附加费、废品损失、车间经费、企业管理费和销售费。

(2)目标成本预测。产品成本计划编制之前，要对成本目标进行预测，为保证利润目标的实现和编制切实可行的成本计划提供依据。目标成本预测是指在正式编制成本计划之前，根据产品销售和产品利润的要求，在广泛收集整理分析资料，预测计划期的各种变化因素基础上，经过科学计算，确定计划产品目标成本和成本降低目标。

目标成本是指在计划期内应达到的成本水平的要求。它是在企业已确定的产品销售数量、品种、质量的条件下，根据产品销售价格、税金和利润目标等资料计算确定。其计算公式如下：

$$目标成本 = 计划产品销售收入 - 应纳税金 - 计划利润目标$$
$$单位目标成本 = 单位售价 \times (1-税率) - (利润目标/预测产量)$$

成本降低目标(成本降低率和降低额)是指计划日期内成本降低应该达到的要求，它是目标成本与上年预计平均成本相比求得。其计算公式如下：

$$单位成本降低额目标 = 上年预计平均单位成本 - 平均目标成本$$

(3)成本降低目标保证程度的预测。为使确定的目标具有现实性，还要进行可能性预测，把两者结合起来。可能性预测就是要计算由于制定各项技术组织措施，使劳动生产率提高、产量增加、材料消耗定额降低等而形成的节约额，从而分析其对成本降低目标的保证程度。

3. 成本控制的管理工作

(1)建立分级控制和归口控制的责任制度。为了调动全体职工对成本控制的积极性，生产主管必须明确各级组织(厂部、车间、班组等)和各归口的职能管理部门(如财会、生产、技术、销售、物资、设备等)在成本控制方面的权限与责任，建立健全成本控制的责任制度。因此，生产主管要将成本计划所规定的各项经济指标，按其性质和内容进行层层分解，逐级落实到各个车间、班组和各个职能科室，实行分级归口控制。

(2)建立严格的费用审批制度。一切费用预算在开支以前都要经过申请、批准手续后才能支付，即使是原来计划上规定的，也要经过申请和批准。这样，有利于一切费用在将要发生前再进行一次深入的研究，根据变化了的情况，再一次确定费用的合理性，以保证一切费用使用效果。

(3)加强和完善成本实际发生情况的收集、记录、传递、汇总和整理工作。成本控制要把费用和消耗发生的情况与成本控制标准进行对比分析，这就需要有反映成本发生情况的数据，进行收集、记录、传递、汇总和整理工作。

(4)加强成本控制的群众基础。生产主管组织发动广大职工开展各种降低成本的活动，如小指标竞赛、降低成本的技术攻关活动等，这是成本控制中带有根本性的基础性工作。

(五)库存控制

1. 库存控制概述

(1)库存的分类。对不同企业而言，库存的对象有所不同。例如，饲料公司的库存是各种生产饲料的原料、各种产成品；奶牛养殖场的库存是各种各样的饲草饲料。而服务业的库存则指用于销售的实物和服务管理所必需的供应品。

以饲料生产企业为例，其生产所需要的物资品种很多，主要包括原材料、辅助材料、燃料、动力、外购原材料等。除此而外，库存中还有产成品，以及为生产所需要的其他物品，如主要原材料、辅助材料、燃料、动力、水、电、汽、外协件、外购件以及产成品等。

（2）依据库存的作用和性质。大体上分为4类：①预期性库存，为预期生产或销售的增长而保持的库存，如预计未来销售量要增加而增加的原材料储备或成品储备。②缓冲性库存，对未来不肯定因素起缓冲作用而保持库存，如对未来原材料供应，究竟是顺利还是不顺利，不能肯定，而保持一定的库存，作为调整时的缓冲。③在途性库存，运输过程中的库存，铁路、公路、管道等运输路线上的物资，装配线上的在制品等。④周转性库存，在进货时间间隔中，可保证生产连续性而保持的库存，如两个月进一次货，但生产每日进行，必须要有一定的库存，以保证生产的连续进行。⑤独立库存与相关库存。

（3）对产品的需求，可分为独立需求和相关需求两类。独立需求是指各种物品的需求之间没有联系，可以分别确定。独立需求由市场状况决定，与生产过程无关，彼此间并无联系，不存在某一种产品需求量增减，而造成其他产品相应增加或减少的必然联系。为应付独立需求而建立的库存，为独立库存。相关需求是指产品的需求与更高层次上的产品需求相关联，前面的需求由后者决定。例如，一个乳制品公司每天需要生产6t牛奶，而每生产1t牛奶需要3t饲草料，则每天需要18t饲草料。这时，对牛奶和饲草料的需求就属于相关需求，它们的需求量由公司的乳制品的需求量决定，不能独立决定，而公司乳制品的需求为独立需求，与相关需求联系的库存，为相关库存。

2. 库存的特征及条件

（1）库存特征。第一，库存是企业重要的缓冲手段、调节手段。它可以缓和因物资暂时短缺而对生产过程的冲击，可以吸收生产出来但暂时还未销售的产品，调节生产过程中因物资、半成品的不足而可能产生的失调。第二，库存是企业的一项投资。库存占有相当的资金，企业一笔投资用到库存上，不周转，就会发生资金损耗。第三，库存是具体的实物。保管实物，需要支出库存费用，实物要有地方存放、有人来保管、运输和发送。实物还可能变质、变坏、被盗等，这就需要支出库存费用。上述的特征，说明库存是既为生产所必需，又占用资金、支付费用的物质资料储备形式。

（2）库存条件。即使最现代化企业，周围的环境稳定、条件优越的前提下，也不能不保持库存。所以，这里所讲的库存条件，并非是不保持一点库存，而是要不要保持相当的库存，这要根据市场条件和管理水平来决定。

第一，供应渠道、货源的保证程度渠道。指供应系统，如物资由国内供应还是国外供应，由国家统配供应还是由地方分配供应等。货源指该类物资的直接供应者及供应的稳定程度，如在既定的系统中，生产该类物资的企业，能否保证供应，有无货源保证等，企业内部同样存在相应的渠道、货源问题。

第二，运输。指物资供应地点到使用地点之间的运输条件。确定了供应渠道，有了货源保证，那么运输条件能否满足，能否保证及时运到，保证生产需要，就是一个重要的问题了。

第三，总费用。即存贮费用和订货费用的总和。存贮费用是保持库存而发生的费用。只要保持库存，就会发生此类费用，库存量越大，存贮费用越多。这项费用按每件物资一定时间内（一月或一年）的平均费用计算，或按库存物资价值的百分比计算。

第四，订货费用。即订货采购物资而发生的费用。例如，差旅费、电话电报费、装卸费、验收费用，以及填写订货单、采购单等。订购的次数越多，订购费用的总和就越大。为了获得一定需要量的物资，企业可以保持大量的、长期的库存，也可以不保持大量的、长期的库存，而是分批订购。订购一次，使用一次，用完再订。这样用不着保持大量的库存，在决策这个问题时，就要涉及费用问题。

3. 控制方法的选择决策

(1) 库存控制的系统模式。库存控制的理想目标是既保证供应又尽可能少量地占用流动资金以发挥最大的投资效果。这种库存控制的系统模式可见图5-4。

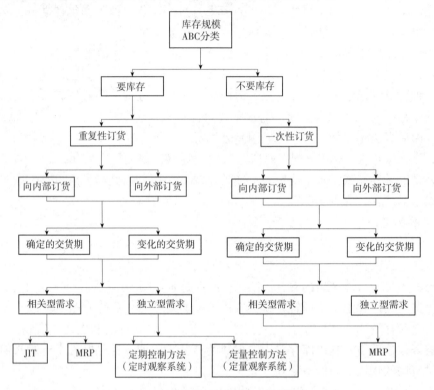

图5-4　库存控制的决策系统模式图

为此，必须通过认真调查分析，反复权衡比较，分类排除，从中选择最佳的库存方案，以实现最有效地进行库存控制。

由于库存有多种分类方式，为了能有效地进行库存控制，我们应从系统的观念出发，建立库存分类及其控制系统。

(2) ABC分类法的基本原理。企业物资的品种规格繁多复杂，各种物资所占用的资金有时大相径庭，要有序地控制这个庞杂系统，就需根据企业的生产经营特点、规模大小，采用ABC分析法，即按品种以占用资金多少为序分类排除，实行资金的重点管理。

一般情况下，企业库存物资常存在着这种规律：少数的库存物资占用着大部分的库存价值，相反大多数的库存物资仅占全部库存价值的极小部分。利用这种规律，企业便可根据库存占用金额的大小进行分类与控制，以管好占企业定额流动资金主体部分的库存资金，提高企业流动资金使用效率。这种根据年库存价值进行分类的方法即为ABC分类管理法。

20~80原则是ABC分类的原则。所谓20~80原则，简单地说就是20%的因素带来了80%的结果。例如，20%的产品赢得了80%的利润，20%的客户提供了80%的订单，20%的员工创造了80%的财富，20%的供应商造成了80%的延迟交货等。当然，这里所说的20%和80%并不是绝对的，还可能是25%对75%或24%对76%等。总之，20~80原则作为一个规律，是指少量的因素带来了大量的结果。它揭示人们，不同的因素在同一活动中起着不同的作用，在资源有限的情况下，注意力显然应该放在起着关键性作用的因素上。

ABC分类法正是在20~80原则的指导下，企图对物料进行分类，以找出占用大量资金的少数物料，并加强对它们的控制与管理；对那些占有少量资金的大多数物料，则施以较松的控制和管理。

一般地，人们将占用了65%~80%的价值的15%~20%的物品划为A类；将占用15%~20%的价值的30%~40%的物品划为B类；将占用了5%~15%的价值的40%~55%的物品划为C类。

第二节　畜牧生产系统财务管理

财务一词英文为finance，是指政府、企业和个人对货币这一资源的获取和管理。因此，国家财政、企业财务和个人理财均属财务的范畴。

畜牧系统的财务管理是研究畜牧系统企业货币资源的获得和管理，具体地说就是研究畜牧系统企业对资金的筹集、计划、使用和分配，以及与以上财务活动有关的企业财务关系。

一、畜牧生产系统财务管理的环境

(一)金融环境

畜牧系统企业的财务活动主要是指企业内的资金流入和流出，这项资金的流动是与宏观经济环境的资金流动相联系的。一个企业资金的流动应以宏观货币资金流动为基础，这种宏观的货币资金融通环境称为金融环境。

金融环境的具体形式首先是金融市场，在这个市场上从事的主要是货币资金的融入、融出活动。对于企业财务管理来说，金融市场主要有3个方面的作用：

(1)为企业资本的融通提供了必要的条件。企业利用金融市场筹集经营活动所必需的资金补充经营需要。当企业有闲置资金时，也可利用金融市场进行证券投资，以获取高于一般存款的利息。由此可见，金融市场的存在，对企业资本的融入、融出起着十分重要的作用。

(2)为有价证券定价提供了条件。企业通过有价证券筹集资本，又通过购买证券进行投资，这就产生了有价证券的公平市价。金融市场为有价证券的购销活动提供了必要条件，自发地形成了证券的市价，企业不能直接对这一价格施加影响，只能根据自身情况，用利息支付或股息的发放来间接影响和调节这些证券的市场价格。

(3)为有价证券的转售提供了条件。金融市场上货币资金融通是借助有价证券这一工具进行的。金融市场一般有初级市场和二级市场之分，有价证券的转售为企业融通资金提供了又一重要条件，否则企业利用股票和债券筹资几乎是不可能的。

金融组织是在金融市场上专门为企业融入、融出资金服务的专门机构。这些金融机构作为中介，一方面集聚大量闲散资金，另一方面为企业提供资本来源，其典型代表就是商业银行。

金融环境是企业财务管理运行的重要条件，财务部门须密切注意金融环境的变化。根据客观金融环境的情况，制订企业本身的各项财务规划，确定本企业的筹资和投资活动。根据金融环境变动的趋势，确定企业的长期财务规划，根据金融环境变动的具体情况，调整财务计划，配合宏观的资金融通环境，使企业微观的资金融通得以顺利进行。

（二）其他经济环境

企业财务活动的运行，除了与金融环境联系密切外，还与经济环境中的其他条件密切相关，如市场条件、经济周期变动、通货膨胀因素、纳税因素等都对企业的财务管理产生巨大影响。

（1）市场因素。市场是企业生产经营的基础，在高度发达的市场经济中，竞争是其主要内容。当代市场竞争的基本特征之一是激烈竞争导致行业集中，一部分企业在竞争中破产、被兼并，另一部分企业抵御竞争联合，壮大和增强了自身的实力。

（2）经济周期因素。在市场经济机制中，商品交易活动总是沿着高涨、衰退、萧条、复苏这4个阶段周而复始地循环，这种商品交易活动的循环就是所谓的经济周期或商业周期。企业处在商业周期的不同阶段时，其本身的经济活动将受到不同影响，从而产生不同的财务问题。

（3）通货膨胀因素。通货膨胀是由于货币供应量超过商品流通量，引起价格上涨的一种经济现象。一般情况下，通货膨胀往往是国家宏观财政金融政策的一种表现，而在衰退和萧条期间，则价格表现为平稳和下降的态势。

（4）税收因素。国家对企业活动的影响是通过税收杠杆来实现的。纳税是企业的一项重要财务支出，财务人员对于企业所处的税务环境要充分认识，对于影响财务决策的税务问题要认真分析，严格管理，既不违背法律规定，又要尽最大可能合理避税。

（5）风险因素。市场经济使企业运行的客观经济环境存在很多难以预测的不确定因素，从而使企业的收益或支出（资本的流入、流出）产生大幅度变动，这种由不确定因素导致的资金波动就是风险。在开放型财务管理中，风险是不可避免的。

二、畜牧生产系统财务管理的目标

（一）畜牧系统的企业利润最大化

利润最大化是指企业的利润额在尽可能短的时间内达到最大。这一目标强调企业的奋斗目的在于利润，而盈利是企业继续经营的必要条件，企业没有盈利是不可能生存的。但如将这一目标绝对化就会出现许多问题、存在着许多不利因素，如忽略风险、管理者缺乏动力和资源短缺。利润最大化是公司的一个重要目标，虽然利润对公司异常重要，但它只是公司目标的一个组成部分。

（二）畜牧系统的股东财富最大化

股东财富最大化是公司的另一重要目标。这一目标强调企业市场价值即普通价格的最大化，从而达到股东财富的最大化，这一目标的优点在于它能反映所有影响企业的有利和不利因素。

1. 有利因素

（1）盈利成就。如管理部门做出的决策正确，企业的收益和股东的股息增加，投资者更愿购买公司的股票，这时股票的需求增加，价格随之上升；反之，如果管理部门做出的决策失误，企业的收益和股东的股息减少，投资者感到失望而卖出股票，这时股票的供给增加，价格随之下降。

(2) 其他因素。其他因素还将影响投资者买卖公司的股票，这些因素不受企业的控制，如具有深远意义的国际政治事件、其他证券的竞争性利率等。

2. 不利因素

理论上和实践上，企业经理均认为股东财富最大化是对企业成就的最好测量，但它存在着以下几个方面的缺点：

(1) 管理阶层缺乏信心。从以上分析可以看出，其他一些不受企业控制的因素仍将影响股票的价格。如股票的价格没有及时反映管理部门认为是好的投资和融资决策，管理者就会失去信心，认为投资者没能理解他们的努力，管理者将从股东利益最大化转向他们的利益最大化。另一种可能性是，企业股票价格的变动会使管理者的投资和融资决策误入歧途，如果管理者过分注意每天股票价格的波动，眼前利益的考虑将胜过长期利益的考虑。

(2) 外部因素。一些影响股票价格的因素不为企业所控制，因此，管理部门的工作成就无法得到准确的测量。

(三) 与畜牧系统相关的各方利益最大化

利益的满足这一目标强调适当的成果，以使股东和管理者的各自利益均得到满足。这一目标只追求股东和管理者各自利益的折中，并没有使得各自利益获得最大化。例如，管理者可能追求这样一种目标，即使股东获取与一定风险相适应的"足够"的、但并非最大的利润，这样，股票价格就不会急剧下降，管理者也不会因此被解职。利益的满足常被看成是协调公司管理人员最好的目标，它可以消除管理人员之间的矛盾。

(四) 系统内部管理者报酬最大化

企业的第四个目标是管理人员福利和利益的最大化。例如，以此为目标的管理者总是以能够给他们带来最多的工资和足够的支出账户作为他们的决策依据的，如果他们觉得股东不能满足他们的利益，他们将通过增大其支出账户来满足自己的需要，虽然这一目标满足了管理者的欲望，但管理者可能因此而做出错误的投资和融资决策，从影响企业利润和股东财富的最大化。

(五) 社会职责

传统观点认为，企业的目标和社会的目标是一致的。在竞争性经济市场的环境下，企业追求自身的利益必然导致整个社会财富的增加。因此，政府应提供道路、教育和其他社会服务设施，企业可以获利；同样，社会也应该承担为此而造成的有害后果，如环境污染等。

与传统观点相反，畜牧系统公司的社会职责目标是指畜牧系统企业应承担它给社会带来的害处，这样，企业才能被人民所信任。一个好的企业首先必须是一个好公民，它在与雇员、原料供应者、消费者、股东及公众打交道时，必须注意其所产生的社会影响。一方面，企业应尽量避免对社会产生公害；另一方面，企业应采取坚决的措施以改正过去和现在对社会造成的公害。

社会职责本身也影响利润最大化的实现。例如，在反污染设备上的投资必然影响企业的生产性投资，从而影响企业的利润。

最后，矛盾有时产生于个人目标和企业目标的不一致，致力于社会职责的人，有时不愿在纯粹以利润最大化为目标的企业求职，而愿在非盈利企业或政府部门求职。

三、畜牧生产系统财务管理的内容

(一)财务管理的内容

按资产负债表的左边和右边分，可归纳为资产管理和资本管理两大部分，每部分又可按长期和短期划分，因此有以下内容组合。

1. 投资决策

企业筹集资金的目的是为了把资金用于生产经营，进而取得盈利。西方财务管理中的概念含义很广泛，一般来说，凡把资金投入到将来能获利的生产经营中去，都叫投资。财务经理在把资金投入到各种不同的资产上时，必须以企业的财务目标——股东财富最大化为标准。

企业的投资，按使用时间的长短可分为短期投资和长期投资两种，现分述如下：

(1)短期投资。短期投资主要是指用于现金、短期有价证券、应收账款和存货等流动资产上的投资。短期投资具有流动性，对于提高公司的变现能力和偿债能力很有好处，所以能减少风险。但短期投资盈利能力较差，把资金过多地投资于流动资产，很可能会减少企业的盈利。在进行某一项具体的投资时，要考虑这一投资对公司风险和报酬的影响，因为风险和报酬的变化都会影响到股票价格。

(2)长期投资。长期投资是指用于固定资产和长期有价证券等资产上的投资，其中主要指固定资产投资。如果一项固定资产投资中包含部分流动资产，这些流动资产应列为长期投资，不列为短期投资。

通过分析和判断企业的长期资产是否应该购置，旧资产是否应该更新来计算新购置资产成本支出及其对企业价值的贡献，资产的风险如何，最终做出长期投资决策：企业新建和扩建项目，以及更新改造项目应该接受还是舍弃，在财务管理中这部分内容称为资本预算决策。

企业长期投资的资本从何而来，是发行普通股票还是债券，筹资的成本是多少，企业的债务和股本的比例应该定为多少才是合理的，企业优先从内部筹资好还是从外部筹资好，要回答以上问题就必须对企业的各种筹资手段和获得资本的途径、方法有所了解；要研究资本成本和资本结构，研究股息策略，最终找出最优的筹资方案，使企业付出的筹资成本最少，而企业价值最大。

2. 流动资产管理

企业短期流动资产包括现金和有价证券、应收账款及存货。提高短期资产的运转效率，合理控制流动资产和流动负债的数量及其搭配，可增加资产的流动性，使短期资本得到有效利用，同时使企业的风险降低。

3. 财务分析和财务计划

企业的经营绩效及财务状况，可通过分析企业的财务报表进行考核。采用与同行业平均水平相比和考察本企业历年财务报表的变化趋势等方式，向股东和债权人报告企业的盈利水平及债务偿还能力、收益和利润分配状况，使与企业利益有关的各方对企业的现状和将来的发展有一定量的估计，以便进一步判断上述因素对企业股票价格的影响。同时，也考核企业经营者的业绩，以便决定如何对经营者进行奖惩。

财务计划是对未来几年企业财务状况的预测，即编制企业的财务预算。通过计划的制订可预知将来的资金需求量、利润水平及借款数量，以此作为将来企业财务活动的凭据。

4. 企业的收购与合并

企业的收购与合并使资源获得规模经济效益，把有限的资源集中到更有效率的企业中去。企业在什么条件下应合并，如何收购、合并或转让；合并和收购企业的价格是多少，这些都是财务管理人员面临的问题。20世纪在世界范围内至少已掀起过5次购并的高潮，因此，企业的兼并、转让与收购也是财务管理专家研究的一个重点。

（二）利润分配决策

利润分配决策主要是研究企业盈余怎样进行分配，多少用于发放股利，多少用于保留盈余。在进行分配时，既要考虑股东近期利益的要求，定期发放一定的股利，又要考虑企业的长远发展，留下一定的利润作为保留盈余，促使股票价格上升，以利于股东获得更多的利益。最理想的股利分配政策是使股东财富最大的政策。

收益分配决策的主要内容应该包括下列几个方面：

①分析企业盈利情况和资金变现能力，协调好企业近期利益和长远发展的关系。
②研究市场环境和股东意见，使利润分配贯彻利益兼顾的原则。
③确定股利政策和股利以付方式，使利润分配有利于增强企业的发展能力。
④筹集股利资金，按期进行利润分配。财务管理中的筹资决策、投资决策和利润分配决策3个内容是互为因果、相互联系的。

（三）畜牧系统成本费用管理

畜牧系统成本费用反映了生产经营过程中的资金耗费。合理降低成本费用，对节约资金使用、扩大利润具有决定性意义。它的管理内容包括成本费用的目标管理、成本费用的计划管理和成本费用的控制。

四、畜牧生产系统财务管理的方法

畜牧系统财务管理的方法是指利用价值形式，为了完成财务管理目标，在进行财务活动时所采用的手段。企业为了有效地组织、指挥、监督和控制财务活动，并处理好因财务活动而发生的各种经济关系，就需要运用一系列科学的财务管理方法，它通常包括财务预测、财务决策、财务预算、财务控制、财务分析等方法，这些相互配合、相互联系的方法构成了一个完整的财务管理方法体系。

（一）财务预测

财务预测是指根据活动的历史资料，考虑现实的条件和今后的要求，对企业未来时期的财务收支活动进行全面的分析，并做出各种不同的预计和推断的过程。它是财务管理的基础。

财务预测的主要内容有筹资预测、投资收益预测、成本预测、收入预测和利润预测等。财务预测所采用的具体方法主要有属于定性预测的判断分析法和属于定量预测的时间序列法、因果分析法和税率分析法等。

（二）财务决策

财务决策是指在财务预测的基础上，对不同方案的财务数据进行分析比较，全面权衡利弊，从中选择最优方案的过程，它是财务管理的核心。财务决策的主要内容有筹资决策、投资决策、成本费用决策、收入决策和利润决策等。

财务决策所采用的具体方法主要有概率决策法、平均报酬率法、净现值法、现值指数法、内含报酬率法等。

(三) 财务预算

财务预算是指以财务决策的结果为依据，对企业生产经营活动的各个方面进行规划的过程，它是组织和控制企业财务活动的依据。财务预算的主要内容有筹资预算、投资预算、成本费预算、销售收入预算和利润预算等。

财务预算所采用的具体方法主要有平衡法、定率法、定额法、比例法、弹性计划法和前期实绩推算法等。

(四) 财务控制

财务控制是指以财务预算和财务制度为依据，对财务活动所规定目标的偏差实施干预和校正的过程。通过财务控制以确保财务预算的完成。财务控制的内容主要有筹资控制、投资控制、货币资金收支控制、成本费用控制和利润控制。

财务控制所采用的具体方法主要有计划控制法、制度控制法、定额控制法。

(五) 财务分析

财务分析是指以会计信息和财务预算为依据，对一定期间向财务活动过程及其结果进行分析和评价的过程，通过财务分析，可以掌握财务活动规律，为以后进行财务预测和制订财务预算提供资料。财务分析的内容主要有偿债能力分析、营运能力分析、获利能力分析和综合财务分析等。

财务分析所采用的具体方法有比较分析法、比率分析法、平衡分析法、因素分析法等。

(六) 营运资本管理

营运资本指投入于流动资产的那部分资本。流动资产包括现金和有价证券、应收账款和存货，是企业从购买原材料进行生产直至销售产品收回货款这一生产和营销过程中所必需的资产。

营运资本的管理包括两个方面：确定流动资产中各项资产的目标水平和决定流动资产的筹资方法。营运资本的管理就是对流动资产和流动负债的管理。

1. 收账和现金支付

营运资本管理的一个主要方面是从购买企业产品的客户手中收回货款，然后用企业留存的现金去支付原料供应商的货款、职工的工资、债务利息、税金等。企业采用什么办法支付原料供应商的货款、职工的工资、债务利息而且现金占用的成本最小，是短期资金收付中要决定的主要问题。

2. 筹集短期资金

为保证企业的正常运营，随着销售的扩大或产品销售及货款回收的延迟，企业必须注入新的营运资本。财务管理人员必须有快速和有效的筹资渠道，及时从银行或货币市场上筹集到所需的短期资金而且筹资的成本较低。

3. 流动性管理

营运资本的流动性涉及资产和负债两个方面，用流动负债筹集的短期资金被流动资产占用，到期的流动负债通过流动资产的变现来支付。根据企业的销售和生产计划以及预计的付款期，预测企业现金的余缺，做好现金预算。通过加速资金的周转，使企业在保证正常经营活动的前提下，现金余额最小，也是营运资本决策的内容之一。

4. 应收账款管理

企业要制订信用政策和收账程序，确定信用条件并对客户进行信用审查，以便促进销售和及早收回货款，降低应收账款对资金的占用。

5. 存货管理

企业存货包括原材料、零配件、半成品和产成品。存货数额的大小与企业的生产和销售计划有关，应由采购、生产、销售和财务部门共同确定。财务管理人员要确定用于存货的短期资金是多少，怎样筹集这部分资金并使存货占用的资本成本最小。

6. 营运资本的投资管理

企业在生产和销售计划确定的情况下，即销售量、成本、采购期、付款期等条件为已知时，可以做出现金预算计划，尽量将作为资金来源的流动资产和作为资金支出的流动负债在期限上衔接起来，以便保持最低的流动资产水平，这是营运资本在理论上的最佳数量。

企业的经营活动往往带有不确定性，为预防不测的情况发生，流动资产必须留有安全数量。用上述方法确定营运资本投资额，称为适中的投资政策。

与适中的政策相比，在同样的销售额下企业具有较多的现金、有价证券和存货。宽松的信用政策使应收账款增多，同时促进了销售增长。此时，企业的流动资产增大，在流动资产上的投资也增加。这一政策的好处是使企业具有充足的资金来源，以便较自如地支付到期的债务，同时为应付不确定状况保留了较大的安全存量。这样，企业不能如期偿债的风险大为减少，但流动资产相对销售额的比例增大，其运营效率降低直接影响到企业的利润，使资产收益率降低。

7. 营运资本的筹资管理

通常有3种策略：第一种，适中型。通常企业的固定资产投资用长期资本筹资，并且使长期债务的期限与所购置的资产寿命相匹配，用固定资产在寿命期内产生的效益为长期负债还本付息。若将用于购置固定资产的长期负债换成短期负债，则必须每年借一定数量的新债来归还旧债，每年都要根据市场利率调整短期借款的利率，这使企业履行的支付责任变成不确定，增大企业偿还债务的风险，甚至可能因偿债能力差，无法再得到短期借款而影响企业的经营。

在流动资产中一部分资产随着销售和生产呈季节性或周期性变化，这类波动的流动资产可用短期借款来筹资。另有一部分流动资产在营运资本周转过程中不断改变形态，在存货、应收账款和现金之间转换，但总量不随时间改变。这类稳定的流动资产的资金占用是长期固定的，他们只会随着销售额的扩大而增加，所以，一般用长期借款或股本来筹资。这类稳定的资产和资金来源在期限和数额上匹配的筹资政策称为适中的或相匹配的营运资本筹资政策。

第二种，激进型。企业的全部流动资产都由短期负债支持，这时净营运资本为零。企业将在债务偿付和借入新债上承担很大的风险，但短期借款的利率比长期借款低。一些企业为降低资本成本提高利润甘愿在短期内冒此风险。

第三种，保守型。是指用长期资本支持稳定的流动资产和部分或全部波动的流动资产。在这种情况下，企业使用少量的短期借款以满足高峰期营运资本的季节性需求，其余波动部分仍由长期资本支持。在这种筹资政策下，企业的净营运资本较大，偿债能力强，故风险较小。但是在流动资产波动的低谷期，长期资金将会过剩，这时企业可通过购买短期有价证券来贮存这部分资金，以应付下一次高峰期的资金需要。由于短期证券投资的利息收入低于长期资金的利息支出，故保守的政策筹资成本高，也使企业的利润降低。

第三节 人力资源管理

一、人力资源管理概述

人力资源管理包括一切对畜牧系统中的员工构成直接影响的管理决策及其实践活动。它包括人力资源的计划、员工招聘、员工录用、培训、工作绩效考核、薪酬体系管理、工作激励、劳动合同及争议、人事冲突及管理等内容。近年来，人力资源的管理受到了越来越高的重视，产生这种现象的主要原因是人们认识到员工的行为表现是系统是否能够达到自己目标的关键，因此人力资源管理对组织的成败至关重要。在本节，我们主要讨论人力资源管理的总体概述、人力资源管理的原则与要求、员工的聘用与培训、薪酬的管理、人事任免、职务升降与人事冲突管理等。

所谓人力资源管理，是指以从事社会劳动的人和有关的事的相互关系为对象，通过组织、协调、控制、监督等手段，谋求人与事以及共事人之间的相互适应，实现充分发挥人的潜能、把事情做得更好这一目标所进行的管理活动。

1. 西方国家人力资源管理的含义

人力资源管理，最早使用于英国、美国等国的企业界。欧美国家进入资本主义社会（特别是产业革命）以后，随着资本主义工商业的大量出现，企业的劳工管理成为一个很突出的问题，因而产生了人力资源管理，当时叫劳动管理。20世纪20年代前后，人力资源管理的内容不断扩大和完备，并逐步形成了一整套管理制度的管理方法。

随着企业人力资源管理的迅速发展，英国、美国等国相继把企业人事管理的某些制度和方法嫁接于政府行政机构的文官管理，这样，西方国家的人力资源管理有了广义与狭义之分。在广义上，是指对各类机构和组织中的各种工作人员所进行的录用、选拔、考核、奖惩、晋升、工资、福利、退休退职等项管理活动；在狭义上，又有两种含义：其一是指对政府行政机关工作人员（即文官）的上述管理活动；其二是指对企业职工的上述管理活动。为了表示区别，人们往往把后者明确地称为企业人力资源管理或企业人事劳动管理，而把对政府行政机关工作人员的管理称为人事行政管理。

2. 我国畜牧系统人力资源管理的含义

根据长期以来形成的管理体制，畜牧系统人力资源管理，是以人们在畜牧系统内部所从事的劳动过程中的劳动特征为依据的，凡是在畜牧系统内对基本上以体力劳动和脑力劳动为特征的人、事及共事人之间关系进行的管理，称为畜牧系统人力资源管理。

二、人力资源管理的原则与要求

（一）畜牧系统人力资源管理的原则

1. 科学管理原则

企业管理史上以泰勒制的出现为代表的科学管理运动，以及其后行为科学和管理科学的发展及在管理实践中的运用，已经牢牢地为管理注入了科学的性质。现代畜牧系统管理是建立在现代自然科学和社会科学的基础之上，包括经济学、数学、物理学、社会学、心理学以及其他各种技术科学等成果，并且充分利用了信息论、控制论、运筹学、系统工程、计算机技术的最新成就，使管理成为一个综合性很强的科学。

2. 人际关系原则

畜牧系统企业生存与发展之道，不在于有得天独厚的政策条件，也不在于有雄厚的资金，而在于拥有优秀的员工素质及人力资源的有效运用。

无论企业管理人员还是人力资源管理专业人员，了解掌握人际关系的原则，是赢得人才和有效运用人才的关键。在此掌握和应用人际关系原则的时候，应该清楚地把握和掌控人性尊严、个别差异、人与人之间的相互作用和员工激励的理念。

3. 教育与培训原则

教育与培训是畜牧系统企业对员工施加影响的重要方式，这种影响方式可以培养员工的态度、习性与精神状态，引导或诱发员工做出有益于组织的决定和行为，以及对工作效率的关切感和对组织的忠诚心。因此，教育与培训是促使个人的价值前提接受组织影响的主要手段。同时，现代企业的生产经营对员工素质的要求越来越高，只有教育程度高的员工才能适应各种新技术的采用、管理革新等变化，并且保持员工的工作能力随企业的内外环境的需要而成长，长时期保持动态的进取活力。

4. 确立标准原则

人力资源管理的目标是建立一支具有首创精神和整体观念的、一切行动听指挥（计划）的稳定的员工队伍。要达到这一目标除了为企业配备得力的管理人员，挑选和安排合适的员工，伴之以适当的激励机制以外，还必须确立贯彻目标的标准。

（二）畜牧系统人力资源管理的要求

1. 人力资源管理程序化

人力资源管理工作程序化，就是把日常管理工作中重复出现的管理业务按照它的客观规律分类，并把处理要求和方法制订为标准，形成一定格式的规范。按照这个程序去工作，成为人力资源管理人员处理同类管理工作的共同行为和准则。

2. 人力资源管理法制化

尽快制定各项系统内部人事法规，使人事制度法制化，杜绝一切人为的干涉人事工作的恶劣现象，是企业人事管理改革的重要内容。

从法制化的角度出发，可考虑制定如下制度：管理干部聘任制度、知识分子工作制度、人事工作纪律、干部考察工作责任制、行政中层干部考核制度、行政中层干部奖惩条例、外出学习文化及专业知识的规定、企业人才培训合同、科技人才进修制度、人才流动的规定、关心知识分子的措施、大中专毕业生见习实施细则、中高级技术职务考核评审办法等。

3. 人力资源管理科学化

对于各部门实行分工管理和分类管理。所谓分工管理，就是对员工的选用、调配、辞退、离退休等，按照其不同的工作性质和要求，采取有所区别的政策。所谓分类管理，就是改变过去用管理行政干部的办法管理各类专业干部的单一方法。可以根据各工作岗位的性质、责任、要求，确定各类干部的管理办法，对不同类别的干部，应有不同的要求和标准，运用不同的管理方法。

4. 人力资源管理现代化

首先是指建立一个现代化的、高效率的人力资源管理系统。这样一个系统，至少应该包括多谋善断的人事决策机构、环环相扣配套成龙的人事管理机构、反应迅速的信息网络、出谋划策的咨询机构、铁面无私的监督机构等几大组成部分。其次体现在人事管理的具体方法上，应该注重采用先进的科学方法和现代化的科学技术手段。

三、畜牧系统员工的聘用与培训

（一）系统员工招聘程序

员工招聘的基本程序包括：招聘决策、发布招聘信息、招聘测试、人事决策四大步骤。

1. 招聘决策

所谓招聘决策是指企业中的最高管理层关于重要工作岗位的招聘和大量工作岗位的招聘的决定过程。个别不重要的工作岗位招聘，不需要经过最高管理层的决定，也不需要经过招聘基本程序的四大步骤。

招聘决策的运作可分为以下几步：①用人部门提出申请，需要增加人员的部门负责人向人力资源开发管理部提出需要人员的人数、岗位、要求，并解释理由。②人力资源开发管理部复核，并写出复核意见。③最高管理层决定。根据企业的不同情况，可以由总经理工作会议决定，也可以在部门经理工作会议上决定。决定应该在充分考虑申请和复核意见的基础上产生。

2. 发布招聘信息

一旦招聘决策做出后，就应该迅速发布招聘信息。向可能应聘的人群传递企业将要招聘的信息。发布招聘信息是一项十分重要的工作，直接关系到招聘的质量，应引起有关方面充分重视。

3. 招聘测试

目前我国企业比较适用的招聘测试种类：①心理测试，是指通过一系列的科学方法来测被试者的智力水平和个性方面差异的一种科学方法。②知识考试，是指主要通过纸笔测验的形式，对被试者的知识广度、知识深度和知识结构了解的一种方法。③情景模拟，是指根据被试者可能担任的职务，制订一套与该职务实际情况相似的测试项目，将被试者安排在模拟的、逼真的工作环境中，要求被试者处理可能遇见的各种问题，用多种方法来测评其心理素质、潜在能力的一系列方法。④面试，是指一类要求被试者用口头语言来回答主试者提问，以便了解被试者心理素质和潜在能力的测评方法。

(二)招聘考试

(1)笔试。包括论文式的笔试及测验式的笔试。

(2)口试。口试对于一个人各方面能力的考察,都具有特殊的功效,要考他的学识,就问各种知识;要考他的能力,就问各种问题解决的方法;此外,对于分析能力、判断能力、组织能力、反应的快慢、辩才的优劣等均能一一考察出来。这种方法被广泛运用于政府、企业等各种考试。

(3)心理测验及智力测验。21世纪以来由于心理学的发展,对于人类心理及智能的考察已有科学的方法,故欧美各国常以心理测验的方法,考察一个人的智力性向及其具有的特殊能力,作为派任适当工作,担任适当职务的依据。

(4)著作及发明审查与检验。有许多高级职位的职务,必须由博学多能的人担任,而这类人员年纪均超过30岁,甚至四五十岁以上,所以不能以普通的考试方法试之,应审查他的著作、发明,或检验他的学历、经历,以确认其资格。

(5)实地操作考试。所谓实地操作是对应考人能力或技巧做实际的考察,如技师、工匠、打字员、速记员的考试,由于他所要担任的工作属技术性工作,所以如不考察他的真正技能,就不知他是否能胜任这个职务。

(6)面试。在整个选用员工的程序中,面试是最重要的一环。在面谈中,人力资源部门根据测验结果以及申请表格等资料,加以估量和归纳,并根据面谈中所得印象,来判断申请人是否符合所申请工作的要求。

(7)心理测验的内容。所谓心理测验,是指在控制的情境下,向应试者提供一组标准化的刺激,以所引起的反应作为代表行为的样本,从而对其个人的行为做出定量的评价。心理测验的目的是判断应试者的心理素质和能力,从而考察应试者对招聘职位的适应程度。其主要内容包括:性向测验、智力测验、人格测验、能力测验等。

(三)应聘者的求职过程

1. 应聘者选择工作方式的类型

在申请人寻找工作的过程中,他们首先确定自己的目标职业,然后再选择设置这种职业的组织。经济学家的观点是人们在自己的职业选择中遵循的原则是最大化自己的终生收入的现值,但是实际上影响个人职业选择的因素有很多,其中包括父母的职业、个人的教育背景、经济结构调整对劳动力市场产生的约束和引导等。在开始具体的求职活动以前,职业的选择缩小了工作申请人选择目标组织的范围。

大学毕业生是典型的求职者,在求职过程中,他们所采用的取舍标准可以划分为以下几种类型:第一种是最大化标准,即要尽可能多地参加面试,得到尽可能多的录用通知,然后再根据自己设定的标准理性地选择工作;第二种是满意标准,即接受他们得到的第一个工作机会,并认为各个公司之间都没有什么实质性的差别;第三种是有效标准,即在得到一个自己可以接受的工作机会后再争取到下一个机会,然后在这两者之间进行比较,选择其中之一。

一般而言,大学毕业生和失业者的求职压力是不同的。因为大学毕业生没有家庭的压力,有比较充裕的时间,因此通常得到许多工作机会之后再进行挑选,而失业者通常会接受得到的第一个工作机会。

上述分析表明,如果一个组织的工作地点不优越,则可以提供一个比较高的起薪,并且要求比较短的答复时间。这样可以使求职者没有足够的时间去寻找其他的工作机会。

2. 准备简历

作为一个应聘者，需要准备一份合适的简历。由于简历是申请人给公司的第一印象，所以一定要体现出专业、简练和出众的特征，需要结构平衡、讲究文法、界面清晰。简历一般包括：①身份，说明申请人的姓名、地址和电话号码等。②申请人的职业抱负或前程目标。③教育背景，这部分可以包括与所申请的工作密切相关的学习课程。④工作经历，应该列举与所申请的工作相关的部分。⑤参加过的团体和活动。⑥与所申请的工作有关的自己的兴趣和爱好。⑦发表过的论文或文章。⑧推荐人。⑨求职信。

(四)员工培训

1. 培训者的工作内容

培训者必须要完成以下几个方面的任务：第一，通知每个参加培训项目的员工培训的时间、地点和日程安排。第二，安排培训设施，检查培训中的物质要求，包括座位、食物和供给，确保培训所使用的设备能够正常地运行，并使训练场所尽量模拟实际工作环境，使培训对象容易集中注意力。第三，发表培训项目，把培训目标告诉培训对象、内容，知道训练中的各个环节及其连续性。第四，在培训过程中，要强调学习任务的重点和特点，引导每位受训者对培训题目的热情，并及时地强化受训者的学习效果。

2. 员工培训方法

员工培训的方法可以划分为脱产培训和在职培训两个基本类别。

脱产培训是指离开工作现场，由直接领导以外的人，就履行职务所必要的基础的、共同的知识、技能和态度进行的教育培训。

在职培训是指为使下级具备有效完成工作所需的知识、技能和态度，在工作进行中，由上级有计划地对下级进行的教育培训。员工在职培训方法主要包括职前教育、教练法(让有经验的员工或直接上司进行训练)、助理制(用来培养公司的未来高级管理人才)和工作轮调(让未来的管理人员有计划地熟悉各种职位)。

3. 职工上岗前培训

无论是公司新聘用的职工，还是职工在公司内部调动，在进入岗位之前都必须接受培训，以便能尽快适应新的工作环境，掌握必要的工作技能。

职工上岗前培训有三方面内容：第一，了解公司概况(公司的历史、方针、组织、产品、工艺等)的说明；第二，讲授职工必须掌握的共同知识(如怎样写报告、作接待、打电话等)；第三，培养职工应具备的精神准备和态度。

四、薪酬管理

目前，国有企业和民营企业正面临着员工薪酬制度改革的任务，而外资企业也在不断地改进薪酬制度以适应管理本地化的需要。企业为了增加产量，为了不断改进产品与服务的质量，增加企业的竞争能力，就需要对员工的薪酬制度进行不断的调整。

(一)薪酬体系

从理论上讲，员工的工资水平作为劳动力的价格应该取决于劳动力的边际产出水平。在实践中，工资水平是由多种因素相互作用决定的，其中包括劳动力市场条件、政府立法和企业的薪酬策略、公司管理当局的管理理念和态度以及公司的支付能力对员工的工资水平与企业的工资结构等。

从概念上讲，员工的外在报酬指的是由于就业关系的存在，员工从企业得到的各种形式的财务收益、服务和福利。通常意义上的报酬指的是这种外在报酬，它可以分为直接报酬和间接报酬。

(二)薪酬类别

1. 等级工资制

等级工资制是根据劳动的复杂程度、繁重程度、精确程度和工作的责任大小等因素划分等级，按等级规定工资标准，并以此为根据支付劳动报酬的制度。它包括企业工人的技术等级工资制和职员的职务等级工资制。

(1)企业工人的技术等级工资制。企业工人的技术等级工资制由技术等级标准、工资等级表和工资标准3部分组成。

(2)企业职员的职务等级工资制。企业职员的职务等级工资制是企业对管理人员和各类专业技术人员所实行的按照职务规定工资等级的一种工资制度。职务等级工资制一般采用一职数级、各职务等级上下交叉的办法，即在同一职务内划分若干等级，相邻职务工资等级线上下交叉，职员都在本职务所规定的工资等级范围内确定工资。

2. 岗位技能工资制

岗位技能工资制，是以加强企业工资宏观控制为前提，以按劳分配为原则，以劳动技能、劳动责任、劳动强度和劳动条件等基本劳动要素评价为基础，以岗位、技能工资为主要内容的企业内部分配制度。

岗位技能工资制的工资标准借鉴历史上企业工资改革的经验，结合考虑当前的实际情况，本着最低标准逐步到位的原则。

3. 岗位效益工资制

岗位效益工资制，是以企业干部为主体，以承包经营责任制和岗位责任制为考核内容，以岗位职务序列、效益档次和贡献等级综合确定工作积极性的一种分配制度。它的适用对象为企业各级领导干部。企业内部各系统专业技术人员和工作人员。

4. 结构浮动效益工资制

结构浮动效益工资制是以辅助生产型、服务型职工为主体，在分解等级工资的基础上，按照不同岗位、不同技能、不同绩效而确定劳动报酬的原理，重新组合成既有刚性，又有弹性的一种工资分配制度。实施它的目的是体现工资的保障与激励功能，发挥职工的潜在能量，不断创造更高的劳动价值。

结构工资由基础工资、年功工资、补贴工资、岗位工资、技能工资和绩效工资6部分组成。

(三)员工个人激励与集体激励

一般而言，每个人感受到的奖励都可以分为两个层次：初级的和中级的。初级奖励只满足基本需要，不能促进工作，而中级奖励能够促进工作，得到承认和拥有技能的自豪感属于中级奖励。

1. 员工个人激励

员工个人的激励要求业绩考核要针对员工个人的业绩而不是集体的业绩，同时员工报酬的增加是一次性的，并不计入基础工资。公司的销售人员按照其销售额的一定比例提成作为其报酬的方式就是一种典型的员工个人激励计划。

根据员工个人贡献确定报酬的第一种做法是设置工资幅度。第二种做法是实行绩效工资，这种薪酬决定因素在管理职位员工和专业职位员工的薪酬决定政策中应用得非常普遍。

2. 员工集体激励

在现代大机器生产和专业化分工条件下，产品是在很多人合作的情况下生产出来的，因此管理人员无法说清整每位员工在企业整体目标实现过程中各自的贡献是多少，而且管理人员本身的业绩衡量也存在着同样的问题。因此，集体激励计划就成为支持团队合作方式的激励方法。

3. 激励的基本形式——奖励和惩罚

（1）奖励和惩罚的种类。按适用范围划分：①国家规定的一般奖励和惩罚，根据国家规定，国家工作人员的奖励分为：记功、记大功、授予奖品或奖金、升级、升职、通令嘉奖 6 种。根据国家规定，干部行政纪律处分的种类有警告、记过、记大过、降级、降职、撤职、留用察看、开除 8 种。②事业或企业单位内部特殊的奖励和惩罚种类较多，如集团级大奖、集团级奖、合理化建议奖、优秀职员奖。处罚有经济处罚：包括停发奖金、降级或一次性经济罚款等。

（2）奖励的技巧。对于不同的职工应采用不同的激励手段。对于低工资人群，奖金的作用十分重要；对收入水平较高的人群，特别是对知识分子和管理干部，则晋升其职务、授予其职称，以及尊重其人格，鼓励其创新，放手让其工作，会收到较好的效果；对于从事笨重、危险、环境恶劣的体力劳动的职工，搞好劳动保护，改善其劳动条件，增加岗位津贴，都是有效的激励手段。

（3）精神激励的方法。精神激励是十分重要的激励手段，它通过满足职工的社交、自尊、自我发展和自我实现的需要，在较高的层次上调动职工的工作积极性，其激励深度大，维持时间长。精神激励包括范围很多，常见的有目标激励、荣誉激励、兴趣激励、参与激励、感情激励和榜样激励等。

（4）惩罚的技巧。惩罚是一种负激励，如何搞好惩罚也是管理中的重要问题。惩罚种类有警告、记过、记大过、降级、降职、撤职、留用察看、开除等。改革开放以来，惩罚的种类明显增多，包括扣发奖金、扣发工资、罚款、辞退、除名等，在私营和三资企业，各自有自己的惩罚标准和惩罚方式。

惩罚技巧：注意不能不教而诛，应该把思想教育放在前边。只有对那些经教育不改或造成后果十分严重者才实施惩罚，尽量不伤害被罚者的自尊心。宣布惩罚的方式选择：应使被罚者自尊心的损伤达到最小，特别应尊重其隐私权，不要使用污辱性的语言，不要全盘否定。

将原则性与灵活性相结合。坚持原则，就是严字当头，执法要严。严是爱，松是害，这句话在执行纪律，运用惩罚时十分重要。但鉴于事务的复杂性，在不违背法律、法规前提下，掌握一定的灵活性则是完全必要的。惩罚中讲究灵活性就是要严得合理、严得合情，达到教育一大批的目的，这就是管理艺术。

(5)奖惩的综合运用。奖励和惩罚是规范人们行为的有效杠杆,是激励职工的基本手段,但奖励和惩罚如何恰当配合、综合运用,则是值得认真研究的。

奖励和惩罚不是目的,这一点十分重要,如果把奖励和惩罚当作目的来追求,必然走偏方向。须知,对于一个企业而言,任何奖励和惩罚仅仅是推动工作的手段,而调动职工积极性才是目的。

思想工作应贯穿奖励和惩罚的始终。奖励和惩罚是一种杠杆,借以影响职工的行为,使其更符合组织目标的要求。而人的行为无不受思想的支配,影响行为的一环是影响其思想。这就要求将思想工作贯穿于奖惩工作的全过程。

五、人事任免、职务升降与人事冲突管理

人事任免,即通常所指的行政任免。它是国家行政机关、事业单位工作人员、各种类型的企业任职与免职的总称。

任职的概念是指任职单位为了完成所担负的工作任务,根据国家有关法律规定及任职条件的要求,通过法定的程序和一定手续,任命国家行政机关工作人员担任某一职务的行政过程。

免职的概念是任免机关根据国家有关的法律规定、企业规章制度和免职条件,通过法定的程序和一定的手续,免除国家机关工作人员所担任的一定职务的行政过程。

免职种类分为程序性免职和单纯性免职两种:程序性免职是指委任或聘任在职国家机关工作人员或企事业单位人员任新职务之前(或同时)免去其原来所担任的职务,这种免职不是以免除职务为目的的免职,而只是任命国家机关人员担任新职务时的一种必不可少的手续;单纯性免职是指以免除国家机关工作人员或企事业单位人员现任职务为目的,不再委任或聘任新职务的一种免职。

(一)任免的原则与条件

1. 人事任免的原则

人事任免的原则,是实施人事任免的重要依据。国家机关工作人员或企事业单位人员的任免必须坚持以下原则。

(1)德才兼备。任人唯贤,德与才是考察任用国家机关工作人员的重要内容和重要标准。它是一个完整的统一体,不能分割,不可偏废。

(2)因事设职。一人一职因事设职、因事择人,是避免人浮于事、机构臃肿的重要原因,国家机关工作人员在任职时,原则上应实行一人一职。

(3)用人所长。整体优势所谓用人所长,即充分发挥人的优势,"骏马能历险,犁田不如牛;坚车能载重,渡河不如舟,生才贵适用,慎勿多苛求"。人所长的基础是知人所长,这是一件十分复杂的事。要坚持用人所长,必须破除求全责备的观念,树立看人主要看长处和优势的观念。

(4)严格程序。依法任免员工的职务任免是一项非常严肃的工作,必须由有关法律和法规对必要的任免程序做出规定,必须依法办事,严格履行任免程序。可见,一定的职务与一定的权力和责任,是密切联系在一起的。

2. 人事任职的条件

人事任免的条件，是实施人事任免的基本依据，是人事任免原则的细化。实事求是、客观公正地规定任免条件，严格按照任免条件实施人事任免，是做好人事任免工作的关键。德、能、勤、绩4个方面是其核心。

3. 免职条件

免职条件是指应在什么情况下，免除单位工作人员所任职务。包括程序性免职、单纯性免职和属于其他原因需要免职或撤销职务。

(二) 任免程序

1. 人事任用的形式

系统内部员工任用形式，主要有以下4种：

(1) 委任制。即直接委派人员担任一定职务的任用制度。这种办法有益于领导路线的延续和稳定，上下级干部的合作，上下团结一致，配合默契，指挥统一，有利于形成行动迅速、有力高效的人员群体；程序简单明了，有利于提高工作效率。

这种办法适用于担任中、高级职务的各类工作人员。

(2) 选任制。通过民主选举的方法来确定干部任用的一种制度。选任制分直接选任和间接选任两种，任期有限。

这种办法适合于选拔各级人民政府的主要领导成员，不适用于选拔专业管理人员和科技人员。

(3) 聘任制（又称聘任合同制）。用人单位以合同形式聘用工作人员，任用制度是由聘任单位和应聘人员签订合同（契约），明确双方的职责、权力、义务和应完成的工作目标，并享受应得的待遇报酬。合同期满后，再由双方协商是否续聘。

这种办法适用于有业务专长的专家、学者及科技和研究人员；适用于企业事业单位的领导人员、业务管理人员，也适于农村乡镇干部。

(4) 考任制度。通过公开考试考查应考人员的知识能力，用人单位按考绩和其政治素质的考核结果，择优任用所需人员的任用制。这也是我国体制改革后突破性的进展。

2. 人事任免的程序

人事任免程序，是指人员职务的任用或免除的程序。规定职务任免的程序是为了将任免工作纳入法制化轨道，保障任免工作的严肃性及法律效力。

(1) 任职程序。一般应按照如下顺序进行，即提名、考察、呈送、审批、任命、归档。国家机关工作人员任职的各项程序完成后，要对有关材料进行整理归档，以备查。

(2) 单位工作人员的免职与任职一样，都要经过主管机关并经过一定的法定程序，以维护免职的严肃性和切实保障单位工作人员的法律地位。

凡是下级单位办理报请上级单位任命的工作人员担任新职务时，应同时办理报请原任职务的免职手续。免职一经决定，被免职的人员应及时向继任者移交工作，不得以任何理由和借口拖延或拒交。

(三) 人事冲突管理

1. 人事冲突概述

人事冲突的概念是指发生于两个或两个以上相依赖的当事人之间，因其对目标理解的相互矛盾以及对方对自己实现目标的妨碍而导致的一种激烈争斗。

从冲突的定义可以看出冲突有如下特点：①冲突是发生于两个或两个以上有相互关系的当事人之间的，如果只有一个人，不存在对方，就无所谓争议，而不相干的人之间也不可能发生争议。②冲突只有在所有的当事人都意识到了异议的存在时才会发生。③所有的冲突都存在着赢与输的潜在结局，因为卷入对峙的双方当事人都相信，要达到他们的目的，就要相互排斥，所以他们总会千方百计地阻碍对方实现其目标。④冲突总是以当事人双方互相依存的关系来满足双方的需求。也就是说，冲突与合作是可以并存的，典型的例子就是组织与员工的冲突。这种冲突是一个组织中最常见的冲突。尽管它们经常存在，但当事人双方还始终保持着相互间的合作以达到他们各自的目的。

2. 人事冲突的范围

冲突的范围很广，但就一个组织内部而言，其冲突一般包括以下几种形式：①自我冲突，指发生于单个人内心（意识上）的冲突。②人与人之间的冲突，指发生于两个或多个人之间的冲突。③部门的冲突，发生于同一个部门间的两个或几个人之间的冲突。④部门与部门之间的冲突，发生于两个或多个部门之间的冲突。尽管在组织内部有几种冲突类型，但这里我们主要探讨的是人与人之间及部门与部门之间的冲突，这两种冲突是管理者卷入最多的冲突，也是发生频率较高的两种冲突形式。

3. 个人范围内的冲突管理

（1）处理人与人之间冲突的一般方法。尽管人与人之间的冲突是不可避免的，也是大量存在的，并且有时是积极的，但作为组织的管理者，切不可因此就视而不见或听而不闻，而必须以认真的态度去预防、缓和和解决冲突，并引导他们向有利于组织目标的方向发展。

人与人之间的冲突的处理方式可以分为合作和独断两类。合作是指一方当事人希望满足另一方当事人的程度，而独断是指一个人（一方当事人）追求满足自身需要的程度。根据人类行为的这两个基本范围，我们可能导出5种特定的解决途径，即对抗、和解、避免、合作及妥协。

对上述冲突的处理方法进行比较，一个人总是会选择自己喜爱的方法来处理其所面临的冲突，有效的管理者应该根据实际冲突情况，选择使用不同的处理方法，以使其效果最佳。

这里需要特别提醒的是，有一种类型的冲突，永远不能使用抗争的办法来解决，这种冲突就是建立在不同的观念基础上的冲突，如由于宗教信仰的不同、伦理道德观念的不同而导致的冲突等。

在多数情况下，他们都不攻击对方的观念，也不试图改变对方的观念。但在有些时候，采用改变他人观念的方法是更可取的。这些做法可以通过树立典型或咨询的方式来实现。

（2）处理人与人之间冲突的语言与体态。一言可以兴邦，一言也可以毁邦，这是人们早已熟知的道理。对冲突双方而言，如何使用语言，对激化矛盾还是缓和矛盾，有着举足轻重的作用。一般而言，冲突中使用的语言，既要适合一定的原则，又要有一定的技巧。一般而言，无论是什么性质的冲突，也不管引发冲突的原因是什么，开始时都要心平气和，以缓和气氛，当双方都趋于平静来商量解决的办法时，再根据具体情况，采用不同的解决办法和说话方式解决。

（3）如何处理日常冲突。

①与上司的冲突：首先，要知己，即分析自己，包括个性、能力、工作特点、技能等。然后征求你信任的同事的意见，也许他们不会给你一个特定的答案，但通过这种交流，你会发现与别人谈论自己是一件很令人精神振奋的事情，因为你可以通过别人的眼光来认识自己的优势和不足，这样，你就可能会发现解决冲突的方法；其次要知彼，知己知彼，方能百战不殆，这是一种很精辟的战略思想，用于解决个人之间的冲突也同样不乏效力。在了解了自己之后，还要对上司进行了解，包括上司的个性、工作方法及习惯等。把自己的工作态度及个人风格与上司进行比较，然后找出两者的距离和冲突的症结。

切记，即使是自身受一点委屈，也应避免立即冲进上司的办公室，连珠炮似地发泄心中的不满，而应该先平静下来，等双方冷静了，再心平气和地谈。为了解除心中的压力，你可以与朋友一起喝点茶或咖啡，或利用休息时间进行郊游，以减缓烦闷，消除压力。

②减缓冲突压力的建议：冲突的处理结果一般可归纳为3种情况：双方都满意、双方都不满意及一方满意另一方不满意（赢/输）。不同的结果，给当事人心理所造成的压力和影响是有很大出入的，所以为了减轻冲突所造成的压力，选择适当的处理方式很重要。

双方都不满意的处理方式，显然不是一种上策的处理方式，它可能迫于外在的压力而暂时解决冲突，但这种冲突再次发生的可能性很大，因为这种方式没有从根本上解决冲突。

一方满意另一方不满意，即赢（输）的处理方式。采用这种方式对冲突进行处理，只意味着冲突解决了一半，因为其不满意的一方（输者）总会认为他们放弃得多或一无所获，这样他们也许会伺机再次制造冲突。

双方都满意的处理方式，是解除冲突压力的最好方式。赢并不意味着冲突的每位当事人都得到了他们想要的东西，而是意味着在双方都折中和让步的基础上，使问题得到了圆满解决。这种处理方式可以有效地减轻冲突当事人的压力，并可以使问题得到一次性的全面解决。

4. 组织内部门之间的冲突管理

一个组织中，部门之间的冲突指的是两个或更多的部门之间的意见不一致和利益的抵触，它也是影响组织内部门之间关系的最重要因素。这种冲突如不及时解决，则可能发展为工作小组之间、小组内不同工种的个人之间的冲突，如一线员工与办公室（二线）员工的冲突等。

当管理者面临着一个部门之间的冲突时，他们应该首先分析导致冲突的原因，找出谁是这场争端的参与者；其次明确这场冲突发展到了什么程度，即冲突的阶段；最后选择并实施适当的方法，使冲突处理的结果既符合冲突者的心愿，又能满足组织的需求及目标的实现。

常见的几种有效的处理部门之间的冲突的方法是避免、除去危险性、牵制（遏制）及对质。可以根据不同情况分别来运用。

第四节 畜牧系统的信息化管理

现代化畜牧业必须解决产业升级、食品安全、环境保护等诸多问题，以应对激烈的市场竞争。畜牧业生产从饲养管理到加工销售等环节都需要更高、更科学的管理水平。因此，畜牧业信息化的推广普及自然而然就成为了提高畜牧业生产效率的必然手段。

畜牧业信息化管理，指的是为全面提高畜牧业经济运行效率、劳动生产率及畜牧企业市场竞争力，在畜牧生产、管理、经营各环节推行和运用信息技术（如电脑、通信、网络）和其他相关智能技术的动态发展过程。

一、畜牧系统信息化管理现状

（1）现代信息技术是以计算机技术为依托的，它主要包括两个方面，即以计算机本身为主的和以计算机网络为主的。当前，计算机在畜牧系统领域中的应用无论在规模还是在应用水平上都要落后于其他领域，例如在美国，大约36%的农场拥有计算机，约11%的农场使用Internet。在我国，虽然各级畜牧业领导层的信息化意识有了相当大的提高，但整个畜牧行业使用互联网和参与电子商务的大约仅为7%，而中小畜牧企业还不及1%。所以总的来说，我国中小畜牧企业信息化的应用水平还比较低，应用层次差异比较大。

（2）2008年以来我国养殖业信息化研究成果取得了阶段性的进展，随着信息技术的不断提高，养殖业信息化水平也随着国民经济的增长而呈现出与时俱进的高度。目前，我国的良种繁育体系已经建成，营养研究有了新的进展，疾病控制和环境控制技术也在不断提高，但因为信息水平及信息资源的分散也存在着诸多的影响养殖业发展的因素，其主要问题是：服务网络体系不全，基础设施建设落后，信息化意识淡漠，从业人员素质不高，专业技术人才匮乏，疫病防控意识淡薄，政府作用发挥有限，管理体制不健全，实用软件的研发和推广力度不够等。

（3）我国国家农业部门，省市县农业部门，以及诸多的农业企业都在互联网上建立了自己的畜牧、兽医、饲料、水产等相关网页，涵盖了养殖技术、疫病防治、市场动态、供求信息等诸多方面，截至今年，农村网民已超3 700万，涉农网站有17 822个，农业类排名比较靠前的网站有：中国养殖技术网、中国猪网（猪e网）、中国蛋鸡信息网、中国养殖网、中国畜牧业信息网、养殖商务网、中国牧业网、鸡病专业网、中国禽病网、猪病专业网、中国兽药114网、中国兽药信息网、猪场动力网、兽医中国网、兽药123网、中国猪病网、中国水产门户网、中国水产网、中国饲料行业信息网、中国饲料工业信息网、中国饲料在线、畜产饲料在线等。

（4）养殖行业专家系统不仅在智能化方面得到增强，还采用面向对象的程序设计（Object-Oriented Programming—OPP）、多媒体（Multi-Media Technique—MMT）、信息网络等技术，并开始与虚拟现实（Virtual Reality—VR）、3S等高新技术集成，不仅界面友好、操作简便，而且数据共享、维护方便，信息更丰富。现在，Internet已成为全球最大的网络互联环境，软件开发应用与Internet连接越来越紧密。专家系统除在智能化、系统集成继续增强外，在网络应用方面，先进的客户机/服务器（Client/Server——C/S）技术模式将是其发展的必然趋势。

二、畜牧系统信息化管理存在的问题

1. 服务网络体系不健全，信息资源分散

我国农业信息服务网站经过近年的发展，在绝对数量上已经不少，但是体系依然不太健全，从全国范围看，省、地、县、乡四级网络全线贯通的省区市还非常少。由于农业生产的复杂性，需要农业信息网站建立更复杂、更精细、更适合农业实际的体系架构。例如，农业政策法规网站，需要从中央到地方建立条状网络体系；农产品供销信息网站，需要从客户角

度出发,按照市场区域建立体系;而农业科技信息服务网站,则要在本地网络针对实际特点和需求,分门别类建设网站体系。我国目前的农业网站虽多,但从体系上看,依然十分不健全,且占全国网站总数的比例偏小。

2. 基础设施建设落后

我国农业信息的设施建设虽已有一定的基础,而畜牧业信息网络服务的基础设施尚不能满足畜牧业信息化的需要,广大农村基层信息基础设施仍然相当落后,导致信息资源开发力度不够,严重制约着我国养殖业信息化的发展水平,影响养殖业的经济效益。

3. 信息化意识淡漠,从业人员素质不高

养殖行业是一个服务程度需求较高的行业,机构改革后,基层畜牧兽医站人员数量严重不足,人员素质良莠不齐。技术服务力量十分短缺,不适应畜牧业快速发展的需要,体系建设步伐缓慢,有待进一步完善。

4. 专项资金有限

养殖业在我国人民生活中占有重要地位,作为引领新农村建设的重大举措,政府虽然在良种补贴、引进国外优良品种进行繁育及杂交培育方面加大了政策扶持力度,同时也要在规模化养殖方面增加对设施、装备及技术人员培训方面的专项资金,以调动养殖企业或养殖户的积极性,同时提高养殖业信息化规模化水平,促进养殖业发展。

5. 实用软件的研发和推广力度不够

目前,我国有关养殖业信息化专家系统的相关研究工作正在开展,有的正在试用和推广,但适合我国特定自然资源、品种特点的养殖专家系统还需加大研发力度,有关技术集成,畜禽生长机制与环境相互关系的研究,疾病监控、预警、重大传染病等的防疫、检疫、检测方面的研究有待进一步深化,对一些已经试用成功的专家系统应加大推广力度,让养殖户广泛地应用,真正科技兴畜兴农,真正做到产学研结合。

三、畜牧系统信息化管理对策与措施

在当前的信息时代,以信息技术为先导的科技实力高低决定着发展水平的高低,我国畜牧业正处在由传统向现代转型的关键时期,实现养殖业信息化对现代农业至关重要,养殖业信息化的发展涉及农业、养殖业生产经营的各个环节以及国民经济的各个领域,所以这就要求各级政府、各级业务主管部门、研发单位、养殖企业及个人和从业者提高信息化意识,树立信息化观念,高度重视畜牧业信息化,遵循市场规律,相互协调配合,共同促进畜牧业信息化建设,提升从业人员素质,在强化硬件设施建设的同时提升软件支撑体系,加强技术服务体系建设。在系统思想的指导下,根据宏观与微观、长远利益与当前利益、整体利益与局部利益相结合的原则,特提出如下战略措施,以提高养殖效益。

1. 加大宣传,提高基层信息化管理应用的意识

广大农民是社会主义新农村建设的主体,也是实现农业信息化的主体,广大农民信息意识的觉醒和提高,是实现农业信息化的内在动力之源。所以,要通过广播、电视、报刊、典型示范等多种途径,加强对农民的引导,使他们充分认识到信息就是资源、信息就是财富,从而产生获取信息、利用信息的内在需求。同时,要多渠道、多形式对农业信息从业人员进行培训,及时更新相关知识,提高其信息服务水平。在县乡村三级建立一支专兼职信息员队伍，形成农业信息人才网络，为农业信息的及时有效传播提供人才支持。

2. 加快信息系统基础设施建设

养殖业信息化基础设施是畜牧业信息传递的通道，是实现畜牧业信息化的基础与保障，完善配套设备，对传输的数据进行加密和验证，保证数据传输的安全性和可靠性，加强信息发布与信息服务系统建设，实现网上技术服务、产品交易、疾病诊断等，真正实现信息资源、生产管理、市场流通的信息化。

3. 整合系统资源，打造专业平台

充实完善畜牧业信息数据库，进一步加大各类畜牧业实用软件的研发和推广力度，整合各类项目资金，用最少的投资发挥最大的效益，实现综合性研发、管理部门、企业和农户共用平台的软件，优化管理系统，在优质和抗逆畜禽新品种选育、优质无公害饲养、疾病防控、高效繁殖、环境控制、共用数据平台和决策支持系统研究等一系列健康养殖关键技术方面取得突破，形成健康养殖先进的技术体系。推进动物健康养殖，实现养殖业安全、优质、高效、无公害健康生产，保障畜产品安全是养殖业发展的必由之路。

4. 提高政府重视信息化程度

养殖业对我国国民经济的发展和农民增收具有举足轻重的作用。但由于目前支撑我国养殖业发展的基础仍是千家万户的小规模专业户和散养农户，他们抵抗市场风险能力较弱，一旦市场波动，最易受到冲击。因此，各级政府应当站在新农村建设、农民增收的高度，提高对养殖业信息化的重视程度，及时出台保护养殖企业或农户发展的扶持政策，下批专项资金，增加基层信息化规模，提高信息化水平，保证养殖业的健康稳步发展。

5. 重视人才的培训和队伍建设

人才和队伍是畜牧业信息化的关键，推进畜牧业信息需要畜禽养殖人员与计算机人员的密切配合，从长远发展看，一批经过培养的，具有相当水平的，决心投入数据库和应用信息开发建设的专职队伍是我国畜禽养殖业产业发展的根本保证。因此，从战略考虑，抓人才培养、抓在职干部的再培训、抓队伍建设，才能从根本上保证畜牧业信息化的传递发展。

建立制度化培训体系，定期举办养殖管理与信息技术的培训活动，并对饲养人员、技术人员和管理者认真地分层次培训，多搞现场实际操作技能和专题培训，通过"走出去、请进来"的办法提高人员素质和养殖管理水平。培训一批会管理、善经营、懂技术的畜牧业信息化人才，培养不怕困难、勤奋、刻苦、精通专业的高水平的信息化技术队伍。

四、畜牧系统信息化管理体系的建立

随着市场经济发展，市场变化对畜牧业生产的影响越来越明显。原有的行政体制下，畜牧生产数据的统计监测采取的是层层下达统计指标、层层上报统计数据，存在中间环节过多和统计间隔时间过长等问题，导致时效性差和数据失真。为有效解决畜牧业统计监测中面临的这些问题，及时、准确、全面掌握畜牧业生产销售情况，为政府宏观决策和广大养殖户合理规划经营规模提供科学依据，需要利用现代信息技术建立有效的畜牧生产统计监测系统。

畜牧系统信息化建设是提高科技管理的重要途径之一，同时又是一个新兴的领域，畜牧系统信息化管理体系的建立仍然处在不断完善的过程中。

1. 管理信息系统

信息的储存与管理是最基本的信息技术，管理信息系统（management information system, MIS）指的是利用计算机对畜牧系统进行数据的采集、处理和管理，并为管理决策提供必要的信息。MIS 一词起源于美国，1968年开始流行，在许多发达国家，MIS 的应用几乎渗透到生活的方方面面。我国从 20 世纪 90 年代开始进行 MIS 的研发工作，经过 20 多年的发展，已经涉及畜牧系统领域。

近年来，我国畜牧场 MIS 的研究和应用得到较快的发展。例如，在大中型猪场中，目前使用较多的 MIS 除了国外的 PIGWIN 和 PIGCHAMP 外，国内自己研制的有 GBS、PIGMAP、专家智能咨询系统、畜禽诊断专家系统、饲料配方系统及企业管理系统等。畜禽诊断专家系统的建立，为家畜疾病信息进行加工处理，畜牧兽医专家或畜牧业从业人员根据自身理论知识和经验，对不同的疾病信息分别分值化，采取相关理论（灰色系统理论和模糊数学理论），根据所获信息得到较为准确的结论，具有简单易学、使用方便和诊断准确率高、速度快的特点，适合于各类畜禽养殖场和兽医诊断部门进行疫病诊断，该系统也适合于饲料厂、兽药厂进行售后服务使用。

使用管理信息系统给畜牧生产带来的效益是明显的，但目前该系统涉及领域有限，功能有待进一步完善。

2. 虚拟经营系统

虚拟经营系统就是利用不同方式，如聘请、分包、联合等形式，把原本属于不同单位的资源和能力联合起来，形成一种虚拟组织。该组织中各个组成部分间的资源和能力互补，可以弥补本身的不足和劣势，提高自身的营运功能和生产效果。

虚拟经营具有两大特点：以较少的投入获得较大的回报；能适应迅速变化的市场。采用虚拟经营模式，将使畜牧业与外部力量整合，虚拟的组织形式又能促使其灵活有效地利用来自不同方面的资源，大大提高其市场竞争力。

进入新世纪以来，信息技术的飞速发展，虚拟经营已在工业领域中大展身手，相信未来虚拟经营势必会成为畜牧产业经营的一种主要理念，并对提升我国畜牧业的发展水平，参与国内国际竞争起到重要作用。

3. RFID 技术系统

无线射频识别技术，简称 RFID，也称电子标签，是一种非接触式的自动识别技术。RFID 系统由 3 个基本部分组成：标签、阅读器和天线，实际应用中需要配备其他软硬件。

与现今广泛应用的条形码技术相比，RFID 具有多方面的优点，如耐高温、防磁、防水、读取距离远、数据可加密和可重复使用等，而且具备防伪功能。

随着畜牧业生产向标准化、规模化、集约化方式的转变，需要对传统畜牧业进行信息化改造，以达到节约成本、方便管理的目的。

畜牧生产管理系统由网络服务信息系统、公共网络数据库和消费查询系统 3 部分组成。在网络服务信息系统中，畜牧生产各环节通过 RFID 标签快速准确读取牲畜信息，实现从养殖—屠宰加工—销售的信息对接，以保证畜牧生产过程的信息可追溯。

公共网络数据库是畜牧生产管理系统的数据管理平台，进行整个系统信息的录入、分析、输出和管理。标签中的信息均存放在后台数据库中，实现了业务的透明存储；消费查询系统可以保障消费者通过终端查询系统(超市终端查询机、个人计算机、手机)查询所购畜产品的来源和质量信息，使消费者买得放心，吃得安心。

4. 广角视频监控系统

养殖场的集中管理和规范管理可以提高其经济效益和市场竞争力。管理人员即使不在现场，也能通过该系统实现对养殖场生产过程的监督管理。另外，邀请专家通过远程视频监控系统对养殖场提供指导和诊疗。通过采用视频监控系统能有效实现养殖场的信息化管理，提高管理效率。

广角视频监控系统主要由监控前端、网络通信平台、管理服务器、监视系统等组成，具有强大的用户管理功能、良好的兼容性、方便的可扩展性、分布式管理等众多优点，能够对养殖场进行实时远程监控。

具体来说，广角视频监控系统可以完成以下方面的功能：①牲畜监控，防止牲畜互咬、互殴、跳栏及践踏，防止其他动物进入场内。②配种监控，能及时掌握牲畜的发情期，有利于配种准确和成功，减少流产。③分娩监控，养殖场管理人员无需现场观看牲畜的生产过程，可以通过视频监控系统远程观察，发现问题及时处理。④防盗监控，夜间有外来人员进入养殖场，可以实时监控，也可以随时观看存储于计算机中的录像。

5. 推广服务系统

基于 Internet 的畜牧业推广服务系统在欧美已有了较为广泛的应用。例如波兰，农业推广服务中心根据农民的需求，建立了市场信息库，包括不同地区农业物资的价格、不同地区农产品的收购价格、在商品交易市场上农业物资和农产品的价格、农民和企业的产品零售报价、可提供贷款的银行及其贷款利率、不同银行的存款利率、厂商的地址等。

畜牧生产推广在我国一直是一个薄弱环节，这使得高等学校和研究机构的科研工作与生产实际严重脱节，科研成果得到真正应用的比例很低。近年来这种情况已有所好转，在利用信息技术进行农业科技推广方面，我国政府和科技工作者也做了不少努力，但利用 Internet 进行畜牧生产科技推广还不够普及。

6. 家畜育种分析系统

现代遗传育种理论和方法的应用离不开现代计算机技术的支持，而计算机技术的发展又促进了新的遗传育种理论和方法的研究。现代遗传育种理论和方法的一个基本原则是利用一切可以利用的信息和最先进的统计分析方法，如北美和一些欧洲国家，种畜的遗传评定是地区性的乃至全国性的，要将全地区乃至全国的数据收集在一起，统一进行遗传评定，其信息量是非常庞大的。在德国，奶牛的全国遗传评定由家畜联合信息系统操作。在加拿大，全国的种猪联合遗传评定由加拿大猪改良中心(CCSI)负责，CCSI 拥有一个含有全国 1 800 万头猪的生产性能测定和遗传评定记录的国家数据库，这些数据来自于参加全国猪联合育种的各猪场的测定数据和各地区中心测定站的测定数据，每年有 10 万多头种猪参加测定。

7. 牧场管理系统

牧场管理有 3 个重要方面：经常针对各种情况及时做出正确的决策；为家畜提供良好的条件，使它们能够充分发挥其遗传潜力；保证畜产品的食品安全和不对环境造成污染。在这些方面，信息技术都能发挥重要作用。管理人员不仅可利用计算机和网络获取及时、全面和详细的企业内部和外部的信息，还可利用一些专业化的计算机软件，如专家系统或决策支持系统，为其决策提供参考意见，对某一问题进行分析并提供处理意见。

现代信息技术也可用于改善和控制家畜的营养和环境条件，提高管理的精确性。如将传感器和计算机相结合用于对家畜的个体识别，从而可对个体的活动随时进行监控，尤其对于放牧家畜来说更具有价值。在荷兰，将发情诊断准确率由50%提高到90%，可使牛场的利润增加8%，利用个体给料控制系统可提高利润4.8%。信息技术在饲料配方制订、家畜胴体组成活体测定、畜舍内环境控制、环境污染监控、人事管理、账目管理等方面都正在或即将发挥重要作用。

8. 网络系统

网络的基本功能是信息传递和资源共享。在信息传递方面，与传统的信息传递方式相比，利用网络传递信息的特点是速度快，不受时间和空间的限制；信息的种类多样，如文字、声音、图像、影像等；经济实惠。在资源共享方面，凡加入互联网的用户都可共享网络中的公共资源。

互联网以其强大的信息传递功能，为人们迅速传递和获取各种信息创造了优越条件。我国在这方面虽然起步较晚，但发展速度很快，目前已有很多专门化的信息网站。通过网络，企业不仅可以对本企业的产品进行全面详尽的宣传，而且可以对企业本身进行全方位的宣传，这种宣传可以不受时间、空间、信息量和经费的限制，所产生的效应也是其他任何广告宣传方式所不能比拟的。

网络与经济相结合，就产生了网络经济。与传统的经济模式相比，网络经济的主要优点在于它使得生产者与消费者可通过网络直接联系，消除了生产者与消费者之间的中间环节，从而大大降低了产品的附加成本，此外，它还使企业能够扩展市场范围，与客户良好沟通，从而可随时了解用户的需求，及时调节产品结构，为用户提供全天候服务和个性化服务，消费者则可更全面地了解产品，有更大的选择余地。

五、畜牧系统信息化体系的管理

（一）管理工具——领度系统

Linkwedo 领度系统的诞生来自一个简单而直接的需求。作为公司的管理者，我们的主要职能是处理信息并做出决策。但是在实际工作中，我们发现信息的来源是多方面的，呈现给我们的时候也是纷繁复杂的；即使借助了信息化的工具，如 Email、IM、各种管理软件等，我们仍然可能迷失在信息中，而不能正确地决策。那么，有没有这样一种工具，在工具的两端，一端是普通员工能够管理自我的工作，另一端是决策者能够在完整地"消费"这些信息的基础上来做决策。

1. 项目处理及时，实现全民管理

虽然面对面的沟通是直接而有效率的，但是对于周期长、资源牵涉面广的事项而言，面对面的沟通带来的并不一定是高效，反而可能是低效。要么是以专门的长时间的项目沟通会为代价，要么是突发性的沟通，上下任何一方可能不同步、不同频，反而导致误解。

我们需要的是简洁明了的信息，如 One Page Project Management 等的工具。领度系统不仅有这样的简洁性，而且这些信息不需要专门的项目经理（PM）来整理与准备，它来自于普通员工使用领度系统的日常工作数据。因为实现了全民化的管理，领度系统尤其胜任于多项目、跨部门项目的管理。领度系统的项目管理相对专业领域的项目管理来说比较轻，但它不是单薄，领度系统的项目管理相对面向沟通协作的管理来说比较专，但它决不笨重。

2. 解决多头管理与越级汇报的问题

在金字塔架构的组织机构中，多头管理和越级汇报都被认为是不合适的。但实际情况是，这样的例外常常发生，它的发生往往带来组织机构中部分人的不舒服。既然存在，就应该想办法解决；解决的办法不是堵而是疏。为什么会有多头，是因为工作协作的必要性使然，跨部门的工作组是必然存在的。所以，我们的解决办法不是说你必须先汇报给谁，然后才能怎样，而是建立良好的机制让事实、问题、解决办法等在相对透明的环境中进行沟通。因为员工的工作是在统一的平台上进行汇报，他在多个工作中的参与情况是客观真实的，即使有多头，它也会汇总到一个头（即目标），那就是员工要对自己的工作负责，要对自己的成长负责。

越级汇报也是这样的办法，统一的平台造就的是良好的机制，带来是公开、公平、公正的氛围。普通员工与中层管理，乃至高层管理，都是在这个平台上工作，所以在这个平台能进行顺畅的沟通，并且相互促进，提高工作效率，提升工作能力。如果真有问题，也能够及时发现，及时地指导或纠正。

所以，领度系统在成为员工自我管理工具的基础上，同时是能够指导中层管理如何合理安排人员、如何正确评估员工，从而提升中层干部的管理能力的工具。

3. 解决信息缺乏带来决策倒置的毛病

在多年为客户提供信息化解决方案的过程中，我们发现一些可笑的决策倒置现象。例如请上级签字，往往是下级掌握的信息比较全面，而上级往往是处于签也是签，不签也是签的尴尬境地。如果真要刨根问底，往往还被认为是微观管理。其原因就是因为信息的缺乏带来决策权的转移，另外，对于多多少少实现了一些信息化的组织机构来说，网络管理员反而成了信息的最强大拥有者。因为我们原来的很多系统是为业务人员设计的，是决策者用来管理这些业务从而也管理这些业务人员的系统。这些系统中是有很多信息，但是这些系统不是为决策者设计的，当他们要消费这些信息的时候，他们依赖IT部门、依赖网络管理员来提取数据。

使用领度系统的决策者，不再会觉得自己是被不同的业务系统而驱使，到不同的系统中去试图获得那么一丁点信息；而是真正地感觉到，我是决策者，我能随时看到我想要的信息，所有的业务部门都是要为了我能做决策而服务的。因为正确的决策决定着公司命运。

（二）畜牧系统信息化管理的方法和手段

1. 信息管理系统的层次结构

畜牧系统信息化管理同企业管理一样，分为3个层次进行管理：

（1）高层战略管理。对企业信息和资源在整体上的一种把握和控制。

（2）中层战术管理。对企业业务活动信息具体设计、组织协调，使各种业务活动有效开展。

（3）基层执行管理。对业务处理的过程信息进行管理。

2. 管理方法

（1）改变企业的传统管理模式，实行扁平化管理和网络化管理，实现面向客户的集成化管理目标。这就要求对企业管理进行重组和变革，重新设计和优化企业的业务流程，使企业内部和外部的信息传输更为便捷，实现信息资源的共享，使管理者与员工、各部门之间以及企业与外部之间的交流和沟通更直接，提高管理效率，降低管理成本。

（2）运用信息技术对企业的商流、物流、资金流和信息流进行有效控制和管理，逐步实现商流、物流、资金流和信息流这四流的同步发展。通过四流系统将原来管理金字塔体系打破，实现扁平化的流水线管理方式，通过这个主线条衔接并重建每个员工、每道工序、每个部门的数字化基础，并达到规范化、标准化的要求，企业领导和管理人员可随时调用生产、采购、财务等部门所有数据，既实现资源共享，又实现实时监控，同时防微杜渐。这样，在新的管理思想基础上建立起来的新的数字化管理才能成为企业走向网络化、信息化的坚实基础。

（3）企业的决策系统包括决策层、战略层和战术层，相应地，企业信息化管理系统包括战略管理、实施管理、运行和维护管理3个层面。战略管理是企业信息化管理的龙头，企业信息化建设必须服从于企业的总体规划和战略。

战略管理层面主要包括信息技术如何与企业的中长期规划和发展战略相适应、相融合；信息技术如何有效地保障企业的可持续发展；如何利用信息技术规划企业业务流程、提升企业竞争力。

（4）信息化的实施管理层面主要包括商业软件实施、软件开发、硬件部署等方面的内容，通过有效的管理保障软件开发项目、系统集成项目得以顺利的实施。运行和维护管理层面的重点是保障已经实施的项目发挥其应有的作用，保障各种系统能够正常、稳定、高效和安全运行。

第六章

畜牧生产系统的战略分析

第一节 概 述

一、战略管理的概念及其特征

(一)战略管理的概念

战略一词最早是指军事方面的概念,是军事用语。顾名思义,战略就是作战的谋略。《辞海》中对战略一词的定义是:"军事名词。对战争全局的筹划和指挥。它依据敌对双方的军事、政治、经济、地理等因素,照顾战争全局的各方面,规定军事力量的准备和运用"。

《中国大百科全书·事卷》诠释战略一词时说:"战略是指导战争全局的方略。即战争指导者为达成战争的政治目的,依据战争规律所制定和采取的准备实施战争的方针、政策和方法"。

在中国,战略一词历史久远,战指战争,略指谋略、施诈。它是一种从全局考虑谋划实现全局目标的规划,战略是一种长远的规划,是远大的目标。往往规划战略、制定战略、从而用于实现战略的目标的时间是比较长的。毛泽东曾经指出:"战略问题是研究战争全局规律性的东西"。

春秋时期孙武的《孙子兵法》被认为是中国最早对战略进行全局筹划的著作。

(二)战略与企业战略的特征

1. 战略的特征

"争一世之雌雄",从全局出发去规划,这就是战略。就其特征而言,就是发现和应用智谋的纲领。它表现为如下特征:

(1)战略是作战的谋略。唐代高适《自淇涉黄河途中作》诗之十一,"当时无战略,此地即边戍。"清叶名沣《桥西杂记·杨忠武公训子语》,"公一生战略,具载国史"。

(2)战略是指导战争全局的计划和策略,具有指导性。这一特征是相对于战术而言的。洪深《戏剧导演的初步知识》上篇五,"兵书上说得好,战略与战术乃二个全异之行动。战术是关于战斗诸种行动之指导法,战略乃联系配合各种战斗之谓。战略为作战之根源,即创意定计,战术乃实行战略所要求之手段"。

(3)战略是指在一定历史时期指导全局的方略。毛泽东《在省市自治区党委书记会议上的讲话》中"调动一切积极力量,为了建设社会主义,这是一个战略方针"。邓小平《高级干部要带头发扬党的优良传统》中"我们一定要认识到,认真选好接班人,这是一个战略问题"。

在英语中,战略一词为 strategy,它来源于希腊语的 stratagia,也是一个与军事有关的词。《韦氏新国际英语大词典》(第三版)定义战略一词为"军事指挥官克敌制胜的科学与艺术"。而《简明不列颠百科全书》则称战略是"在战争中利用军事手段达到战争目的的科学和艺术"。

2. 企业战略的特征

就企业战略而言,它是企业发展的蓝图。它制约着企业经营管理的一切具体活动。企业战略规定了企业在一定时期内基本的发展目标,以及实现这一目标的基本途径,即指导和激励着企业全体员工努力工作。

(1)企业战略是一种模式。仅把战略定义为企业采取经营活动之前的一种计划是不充分的。在现实中,人们仍需要有一种定义说明战略执行结果的行为,即战略体现为一系列的行为,它反映企业的一系列行动。

(2)企业战略具有长远性。企业战略考虑的是企业未来相当长一段时期内的总体发展问题。经验表明,企业战略通常着眼于未来3~5年乃至更长远的目标。

(3)企业战略具有现实性。企业战略是建立在现有的主观因素和客观条件基础上的,一切从现有起点出发。

(4)企业战略具有竞争性。企业战略也像军事战略一样,其目的也是为了克敌制胜,赢得市场竞争的胜利。

(5)企业战略具有风险性。企业战略是对未来发展的规划,因为环境总是处于不确定的、变化莫测的趋势中,任何企业战略都伴随有风险。

(6)企业战略具有创新性。企业战略的创新性源于企业内外部环境的发展变化,因循守旧的企业战略无法适应时代发展。

(7)企业战略具有稳定性。企业战略一经制定,较长时期内要保持稳定(不排除局部调整),利于企业各级单位、部门努力贯彻执行。

(8)企业战略必须与企业管理模式相适应。企业战略不应脱离现实可行的管理模式基础,管理模式也必须调整以适应企业战略的要求。例如,一个奶牛养殖企业,它决定打造成为全国的牛奶生产龙头企业时,这是它的战略,为了经营成为龙头企业而要引进国内最好的奶牛时,无疑属于细节问题,很难与战略这一重大概念相符,应该是属于战术。

(9)企业战略是一种观念。确定企业在外部环境中的位置,这一定义是眼睛向内,把注意力放在战略家的思维上。就是说,这里是把战略看成一种观念,它体现组织中人们对客观世界固有的认识方式。

二、企业战略的产生和发展

(一)企业战略的产生

随着人类社会实践的发展,战略一词后来被人们广泛地用于军事之外的其他领域,在其他领域应用的同时,人们又逐渐赋予战略以新的含义,例如,将战略思想运用于企业经营管理之中,就产生了企业战略这一概念。

1. 企业战略的概念

在西方战略管理文献中没有对企业战略统一的定义，不同的学者与企业经营者赋予企业战略以不同含义。有的认为企业战略应包括企业目标，即广义的企业战略；有的则认为企业战略不应该包括这一部分内容，即狭义的企业战略。

例如我国的 863 计划就是战略，需要至少 2 年以上时间去完成，全国畜牧业"十三五"发展规划就是战略，企业规划 5 年后或 10 年后要达到目标，这种长时间、大范围的规划就是战略。

2. 畜牧系统战略概念的形成

畜牧系统战略是伴随着其他企业战略一起在应用中逐渐诞生的，是指在畜牧系统内部各相关企业以其长久的生存和发展为目标，在充分分析企业生存的外在环境、内部环境和资源特点的基础上所做出的长期战略决策，包括战略分析预测、战略决策以及战略管理与控制。

（二）企业战略的发展

纵观企业的发展史，我们可清晰地看到企业战略经历了 3 个阶段，即生产管理阶段、经营管理阶段和战略管理阶段。

1. 早期的战略理论形成阶段

1938 年，美国经济学家切斯特·巴纳德发表了《经理人员的职能》一书，书中首次将组织理论从管理理论和战略理论中分离出来。他认为，管理和战略主要是与领导人有关的工作。此外，他还提出管理工作应该注重组织的效能，即如何使企业组织与环境相适应，这种关于组织与环境相匹配的主张成为现代战略应用、战略分析方法的基础，萌发了企业战略的理论。

此阶段指导思想可以概括为我们会做什么就生产什么，买方与卖方的关系中以卖方市场为主导，而企业考虑的主要也是生产效率问题。

2. 经营管理阶段

从 19 世纪末开始，资本主义经济高速发展，随着资本主义生产发展的盲目性及其基本矛盾的激化，终于爆发了 1929—1933 年的震撼资本主义世界的经济危机，各个企业为了求生存、图发展，竞相采用新技术以提高劳动生产率和降低成本，使整个市场转变为生产过剩和供过于求的局面。这时，各生产企业面临的首要问题已经不再是如何扩大生产规模和提高生产效率，而是从整个企业的投入要素与产出成果去考虑企业的经营问题。

3. 战略管理形成阶段

第二次世界大战后到 20 世纪 50 年代初，由于科学技术的高速发展和大量军工企业转向生产民用产品，社会产品供给量剧增，各生产企业在市场上处于空前激烈的竞争中，整个市场也迅速由原来的卖方市场转变为以购买者为主导的买方市场。面对这一社会经济的变化，许多具有远见的企业家认识到，只有树立经营意识，从投入产出角度去理顺各个管理环节，特别是要首先分析和研究市场的需要，了解顾客现在与未来的需求，然后再确定企业的产品线，努力降低各种原料成本，这样企业才能得到生存与发展。

由于卖方市场向买方市场的重大转变，使得企业家们不得不将精力着重于面对市场、面对未来、预测未来，并且努力重新寻求预测未来目标市场的方法和理论的支撑，此时企业战略逐渐形成，企业战略管理应用登上了管理舞台。

综上所述，战略管理时代的到来有其自身的必然性，正是由于各种要素的综合作用，使战略管理登上管理的大舞台成为水到渠成之举。

4. 战略管理发展阶段

现代社会，一个企业能否成功，从某种意义上讲，就是看其能否灵活运用战略管理将各种资源变成社会所需要的产品和服务。第二次世界大战后，经过了30年的时间，日本这个原来相对落后、资源匮乏并饱受战争摧毁的岛国就创造了令世界震惊的经济奇迹，于是各种关于研究日本经济发展经验的论著蜂拥而出，它们将之归结为日本企业的长期计划、TQC（全面质量管理）活动、终身雇佣制、年功序列制、企业价值观乃至日本的文化传统、民族意识等，但这其中不容忽视的重要一点便是日本企业的管理模式——战略管理。

（三）战略管理在中国的发展

畜牧系统战略管理的发展与我国其他企业战略管理的发展息息相关、同步而生、发展相随。

我国企业战略管理存在一个初创、推进和新的发展过程。由于我国企业战略管理发展的不同时期大都是交错进行的，很难将各个阶段进行严格区分，因此可以大致归纳出以下几个过程。

1. 企业战略管理的初创时期

20世纪80年代初期，国家对宏观经济的数量及结构进行了大幅度的调整，很快就波及企业的生产经营活动，有些企业的产品以前是"皇帝的女儿不愁嫁"，可是随着时势的逆转，转眼间库存产品与日俱增，原来的供需关系也完全改变，政府的保护效用大幅降低。随之而来的便是全行业进行的市场份额争夺的竞争。

针对这种情况，每个企业不得不重新考虑生存问题，重新审视自我的产销状况。它们一方面开始注重研究企业外部的环境，掂量环境对企业的巨大影响；另一方面又进一步探索企业的长远发展。此时，一些抗变性较强的国有大中型企业开始转变生产经营管理方式，直接或间接地学习国外先进管理技术，尤其是企业战略管理的最新理论、方法和技术，并根据本企业的实际情况将其直接应用于管理实践，从而初创了少数企业在经济结构大调整中的企业战略管理雏形。

例如，某饲料公司在这种大环境影响下首先碰到的难题是上级主管部门直接下达的指令性计划任务大幅度减少，企业自己也感到正一步步走向市场，而且此时用户需求发生了很大变化，在这种情况下，企业的产品能否为社会所接受，企业能否在日益增加的市场竞争中形成竞争优势并加以巩固，将直接关系到企业的前程和员工的切身利益。在这种背景下，该公司从80年代初开始，每年都组织企业中坚力量去海外进行技术开发前景和市场变化轨迹的调查。有资料表明，仅1980—1982年间该企业访问调查了多个国家的多家企业，同时还派优秀人才去美国、泰国、澳大利亚、德国进行考察与社会调查。通过这样详细的系统研究，该企业对国际市场的竞争进行比较深入的分析之后，得出该企业的产品比世界同档次的产品价格低，质量也不在其下，具有一定竞争力，在未来饲料市场中品种多样化具有巨大潜力，于是该企业根据形势及时重新研究了企业战略，它们认为既要能扩大企业的销售量，以满足不断扩容的市场，又要能发挥自己的技术优势形成拳头系列产品，而不是盲目发展。根据这些情况，该企业制定的企业战略是"搞好一主多副，实行三个转移"。一主就是以生产全价料为主，多副就是发挥公司的技术优势，开发出工艺相近、饲料配比不同、针对方便不同使用阶层的顾客需求，搞多种经营。三个转移就是公司战略向以市场营销为重点的转移、饲料产品向多元化方向转移、生产向服务型方向转移。经过几年的实践，这个企业战略给该厂创造了良好的经济效益和声誉，同时也推动了技术进步。

2. 企业战略管理的推进时期

如果说企业战略的初创时期只是一个战略雏形的话，那么，"六五"后期到"七五"初期的企业战略管理则向着新的方向继续推进。随着中国国民经济调整工作的进一步理顺，国民经济结构也逐步协调，不少企业已走出了经济调整期的低谷，效益有了很大提高。80年代中期，中国改革开放步幅进一步加大，企业既增强了活力，也面临着市场竞争的巨大压力。为了在国内市场立稳，并能在竞争中保持优势地位，企业管理在实践上进行了艰苦的探索。这期间，不少企业根据当前宏观经济形势，立足企业优势，应用科学预测、数量计算确立新的企业战略。在企业战略管理的实践逐步推进的同时，结合国外的理论和我国企业的实际，大量有关企业战略管理研究方向的书籍也陆续问世。

3. 企业战略管理新的发展时期

1980年以后，西方发达国家经历了一次经济结构大调整时期，众多劳动密集型产业甚至是一些传统重工业生产成本越来越高，本国市场也趋于饱和，开始出现相对萎缩的迹象。这些劳动密集型产业与产品逐步由发达国家向劳动力素质相对较高而费用较低的发展中国家或地区转移。有的产品因为本国生产成本较高，它们干脆采取进口替代的策略，这对劳动力资源非常丰富的中国来讲，是一次难得的历史挑战与机遇。在这历史关头，1988年党中央和国务院提出了关于加快沿海地区经济发展的战略决策，这个战略决策要求企业在更大范围、更深层次上参与国际分工和国际竞争，沿海地区具备参与国际竞争优势的国有大中型企业要制订以国际市场为导向的企业战略，以期在国际市场上站稳，并成为国际市场上有竞争实力的经济实体。

4. 我国的外向型企业战略管理时期

不同企业及相同企业的不同发展时期，其发展是循序渐进的过程，经历了外向探索阶段、出口导向阶段和跨国阶段。由于中国各地区的企业外向型程度不同，导致了这几个阶段同时并存的局面，外向型探索战略要求企业从内向型逐步转变为外向型，但大多数企业目前还处在外向型探索阶段。

我国目前一部分畜牧系统企业在跨国经营战略的指导下，率先进行国际市场的拓展，有的已在国外进行参股、控股，而另一些也相继在海外建立合资企业。它们在国际市场上寻求发展机会并在国外建立有利的生产、销售和原材料基地的做法成为其他企业的典范。尽管我国企业实施跨国经营战略才刚刚起步，但是通过这个战略去谋求更大的发展已成为我国企业战略管理发展的一个方向。

(四)战略管理的发展趋势

如果追述企业管理的发展史和60~90年代的企业战略管理的脉络，不难看出企业战略管理的发展有以下几个趋势。

1. 战略管理的研究更加注重从实践中摸索、提升

曾几何时，战略管理研究方法更侧重于定量工具，如数模的应用。不可否认，数学模型等工具对战略管理的发展起到过相当的促进作用，但若过分迷恋于此，只会捆住人的创造性、室息新的生命。唯有不断从实践中汲取营养的战略才是永存的。1980年，詹姆斯·布赖恩·奎因出版了《应变战略：逻辑渐进主义》一书，书中再次强调企业战略管理与实践相结合的重要性，从而使学习学派成为战略管理中的主流。

2. 战略管理的研究更加重视物质要素与精神要素的相互作用

管理学家们认为，如果企业内高层管理者只关注一些财务指标和经济效益的考核，忽略了企业的物质技术基础设施建设，那么，随着时间的推移，它必然会损害企业的长远战略利益。纵观历史上有成就的战略管理者的实践经验，大都是从企业的基础设施建设抓起。在美国，许多战略问题专家指出，一些企业在错综复杂的国际竞争中屡次败北的原因就在于它们偏废于一方，即重财务分析、轻生产技术管理。

3. 企业管理的研究更加兼顾整体和个案论证的分析方法的应用

当前战略管理研究的一个重要方向就是将整体和个案论证兼顾分析方法的应用，环境的高速变化性迫切需要战略研究从整体分析着手，再结合个案进行合理调整。美国学者杰米逊曾说，战略管理发展到了必须采用整体分析方法的时候了，只有这样才能推动战略领域的研究工作继续向前发展。

4. 企业管理的研究更加注重对培育优秀战略的研究

在战略管理研究上，首先应该知道什么是优秀战略，其次要知道为什么是优秀战略。优秀战略就是适应战略，就是要求战略内容与战略环境之间形成适应关系，具体来讲，战略要与环境、资源和组织3个因素相适应。环境是企业的外部要素，包括技术、顾客、竞争3个变量，而资源和组织则是企业的内部要素。

上述3种彼此间的适应关系缺一不可。以开拓新领域为例，如果企业高层管理者选择的行业、事业领域没有前途，则企业迈出的第一步就是错误的。同样，如果企业不具有拓展新领域所需要的资源储备和实力时，则成功也是渺茫的；如果企业有了资源，但战略与企业的组织状况不吻合，也不能充分调动人的积极性和创造活力，再完美的战略也将是无济于事。因此，只有在战略与环境、组织和资源相互呼应、彼此契合时，企业战略才会变得可行。

三、系统战略分析管理的意义

作为系统经营者就必须制定战略决策，对于一些重要的战略决策更必须依据数字和统计表来加以分析，才能制定出优良的决策。决策分析的技术已成为经营者不可缺少的管理工具之一。

1. 系统战略分析管理可以求取最有效的生产方式

在战略分析决策和提出结论所需花费的时间努力，主要视管理者估计决策所需冒的风险的大小，以及看他制定正确的行动的难易程度而定。原则上，制定决策也像任何组织活动一样，管理者在制定决策上所花费的时间和努力，必须达到以同样的资源所决定的生产途径上所获的效果最大的程度。

2. 系统战略分析管理是优良的决策

执行决策的成果不能令人满意不一定就是不良的决策所造成的。一位杰出的管理者，纵使他依据手边可利用的统计资料，推算出十分稳健的新产品拓展决策，而由于市场发展情况的不可预测性，他所推出新产品也有可能失败。既然优良的决策同样可能导致不良的后果

(不良的决策也可能导致满意的后果),就不能依照执行决策的结果来评定决策者优劣。但是,长期的决策成果绝对可以为评定管理者制定决策品质的优劣提供根据。

3. 系统战略分析管理在利用逻辑处理基本投入过程当中的决策分析成为决策者不可缺少的工具

决策分析仅仅是管理科学的一个分支学科而已,利用它可以对必须加以取舍的行动方案予以系统的评价;经评价后,就可以在行动方案中选定所需要的方案。所以,要分析决策就需要建立分析问题的模型,为这些模型收取适当的投入项——投入项必须能使管理者的判断加以数量化,以及最后从这些投入项当中提出分析模型。

4. 系统战略分析管理适应权变理论决策分析的用途更加广泛

1960 年管理界开始采用此技术以来,它就一直广受实业界的信任与欢迎,并且使用它来解决各类大小难题。目前,无论是商业界或是政府机关,决策者时常运用决策分析的程序来解决日常的难题以及规划他们的政策。

5. 系统战略分析管理训练主管的思考能力

以最近的管理发展趋势来看,利用多属性效能的技术来处理一些高度不定性的问题成为主要趋势,而决策分析恰好适应潮流。

第二节 预测与应用

管理好一个企业,就是要管理好它的未来,而管理好企业的未来就意味着对未来的正确预测。企业所处经济环境动荡不定,新技术日新月异,市场需求变幻多端,这就更要求企业不仅着眼于现在,更应关注未来,而预测正是联系今日和将来的桥梁。

一、预测的功能

1. 预测可为产品发展指明方向

根据企业的长期销售预测可以了解目前产品究竟在寿命周期的哪一阶段。若产品目前处在青年期阶段,企业除设法降低产品成本外,还要扩充生产线。若产品处在老年期阶段,则企业应设法开发新产品。

2. 预测可为引进新生产技术提供依据

【例 6-1】 甲、乙两种生产技术的资料如表 6-1。

表 6-1 甲乙两种生产技术成本的比较

	固定成本/万元	单位变动成本/元		固定成本/万元	单位变动成本/元
甲	1 000	30	乙	3 000	20

假设机器设备折旧年限为 7 年,在这种情况下,该企业到底应该引进甲生产技术或乙生产技术,完全决定于其后 7 年的销售预测。假设 7 年预测销售量为 D 件时,采用甲生产技术或采用乙生产技术,都没有什么差别。则此时的两种技术成本应相等。即:

$$1\ 000\text{万元} + 30\ \text{元} \times D = 3\ 000\text{万元} + 20\ \text{元} \times D$$

$$D = 200 \text{ 万(件)}$$

7年预测量大于200万件,就应采用乙生产技术;7年销售预测额不足200万件,就应选取甲生产技术。

3. 预测可为生产计划及采购计划提供依据

根据短期销售预测的资料,可以编制销售计划,而根据销售计划也可拟定年度或每月的生产计划。从某种产品年度或每月的生产计划,以及各种物料的购备时间,可以从容地拟定采购计划。

上述可以由下列二个式子表示出来:

$$销售预测 \pm 成品库存差异 = 生产计划预算$$
$$生产计划 \pm 材料库存 = 采购计划及预算$$

4. 预测可为企业资金计划、增资计划及人事计划提供参考

如果销售预测显示销路不久将大增,则应早日拟定资金计划,开辟新财源,准备扩充设备,增加生产量。

5. 预测可为企业产品定价政策的研究提供参考

根据销售预测和市场占有率的大小,企业可决定何种定价政策较为有利,并采取对企业较有利的定价政策。

6. 预测可拟定存量水准

如果企业不注重销货预测,则工厂有时会生产过多而有时会生产过小。如果生产过多,存货储备成本跟着升高,不仅需要相当的营运资金,而且面临原料跌价的风险。反之,如果企业生产过小,就会发生存货短缺的现象,顾客服务率下降,不仅影响企业声誉,也容易失掉顾客。

二、预测的外部环境分析

构成企业战略外部环境的要素是指对企业经营与企业前途具有战略性影响的变量。这些要素可以分为四大类型,即社会文化、经济、技术、政治法律。经济领域要素的变化显然对企业战略具有最重要的影响,但其他领域的影响也不容忽视。当然,某一个因素的变化对不同行业企业的影响程度是不同的。

1. 政治法律环境要素

政治法律环境要素包括一个国家或地区的政治制度、体制、方针政策、法律法规等方面。这些因素常常制约、影响着企业的经营行为,尤其是影响企业较长期的投资行为。从国内来看,政治因素主要涉及党和国家的路线、方针和政策,它对企业的生存与发展将产生长期与深刻的影响。例如,经济法律规定了企业可以做什么,不可以做什么。合法经营受到法律保护,非法交易则要受到法律制裁。再比如国际方面的政治因素,主要包括其他国家的国体与政体、关税政策、进口控制、外汇与价格控制、国有化政策以及群众利益集团的活动等。

2. 经济环境要素

经济环境要素包括国民经济发展的总概况,国际和国内经济形势及经济发展趋势,企业所面临的产业环境和竞争环境等。

(1) 考察目前国家经济处于何种阶段。目前经济是否萧条、停滞、复苏还是增长，以及宏观经济以怎样一种周期规律变化发展，在众多衡量宏观经济的指标中，国民生产总值是最常用的指标之一，它是衡量一个国家或一个地区经济实力的重要指标，它的总量及增长率与工业品市场购买力及其增长率有较高的相关性，同时，宏观经济指标也是一国或地区市场潜力的反映。

(2) 人均收入是与消费品购买力显正相关的指标。在中国由于大多数人的薪金收入尚未达到个人所得税征收点，故其薪金收入即可看作个人可任意支配的收入。随着收入水平的不断提高，现在市场上所显示的家用电器以及金银首饰的购买热、旅游热、房地产、证券投资热即表明了这一趋势，它给这些行业带来机会也带来激烈的竞争。

(3) 一个国家总人口数量往往决定了一个国家许多行业的市场潜力。尽管中国的计划生育政策在一段时间内有效地控制着人口增长，但庞大的人口基数，伴随着经济的高速增长，揭示了巨大的市场潜力和机会，而这也恰恰是吸引外资投资的根本动因。

(4) 经济基础设施。在一定程度上决定着企业运营的成本与效率，基础设施条件主要指一个国家或一个地区的运输条件、能源供应、通信设施以及各种商业基础设施（如各种金融机构、广告代理、分销渠道、营销中介组织）的可靠性及其效率，这些因素在策划跨国、跨地区的经营战略时，显得尤为重要。

3. 技术环境要素

技术环境要素指目前社会技术总水平及变化趋势，技术变迁、技术突破对企业影响以及技术与政治、经济、社会环境之间的相互作用的表现等。技术环境要素变化快、变化大、影响面大（超出国界）。新技术的产生能够引发社会性技术革命，创造出一批新产业，同时推动现存产业的变迁。

4. 社会文化环境要素

社会文化环境要素主要包括社会道德风尚、文化传统、人口变动趋势、文化教育、价值观念、社会结构等。

三、预测的内部环境分析

企业战略环境的范围很广，既有企业外部社会的因素，又有企业内部的因素。但是，企业所面临的一个直接环境因素就是企业所在的行业内部环境，它决定企业的竞争原则和企业可能采取的战略等方面，对企业的成败具有强烈的影响。因此，系统内部环境分析是企业战略环境分析的一个重要方面。它包括系统内部行业结构分析、系统内部经济状态的战略分析、企业素质与经营力分析、系统内部市场营销能力分析、系统内部财务分析、企业管理组织现状分析、系统内部其他因素分析。

（一）系统内部行业结构分析

一个行业的激烈竞争不是事物的巧合，而是其内在的经济结构所决定。一个行业中的竞争，远不止在原有竞争对手中进行，它存在着 5 种基本的竞争力量，即潜在的加入者、代用品的威胁、购买者的讨价还价能力、供应者讨价还价能力以及现有竞争者间的抗衡。这 5 种基本竞争力量的状况及其综合强度，决定着行业的竞争激烈程度，决定着行业获得利润的最终潜力。

值得注意的是，行业中竞争力量的综合强度决定着资本流入的程度，驱使收益趋向竞争最低收益水平，并最终决定企业保持高收益的能力。从战略制订的观点看，5种竞争力量共同决定行业竞争的强度和获利能力。但是，各种力量的作用是不同的，常常是最强的力量或是某股合力共同处于支配地位起决定作用。

从具体行业看，在生产畜牧产品的行业中，竞争的关键力量一般是购买者（主要是畜牧产品的加工），而在饲料加工的行业中，竞争的关键力量是外国的竞争者和可替代的原材料。在这里，应把反映竞争力量强度的行业结构与那些以临时的方法影响行业竞争状况和获利能力的许多短期因素区别开来。

（二）系统内部经济状态的战略分析

系统内部经济状态的战略分析是指企业经营过程中所面临的各种经济条件、经济特征、经济联系等客观因素，它是企业战略环境的一个非常重要的组成部分。经济状态可以用宏观经济状态、市场需求以及竞争形势来表现。

1. 宏观经济状态

分析经济状态应首先考察目前国家宏观经济处于何种阶段，以及宏观经济以怎样一种周期规律变化发展。宏观经济发展状况及其规律可以用经济高涨、经济衰退和经济复苏等进行描述。

（1）经济高涨。经济高涨的主要表征是国民经济增长速度较快，国民收入提高，有效需求高，市场购销两旺。经济高涨还有正常与非正常之分，正常的经济高涨除具有上述表征外，从宏观经济的角度看就是社会总供给与社会总需求在总量上基本是平衡的，在结构上也是基本平稳的，即商品供应量与需求量基本保持一致，商品品种与所需要的品种也基本一致。

正常的经济高涨往往能使国民经济持续、稳定、协调发展。一般情况下，正常的经济高涨将给企业发展带来更多的机会。因此，在经济高涨时期企业应对未来经济发展充满信心，结合本企业情况，在可能条件下应增加投资，扩大生产规模，采取扩张战略。

非正常的经济高涨又称为经济过热，虽然也具有上述表征，但经济增长速度已属超高速度。经济过热往往引发通货膨胀，从而进一步对企业经营造成不利影响。因此，一旦发生经济过热，企业应谨慎从事。如果企业产品属长线产品，应坚持压缩，如果属短线产品则应从帮助政府克服通胀的角度出发，筹资发展生产。

（2）经济衰退。经济衰退的表征主要是经济增长速度大幅度下降，以至零增长或负增长，市场萎缩，人民购买力下降，有效需求严重不足。在西方国家里，经济衰退往往会伴随着经济危机而发生，这时社会总供给远远大于社会总需求，生产相对过剩，产品无人问津，企业、银行纷纷破产。在经济衰退时期，企业应以收缩保存实力为主，不宜盲目扩张，这里应采取防守和紧缩型战略为主。

（3）经济复苏。经济复苏是指经济摆脱衰退的阴影，逐步走出低谷。其主要表征是，经济开始缓慢增长，市场逐渐繁荣，人民的收入水平有所提高，需求逐渐增加，生产得到恢复。经济复苏的开始，预示着经济发展将持续一个很长时期，如果政府在经济发展的引导上政策正确，措施得力，那么经济发展就能走上正常轨道。

2. 市场需求

市场需求是指市场上的消费者（用户、顾客）为了进行生产性消费和生活性消费对于商品所产生的需求的总称。通常所说的市场需求，主要指最终的消费需求。消费者与市场需求是企业环境的一个重要因素，如何使产品做到适销对路并不断扩大市场占有率，弄清谁是本企业产品的主要用户，这些问题都离不开市场需求分析。通过市场需求分析使得系统内部清楚本企业的产品在总体市场和各个细分市场在需求上的特点及其影响因素。

3. 竞争形势

竞争形势是构成企业战略环境的一个重要的要素，它对企业的经营产生直接的影响。构成企业竞争形势的要素包括：竞争的推动力量、竞争范围、竞争层次和竞争对手。

（三）企业素质与经营力分析

所谓企业素质，是指在一定的社会条件下，企业内部总体机能所具有的生存和应变能力。它包括的要素很多，并且又绝不是单纯各部分素质的总和，而是企业内部各经营要素构成的各部分素质有机结合的总体所具有的经营力。

1. 企业素质的分析内容

企业素质指的是企业各要素的质量及其相互结合的本质特征，它是决定企业生产经营活动所必须具备的基本要素的有机结合所产生的整体功能。从这个定义可以看出，企业素质是一个质的概念而不是量的概念，因此看企业不能只看其规模，而是要注重其内在质量。同时企业素质也是一个整体的概念，在分析企业素质时，不仅要分析企业各个部分的质量，更要注重各个要素有之间的内在联系和相互整合。企业素质主要通过4种企业能力得到体现：

（1）企业产品的竞争力。企业是通过自己的产品去参加社会竞争满足环境的要求，因此，产品竞争力是企业素质的综合反映，产品竞争力主要表现在产品盈利能力和产品适销能力两个方面。

（2）企业管理者的能力。即企业决策能力、计划能力、组织能力、控制能力、协调能力以及他们共同依赖的管理基础工作的能力，这些管理能力直接决定企业的人、财、物的潜力和潜在优势的充分发挥。

（3）企业生产经营能力。企业生产主要包括产品开发、资源输入、产品生产、产品销售、售后服务与信息反馈6个过程。这些过程的好坏都是由企业的技术素质、人员素质和管理素质共同决定的，是这三大因素在企业生产经营活动中的综合表现。

（4）企业基础能力。它包括企业的基础设施对生产的适应能力，技术设备能力，工艺能力，职工文化技术能力，职工劳动能力和职工团结协作、开拓创新和民主管理的能力。

2. 企业经营力

由企业素质的强弱决定的企业经营成果的大小，实际上也就是企业经营力的大小。这就是说，企业素质强弱，是通过企业经营力集中表现出来的。企业经营力就是企业对包括内部条件及其发展潜力在内的经营战略与计划的决策能力，以及企业上下各种产业经营活动的管理能力的总和。

经营力是一个系统概念。它包括本身的内外部条件及其发展在内的经营战略与计划的决策能力，以及企业各种活动的组织管理能力总和。如果仅用某一类单方面的指标就不能全面评价经营力水平，必须建立一个能够综合评价经营力的指标体系。

经营力评价的目的在于具体分析经营力所创造经济效益的有效性，为不同经营力的比较、论证和寻求改善提高的途径提供依据。为此，应该运用系统的观点，采用全面考核和评价经营力的科学方法，建立一个以经济效益为中心，能够全面、综合地反映经营力的指标体系，用一系列具体指标体现它们的数量与质量，从而准确地反映出企业的经营力水平。

经营力评价指标体系可以包括 10 类：反映企业综合效益的收益力指标、企业产品市场力水平或市场地位的指标、企业生产力和技术水平的指标、企业可比成本升降率、企业战略目标和计划的完成率、企业经营管理水平升降率、企业价格水平、人员能力、质量控制能力、企业信誉。

(四) 系统内部市场营销能力分析

系统内部市场营销能力是适应市场变化，积极引导消费，争取竞争优势以实现经营目标的能力，它是企业的决策能力、应变能力、竞争能力和销售能力的综合体现。市场营销能力的强弱是决定系统经营成果的优劣，影响企业荣枯盛衰的关键。由于企业的市场营销能力是相对于市场环境而言的，离开市场环境来评价市场营销能力毫无意义。因此，市场营销能力分析应与市场环境分析结合在一起进行。

(五) 系统内部财务分析（略）

(六) 企业管理组织现状分析

系统内部管理组织的分析是企业内部条件分析的基本环节和主要内容。因为企业的一切活动都是人的活动，是组织的活动，是组织进行有效管理的手段，所以通过对组织的分析可以发现制约企业长远发展的问题，从而通过解决这些问题达到促进企业发展的目的。

(七) 系统内部其他因素分析

1. 生产管理分析

生产管理分析包括生产能力、库存、劳动力、质量等，生产管理的好坏对于企业能否在竞争中取胜是十分重要的，它决定了企业的成败。

2. 企业文化分析

企业文化是一种客观存在的文化现象，构成企业文化的要素包括企业环境、价值观、突出人物、典礼和仪式、文化网络。

企业文化作为一种文化现象应该是指企业在社会实践过程中所创造的物质财富和精神财富的总和。从外延来看，它包括诸如经营文化（信息文化、广告文化）、管理文化、教育文化、科技文化、精神文化、娱乐文化以及企业与文化单位、文艺团体联合开展的互利文化活动等。从内涵来看，包括企业精神、企业文化行为、企业文化素质和企业文化外壳等方面的内容。企业文化实质上是企业内部的物质、制度、精神诸要素间的动态平衡和最佳结合。

四、战略预测应用

(一) 系统战略预测内容

1. 制订目标并使之定量化

目标有不同的类型。有些公司希望在销售收入方面成为它们所在行业的领导者，有些公司则以投资回报率来衡量，把目标集中在利润的获得上。还有一些公司主要力争使它们自己独立于竞争之外，其前提是即使不能取得事业的繁荣和发展，他们在市场中合适的位置，也将保证能生存下去。

所有的目标必须是可以量化的，并且用数字的形式表达出来，市场份额可用百分比表示，销售额可用绝对金额表示等，对于实现目标的时间限制或标准，应具体地加以说明。当然，确定负责实现目标的执行小组，也是十分必要的，同时，还要清楚地界定每个成员所充当的角色。

战略预测的核心是制订组织的长期目标并将其付诸实施，这不同于作业计划或组织的日常工作。从时间上来讲，可以这么认为，典型的短期预测是建立在 3 个月的基础上，而典型的中期预测则是建立在 1 年的基础上。与此相对，长期预测则将目光投向未来的 5 年或更长的时期。

2. 制订战略战术——行动计划

行动计划就是制订战略和战术，用以实现目标。重要的是这些计划必须是合乎逻辑和可以完成的（即具有现实性）。它们也必须与企业的文化相协调一致。

3. 制订资金和其他资源的分配方案

这项活动的名称叫作"预算"，从公司的资金角度来讲称为控制。当超过你所需数额的钱时要比资金不足强。在公司里，为实现目标，你只能使用那些"多余"的资金，而不能使用那些最初已安排好用途的资金。从公司的行政角度来讲，你所控制的预算资金越多，你在公司内部的潜在权力就越大。

4. 选择执行过程的衡量、审查及控制方法

选择执行过程的衡量与审查是通过差异分析来实现的。差异分析是关于你所谋划或预期的，与真实发生的情况之间的差别分析。如果你对结果感到满意，你就保持原步骤或继续你的行动；如果感到满意，你就保持原步骤或谋划执行方法进行调整。

5. 提交中选方案的书面计划以待审查和批准

在商业和军事组织中，最后的战略计划都受到事业部门报告的巨大影响，这些报告是下级向高一级的决策者所提交的。后者是真正制订计划，并在计划上签署意见的人。换句话说，管理人员也许有比他自己所认识到的更大的影响力。

（二）系统战略预测步骤

确定公司战略目标的预测步骤，可以表述为：

(1) 确定预测的目标。其目的在于把握整个预测工作的重心。

(2) 搜集资料。搜集与预测对象直接及间接有关资料。常用的原始资料搜集方法有观察法、调查法及实验法 3 种，应就其需要适当加以采用，同时所获资料应特别注意其时效及正确。

(3) 资料的研判及调整。研判所获资料是否能符合预测需求，若不能符合，则有两种方法加以解决：一种是另搜集适合问题的资料；另一种是加以适当的调整。

(4) 资料趋势的分析。如将其绘成历史曲线，或求算其长期趋势等，以明了资料变化的一般特性。

(5) 选择预测方法。

(6) 未来数字的预测。根据已有资料及选定的方法进行预测。

(7) 可能事态假设的检定。即众多方面事实与统计方法假设检定，以检定预测结果是否正确。例如未来供给可能减少，若供给要不变，则价格必定上升，如预测结果能符合这一推论，即算正确，否则必须追究及其原因，加以更正。

（三）系统战略预测的方法

预测是非常重要的工作，也是非常艰难的工作。由于近代管理科学与统计、数学的发达，预测的方法真是不胜枚举。但是，却没有一种预测方法可以适用于所有产业，也没有任何一个部门可以单独地提供所有的资料。

最常用的几种预测方法有如下几种：

1. 德尔菲法

德尔菲是古希腊神话中的神谕之地。城中有一座神殿，据传能够预卜未来。第二次世界大战之后，美国兰德公司提出一种向专家反复函询的预测法，称之为德尔菲法。它既可以避免由于专家会议面对面讨论带来的缺陷，又可以避免个人一次性通信的局限。在收到专家的回信后，将他们的意见分类统计、归纳，不带任何倾向性地将结果反馈给各位专家，供他们做进一步的分析判断，提出新的估计。如此多次往返，意见渐趋接近，得到较好的预测结果。

其缺点是信件往返和整理都需要时间，所以相当费时。例如，一个肉牛养殖公司为了预测明年企业牛肉的销售数量，向 20 位专家和畜牧系统政府官员发函询问意见，并设法使回函率最高，假定有 15 人回函，把 15 个预测值按大小整理排队后将整理结果再寄给每位专家，请他们分析这些意见并提出第二次预测意见，如此往返三四次，直至预测值收效较好或各专家不再修正意见，最后两次意见基本相同时，即可不再发函。

最后一轮 15 个预测值，用生物统计的方法处理，求其中位数。采取中位数难免受过于乐观或过于保守的极端意见的影响。运用德尔菲法时，通常要确定偏差范围。常采用上、下四分位数之间的间隔作为预测区间，其实现概率为 50%。

2. 订货法

企业通过散发订货单或召开订货会等办法，广泛预订货的方法来预测市场对某种产品需求情况的预测方法称为订货法。在汇总订货结果时，企业应当根据自己以往的销售情况，对订货量进行必要的修正，为了获得较好的订单返还率，通常对于预订货的客户给以一定的优惠。

3. 意见收集法

（1）高级主管的意见。首先由高级主管根据国内外的经济动向和整个市场的大小加以预测。然后估计企业的产品在整个市场中的占有率。根据所得到资料，高级主管再拟定公司产品的销售预测。

（2）推销人员、代理商与经销商的意见。由于企业里的推销人员、代理商与经销商最接近顾客，所以此种预测很接近市场状况，更由于方法的简单，不需具备熟练的技术，所以也是中小企业乐于采用的方法之一。

4. 假设成长率一定的预测法

销售预测的公式如下：

$$明年的销售额 = 今年的销售额 \times \frac{今年销售额}{去年销售额}$$

在未来的市场营运情况变化不大的企业里，这种预测方法很有效。若未来的市场变化不定，则应再采取其他预测方法，相互借鉴。

5. 时间数列分析法

影响时间数列预测的因素甚多，大体上可归纳为下列 4 种：①长期趋势，是一种在较长时间内预测值呈渐增或渐减的现象。②循环变动，一种以一年以上（或三四年或五六年）较长时间为周期的反复变动。③季节变动，是一种以一年为周期的反复的变动。例如，冷饮在寒冷的 1~3 月里销售量很低，而在炎热的 6~8 月里销售量很高，这种变化是季节变动的现象。④偶然变动，是一种不规则的变动，其发生的原因主要是天灾人祸等突然发生的事故所致。

6. 产品逐项预测法

预测的种类如果以对象的观点来分，可分为全盘预测（以产品有关的企业作为预测的对象）、产品种类预测（以同类产品为预测对象）及逐项预测 3 种。前二者又以后者为基础。

所谓逐项预测就是以同产品中的单独一项产品预测为对象，是决定订货点、物料计划、订货量及预订进度所必需。逐项预测方法中最常用的一种是"指数平滑法"。

(1) 第一阶段指数平滑法。在产品项目非常稳定并获知其有确定的趋向时采用。一般公式为：新预测 = a × 销售量 + (1-a) × 原预测（a 为加权因子）。因为原预测往往是数十个期间的平均数，而上期销售量仅为一期的实际数而已，所以原预测比上期销售量有较多的权数，换句话说，在预测某项产品的销售数量，应以原预测为基础。此时公式可改为：$NF = OF + a(S - OF)$，其中，a 为加权因子，NF 为新预测，OF 为原预测，S 为销售量。

(2) 第二阶段指数平滑法。当发现产品项目有不确定的趋向时（如新产品的加入），则应用第二阶段指数平滑法，以消除第一阶段平滑的落后影响。公式：本月的趋势 = 新预测 - 原预测；新趋势 = a(本月的趋势) + (1-a)(前月趋势)；期望销售量 = 新预测值 + $\left(\dfrac{1-a}{a}\right)$ × 新趋势。

上述 3 个公式，其实和第一阶段指数平滑公式一样，所不同之处，在于 $\left(\dfrac{1-a}{a}\right)$ × 新趋势的数额作为调整第一阶段预测的因子。假设某公司以去年实际销售量的每月平均销售量（称为原预测）为基础，其数额为 1 377.8，今年第一月的实际销售量为 1 108，并假设前月趋势为 0.6，参照上列公式，可以很容易的算出期望销售量来。演算如下：

第一阶段平滑法：新预测 = 1 377.8×0.9 + 1 108×0.1 = 1 350.8×0.1 = 1 350.8

第二阶段平滑法：

a. 本月的趋势 = 1 350.8 - 1 377.8 = -27

b. 新趋势 = 0.1(-27) + 0.9(3.7) = 0.6（假设 a = 0.1）

c. 期望销售量 = 1 350.8 + $\dfrac{0.9}{0.1}$ × 0.6 = 1 356.2

是否需要采用第二阶段平滑，可以少数项目的实际资料模拟的结果决定。一般而言，第一阶段的平滑已能使大多数项目获得满意的结果。

(3) 加权因子(a)的测定。想要使指数平滑法获得满意的结果，其关键在测定适当的加权因子(a)。若采用高因子值，不仅使销售量发生重大的变动，需要方面也同样发生不规则的变化。反之，若采用低因子值，则变动趋向又出乎意外的缓慢。总之，a 是新预测的控制因子，并影响销售数量的计算，任何 a 因子值均在太慢和太快之间。

根据许多公司的经验，a 因子值可以用高度熟练的技术迅速获知，而不必经过耗费时间的模拟来测定，即一般因子值在 0.1~0.2 之间，可由经验迅速决定所需的不同因子值。当公司缺乏实际资料时，可利用几个星期的移动平均数来代替指数平滑。

下列测定 a 因子的公式，即可用来求得约等于前几个星期的平均数：

$$a = \frac{2}{n+1}$$

例如，利用前 12 周的移动平均数来预测时，则 a 因子值为：

$$a = \frac{2}{n+1} = \frac{2}{12+1} = 0.15$$

7. 相关分析

某种产品的销售指数和其他指数之间有密切关联，如果有还要领先的指数时，就可以立一个和因素相关的方程式以预测未来，这时相关分析就有很大的作用。比如说，非民生必需品的销售数量和国民所得有很密切的相关，如汽油的销售量和汽车的数量成正比。一般在作相关分析时，相关方程式有直线和曲线两种。直线的时候是：需要量 $y = a + bx$；曲线的时候是：需要量 $y = ax^2$。上述两个方程式是借已知变数（独立变数）的 x，用以推定未知变数（应变数）的 y，都是单纯相关的方程式。另外，不用单一的独立变数，而连用复数的独立变数时，可以组成精确度更高的方程式，叫作多重相关的方程式。如果独立变数的 x，必须要能判明将来的数值。例如，已知国民总产值、工矿业总产值、国民所得、个人消费支出等将来值，要运用相关分析，预测社会对本公司某产品的需要量时，首先须以上述的方法，对该产品的全国需要量做统计性的预测，再算出本公司产品的市场占有率，然后下决定：对本公司产品的需要量 = 全国预测需要量 × 市场占有率。

（四）战略预测的评价

当公司已经制订出战略预测方案后，应该将其进行综合评价，从而最终决定其方案的优劣和可行性。

①企业经营的历史是否提供了足够的背景，或者是否还需要更多的信息。
②宏观环境是否被充分地估计。
③你的能力是否被透彻的审查。
④是否寻找到了最好的机会。
⑤所有的机会和不利的风险是否都被识别出来了。
⑥是否考虑了所有可能的战略方案。
⑦市场营销组合是否是从中选的战略方案中引发出来的。
⑧所建议的项目是否必要，是否提供了合理的资金保证。
⑨财务资料是否清楚而连贯。
⑩执行标准和控制方法是否建立。
⑪战略计划与通行的态度、兴趣与观念（即公司文化、公共形象等）是否能够和谐共存。
⑫这个战略计划是否具有防御能力。

第三节 系统战略决策与应用

一、系统战略决策概述

美国学者亨利·艾伯斯认为:"决策有狭义和广义之分。狭义概念的决策是在几种行为、方针中做出选择;广义概念的决策还包括在做出最后选择之前必须进行的一切活动"。管理学家里基·格里芬在《管理学》中指出:"决策是从两个以上的备选方案中选择一个的过程"。

从管理系统工程学的角度,决策强调了人在决策活动中的创造性作用,即决策是一种创造性活动。一切决策活动的实质归根结底在于实现主观与客观的一致,在于选择符合客观实际的最适当的行动方案,以达到系统工程的基本目标。

关于决策的定义还有很多不同的描述,但随着管理科学的发展,人们对现代决策越来越趋于这样一个共同的认识:决策是人们为实现一定的目标而制订行动方案,进行方案选择并准备方案实施的活动,是一个提出问题、分析问题、解决问题的过程。这是一个建立在环境和条件分析基础上,对未来的行为确定目标,并对实现目标的若干可行方案进行选择和决定一个优化合理的满意的方案的分析和决断过程。

1. 决策的特性

(1)决策是行动的基础。任何一项管理活动都要预先明确此项活动要解决什么问题、达到什么目的,为了实现要达到的目的,有哪些办法、哪种办法比较好。没有决策也就没有合乎理性的行为。从这个意义上说,管理就是决策,管理的核心是决策,管理的首要职能也是决策。

(2)决策有明确的目的。决策是为了解决某一个问题,或者是为了达到一定的目的。要解决的问题是十分明确的,不是众说纷纭、模棱两可的。要达到的目标必须有一定的标准,可以定量或比较。

(3)决策有可行的方案。决策必须面对两个以上的可能性或可行方案,每个方案都具有一定的条件,而各种条件和影响因素都能定性和定量分析,才能够实现预期目标。决策的前提是寻求若干个可行方案。

(4)决策需要因果分析和综合评价。每个实现决策目的的可行方案都是对目标的实现发挥某种积极作用和影响,也会产生某种消极作用和影响。因此,必须对每个可行方案综合地分析与评价,确定出每个方案的实际效果(包括经济、社会和组织管理等各方面的效果)和可能带来的潜在问题,以便比较各个方案的优劣。

(5)决策要经过方案的优选过程。决策最终要从若干可行方案中选择一个较为合理的方案,这个合理方案尽管未必是最优的,但它必须是能够实现决策目标的诸方案中最理想的方案。

2. 决策的分类

决策可分为战略决策、管理决策和业务决策。

(1)战略决策。战略决策是指事关企业或组织未来发展方向和远景的全局性、长远性的大政方针方面的决策。对于一个企业来说,企业的目标和方针、产品开发和市场开发、投资、主要领导人选、组织结构的调整等方面的决策,都属于战略决策,它决定着企业的兴衰存亡,关系到企业的发展方向、发展规模和发展速度。战略决策主要由组织内最高管理层负责进行。

(2)管理决策。管理决策是指执行战略决策过程中的具体战术决策。重点是解决如何组织动员内部资源的具体问题,如企业的营销计划、生产计划、资金筹措、设备更新等方面的决策,旨在提高系统内部经济效益和管理效率,一般由企业或组织的中间管理层负责进行。

(3)业务决策。业务决策是指日常业务活动中为提高系统内部工作效率和生产效率,合理组织业务活动进程等而进行的决策,这类决策是作业性决策,它的技术性强、时间紧,一般由初级管理层负责进行。

管理决策与业务决策在其他章节中述及,本章重点讲述系统战略决策。

二、系统战略类型

1. 稳定型战略

稳定型战略是在企业的内外部环境约束下,企业准备在战略规划期使企业的资源分配和经营状况基本保持在目前状态和水平上的战略。

按照稳定型战略,企业目前所遵循的经营方向及其正在从事经营的产品和面向的市场领域、企业在其经营领域内所达到的产销规模和市场地位都大致不变或以较小的幅度增长或减少。

从企业经营风险的角度看,稳定型战略的风险相对小,对于那些曾经成功地在一个处于上升趋势的行业和一个变化不大的环境中活动的企业来说会很有效。

稳定型战略具有如下特征:

(1)企业对过去的经营业绩表示满意,决定追求既定的或与过去相似的经营目标。例如,企业过去的经营目标是在行业竞争中处于市场领先者的地位,稳定型战略意味着在今后的一段时期里依然以这一目标作为企业的经营目标。

(2)企业在战略规划期内所追求的绩效按大体的比例递增。与下面所要介绍的增长型战略不同,这里的增长是一种常规意义上的增长,而非大规模的和非常规的迅猛发展。

实行稳定型战略的企业,总是在市场占有率、产销规模或总体利润水平上保持现状或略有增加,从而稳定和巩固企业现有的竞争地位。

(3)企业准备以过去相同的或基本相同的产品和劳务服务于社会。这意味着企业在严格意义上的创新较少。

2. 增长型战略

增长型战略是使企业在现有的战略基础水平上向更高一级的目标发展的战略。它以发展作为自己的核心内容,引导企业不断地开发新产品、开拓新市场,采用新的生产方式和管理方式,以便扩大企业的产销规模,提高竞争地位,增强企业的竞争实力。

从企业发展的角度来看,任何成功的企业都应当经历长短不等的增长型战略实施期,因为本质上来说只有增长型战略才能不断地扩大企业规模,使企业从竞争力弱小的小企业发展成为实力雄厚的大企业。

增长型战略具有如下特征：

(1) 实施增长型战略的企业不一定比整个经济的增长速度快，他们往往比其产品所在的市场增长得快。

(2) 实施增长战略的企业往往取得大大超过社会平均利润率的利润水平。由于发展速度较快，这些企业更容易获得较好的规模经济效益，从而降低生产成本，获得超额的利润。

(3) 采用增长型战略的企业倾向于采用非价格的手段同竞争者抗衡。由于采用了增长型战略的企业不仅仅在开发市场上下工夫，而且在新产品的开发、管理模式上都力求具有优势，有赖于作为竞争优势的并不是会损伤自身利益的价格战，而一般说来总是以相对更为创新的产品和劳务及管理上的高效率作为竞争手段。

(4) 增长型战略鼓励企业的发展立足于创新。这些企业经常开发新产品、新市场、新工艺、产品的新用途，以把握更多的发展机会，谋求更大的风险回报。

(5) 增长型战略与简单的适应外部环境的变化不同，采用增长型战略的企业倾向于通过创造以前并不存在的某物或对某物的需求来改变外部环境使之适合于自身。

3. 紧缩型战略

紧缩型战略是指企业从目前的战略经营领域和基础水平收缩和撤退，且偏离战略起点较大的一种经营战略。与稳定战略和增长战略相比，紧缩型战略是一种消极的发展战略。一般情况下企业实行紧缩战略只是短期性的，其根本目的是使企业挨过风暴后转向其他的战略选择。

有时，只有采取收缩和撤退的措施，才能抵御对手的进攻，避开环境的威胁和迅速地实行自身资源的最优配置。可以说紧缩型战略是一种以退为进的战略态势。

紧缩型战略具有如下特征：

(1) 对企业现有的产品和市场领域实行收缩、调整和撤退策略，如放弃某些市场和某些产品线系列，因而从企业的规模来看是在缩小，同时一些效益指标，如利润和市场占有率等都会有较为明显的下降。

(2) 对企业资源的运用采取较为严格的控制和尽量削减各项费用支出，往往只投入最低限度的经管资源，因而紧缩战略的实施过程往往会伴随着大量员工的裁减，一些奢侈品和大额资产的暂停购买等。

(3) 紧缩型战略具有短期性，与稳定和发展两种战略态势相比，紧缩型战略具有明显的过渡性，其根本目的并不在于长期节约开支、停止发展，而是为了今后发展而积聚力量。

4. 混合型战略

前面分别论述的稳定型战略、增长型战略和紧缩型战略既可以单独使用，也可以混合起来使用。事实上，大多数有一定规模的企业并不只实行一种战略，常常是混合型战略。

从混合型战略的特点来看，一般是较大型的企业采用较多，因为大型企业相对来说拥有较多的战略业务单位，这些业务单位很可能分布在完全不同的行业和产业群之中，它们所面临的外界环境，所需要的资源条件不完全相同。因而若对所有的战略业务单位都采用统一的战略态势的话，显然是很不合理的，这会导致由于战略与具体战略业务单位的情况不相一致而使企业总体的效益受到伤害。可以说混合型战略是大企业在特定历史发展阶段的必由选择。

三、系统决策应该遵循的原则与方法

1. 决策遵循的原则

（1）求取最有效的生产方式原则。分析决策和提出结论所需花费的时间，主要视管理人员估计决策所冒风险的大小，以及根据制订正确的行动力、方针的难易程度而定。原则上，制订决策也像任何组织活动一样，管理人员在制订决策上所花费的时间和努力，必须达到那种以同样的资源所决定的生产途径上获取最大效果。至于花费在决策分析上面的时间，其恰到好处点应当在分析可以导致获取最大利润的决定；否则，宁可不必浪费这么久的分析时间。

（2）求取优良的决策原则。执行决策的成果不能令人满意不一定就是不良的决策所造成的，同样一位杰出的管理人员，纵使他依据手边可利用的统计资料，推算出十分稳健的新产品拓展决策，也会由于市场发展情况的不可预测性，使推出的新产品可能失败。

既然优良的决策同样可能导致不良的后果，而不良的决策也可能导致满意的后果，就不能依照执行决策的结果来评定决策者优劣。而我们可以断言的是，长期的决策成果绝对可以提供评定主管人员决策质量。

（3）正确选用决策分析模型原则。决定分析模型通常包括决策图表或决策树，导入分析模型的投入项是以数字表示的或然率——借以量化不定的未来事件的判断，以及以数字表示的估计值借以表达决策者对未来风险所持的态度、或组织对未来风险所持的政策。由演算而导致的输出项则可能是表明每个行动方案的结果的或然率，或是仅对某一最佳的行动方案的具体说明。

决策分析着重于数量化，它与其他的定量分析法（如作业研究、贝氏统计与几何程序处理等）有所区别。其他的定量分析法所运用的模型相当狭小、固定，而且它们的用途也非常固定，用途不像决策分析那样广泛。

2. 常用的系统决策方法

（1）确定型决策的方法。确定型决策的客观条件（经济事件的自然状态）是肯定的、明确的，因而可以对各方案的经济效果确定地进行计算，其分析计算方法一般采用方案比较法、成本效益分析法和量本利分析法等。其中，量本利分析法是一种适用性强、应用广泛的决策方法，其基本原理是根据与决策方案有关的产品产（销）量、成本、盈利的相互关系，分析各方案对应的经营效益的影响，对此做出方案的评价和选择。

（2）随机型决策的方法。随机型决策也称风险型决策，其决策的客观条件不能肯定，但能判断确定未来经济事件各种自然状态可能有发生的概率。风险型决策的方法正是根据不同方案在各种自然状态下的经济效益，以及这些自然状态出现的概率，运用一定分析计算模型，计算各方案的期望收益并做出方案的评价。

（3）不确定型决策的方法。不确定型决策的客观条件是不确定的，未来经济事件中可能发生的各种自然状态的概率也是不确定的。不确定型的决策方法主要借助于决策者的经验和状态，其常见方法有等可能性法、保守法、冒险法、乐观法和最小最大后悔值法。具体方法如下：

①等可能性法：也称拉普拉斯决策准则，采用这种方法，是假定自然状态中任何一种发生的可能性是相同的，通过比较每个方案的损益值平均值来进行方案的选择，在利润最大化目标下，选择平均利润最大的方案，在成本最小化目标下选择平均成本最小的方案。

②保守法：也称瓦尔德决策准则，小中取大的准则。决策者不知道各种自然状态中任一种发生的概率，决策目标是避免最坏的结果，力求风险最小。运用保守法进行决策时，首先要确定每一可选方案的最小收益值，然后从这些方案最小收益值中选出一个最大值，与该最大值相对应的方案就是决策所选择的方案。

③冒险法：也称赫威斯决策准则，大中取大的准则。决策者不知道各种自然状态中任一种可能发生的概率，决策的目标是选最好的自然状态下确保获得最大可能的利润。冒险法在决策中的具体运用是，首先确定每一可选方案的最大利润值，然后在这些方案的最大利润中选出一个最大值，与该最大值相对应的那个可选方案便是决策选择的方案。由于根据这种准则决策也能有最大亏损的结果，因而称之为冒险投机的准则。

④乐观法：也称折中决策法，决策者确定一个乐观系数，运用乐观系数计算出各方案的乐观期望值，并选择期望值最大的方案。

⑤最小最大后悔值法：也称萨凡奇决策准则，决策者不知道各种自然状态中任一种发生的概率，决策目标是确保避免较大的机会损失。运用最小最大后悔值法时，首先要将决策矩阵从利润矩阵转变为机会损失矩阵，然后确定每一可选方案的最大机会损失；最后在这些方案的最大机会损失中，选出一个最小值，与该最小值对应的可选方案便是决策选择的方案。

决策分析的运用范围，包括了有关产品发展决定、生产设备规模与位置的决定、物价的议定、外销发展以及其他各种财务管理上的问题的解决。

总之，决策分析既可适用于简单易行的模型，也可适用于非常复杂，并且需要定量分析的模型。事实上，管理科学上运用最广泛的一项分析工具就是决策分析，在美国运用决策分析的程度相当迅速、相当广泛。

四、系统战略决策的步骤

（1）收集所有的事实解决问题，或者说决策的第一步是收集有关该问题的所有事实。如何去收集这些事实呢？有几种基本的技巧可使用，即多问、多看、多听、多读。

（2）测验所收集的事实资料。在所收集的资料中，或许有些不准确，有些对问题的解决不发生作用。下面提供两种标准，以便测验每一项事实资料的可靠性和可用性。第一是准确度，你是否能透过个人的观察，或接受专家的意见，或是由实验来验证第二手资料，你所收集的事实资料是否有相互矛盾之处。第二是关联性，最简单的方法是看这项资料是否有助于解决你的问题。如果答案是一点也没有贡献，或是没有它，仍能解决问题，那就表示它对你的问题完全不相干，或是没有用处。

（3）抛弃非理性的思考。在解决问题的过程中容易产生3种心理上的障碍，即成见、先入为主和感情用事。

第一，成见。成见使得一个人戴着有色眼镜来看问题。比如有人认为一位留有胡子的男人是不能信任的，因此当他碰到留有胡子的人，就将他归类为不诚实的人。成见使得你无法接受部属建设性的建议，有多少人才就是因为这种成见，而失掉雇用的机会。

第二，先入为主的观念。虽然先入为主的观念很容易导向成见，但两者并不一样。先入为主的观念使人无法接受真理，比如尽管有很多证据已显示抽烟与肺癌有相关性，但抽烟的人却一直坚持抽烟并不一定会导致肺癌。

第三，感情用事。任何一种情绪——恨、爱、怕、猜疑、妒忌，都会妨碍对事实的评估。一个充满仇恨的人，认为每一天都是阴暗沉闷的，而一个陶醉在爱河中的年轻人，即使下大雨的日子也会看到从云层里照射下来的阳光。因此，不要在情绪紧张或受压抑的时候做决定。

（4）做成一种试探性的解决方案。在你已收集了所有的事实资料，并加以衡量，同时已理智地、科学地检讨过后，就可以做成一种试探性的解决方案。通常最佳的解决方案必须是获益最多、损失最少的。

（5）采取必要的行动将方案付诸实施。这是解决问题的最后一道步骤，当所有的准备工作已完成时，请不要猜疑不决，应立即下达指示付诸实施。

遵守以上所提示的原则并应用于实际事务的处理，将能做适时而明确的决策。虽然有时为集思广益，必须召集会议，但决策的事却非你不可。

五、各种系统战略决策的应用及其剖析

1. 稳定型战略的适用性

采取稳定型战略的企业，一般处在市场需求及行业结构稳定或者较小动荡的外部环境中，因而企业所面临的竞争挑战和发展机会都相对较少。但是，有些企业在市场需求以较大幅度增长或是外部环境提供了较多发展机遇的情况下也会采用稳定型战略。这些企业一般来说是由于资源状况不足以使其抓住新的发展机会而不得不采用相对保守的稳定型战略。

采用稳定型战略时应该清楚企业外部环境和企业自身实力对采用稳定型战略的影响。影响外部环境稳定性的因素很多，例如，宏观经济状况会影响企业所处的外部环境、产业的技术创新度、消费者需求偏好的变动、产品生命周期（或行业生命周期）以及竞争格局等。

正如前面所说的，企业战略的实施一方面需要与外部环境相适应，另一方面要有相应的资源和实力来实施，也就是既要看到外部的威胁与机会，又要看到自身的优势与劣势。当外部环境较好，行业内部或相关行业市场需求增长，为企业供了有利的发展机会，但这并不意味着所有的企业都适合采用增长型战略。如果企业资源不够充分，如可以用来投资的资金不足、研究开发力量较差或在人力资源方面无法满足增长型战略的要求时，就无法采取扩大市场占有率的战略。在这种情况下，企业可以采取以局部市场为目标的稳定型战略，以使有限的企业资源能集中在某些自己有竞争优势的细分市场，维护竞争地位。

当外部环境较为稳定时，资源较为充足的企业与资源相对较为稀缺的企业都应当采用稳定型战略，以适应外部环境，但两者的做法可以不同。前者可以在更为宽广的市场上选择自己战略资源的分配点，而后者则应当在相对狭窄的细分市场上集中自身资源，以求稳定型战略。

当外部环境较为不利，如行业处于生命周期的衰退阶段时，则资源丰富的企业可以采用一定的稳定型战略，而对那些资源不够充足的企业来说，则应视情况而定。如果它在某个细分市场上具有独特的竞争优势，也可以考虑采用稳定型的战略态势，但如果本身就不具备相应的特殊竞争优势，不妨实施紧缩型的战略，以将资源转移到其他发展较为迅速的行业。

2. 增长型战略的适用性

企业实施增长型战略，必须从环境中取得较多的资源。如果未来阶段宏观环境和行业微观环境较好的话，企业比较容易获得这些资源，所以就降低了实施该战略的成本。另外，从

需求的角度来看，如果宏观和中观的走势都较令人乐观的话，消费品需求者和投资品需求者都有一种理性的预期，认为未来的收入会有所提升，因而其需求将会有相应幅度的增长，保证了企业增长型发展战略的需求充足。

从上面分析可以看出，选择增长型战略之前必须对经济走势做一个较为细致的分析，良好的经济形势往往是增长型战略成功的条件之一。

采取增长型战略需要较多的资源投入，因此企业从内部和外部获得资源的能力就显得十分重要。这里的资源是一个广义的概念，既包括通常意义上的资本资源，也应当包括人力资源、信息资源等。在资源充分性的评价过程中，企业必须自己问自己一个问题：如果企业在实行增长型战略的过程中由于某种原因暂时受阻，其是否有能力保持自己的竞争地位，如果回答是肯定的，那表明企业具有充分的资源来实施增长型战略，反之则不具备。

判断增长型战略的合适性还要分析公司文化。企业文化是一个企业在其运行和历史发展中所积淀下来的深植于员工心中的一套价值观念。不同的企业具有不同的文化特质。如果一个企业文化氛围是以稳定为主旋律的话，那么增长型战略的实施就要克服相应的文化阻力，这无疑增加了战略的实施成本。当然，企业文化也并不是一成不变的事物，事实上，积极和有效的企业文化的培育必须以企业战略作为指导依据。这里要强调的只是企业文化有可能会使某种战略的实施带来一定的成本，而并不是认为企业文化决定企业战略。

增长型战略很可能使企业管理者更多地注重投资结构、收益率、市场占有率、企业的组织结构等问题，而忽视产品和服务的质量。重视宏观的发展而忽视微观的问题，不能使企业达到最佳状态。这一弊端的克服，需要企业战略管理者对增长型战略有一个正确而全面的理解，要意识到企业战略态势是企业战略体系中的一个部分，因而在实施过程中必须通盘考虑。

3. 紧缩型战略的适用性

采取紧缩型战略的企业可能出于各种不同的动机，从这些不同的动机来看，有3种类型的紧缩型战略：适应性紧缩战略、失败性紧缩战略、调整性紧缩战略。

（1）适应性紧缩战略。是企业为了适应外界环境而采取的一种战略。这种外界环境包括经济衰退、产业进入衰退期、对企业产品或服务的需求减小等种类。在这些情况下，企业可以采用适应性紧缩战略来渡过危机，以求发展。因此，适应性紧缩战略的适用条件就是企业预测到或已经感知到了外界环境对企业经营的不利性，并且企业认为采用稳定型战略尚不足以使企业顺利地度过这个不利的外部环境。如果企业在可以同时采用稳定型战略和紧缩型战略，并且两者都能使企业避开外界威胁、为今后发展创造条件的话，企业应当尽量采用稳定型战略，因为它的冲击力要小得多，对企业的可能伤害也小得多。

（2）失败性紧缩战略。是指由于企业经营失误造成企业竞争地位虚弱、经营状况恶化，只有采用紧缩战略才能最大限度地减小损失，保存企业实力。失败性紧缩战略的适用条件是企业出现重大的内部问题，如产品滞销、财务状况恶化、投资已明显无法收回等情况下，这就涉及一个度的问题，即究竟在出现何种严重的经营问题时才考虑实施紧缩战略，要回答这一问题，需要对企业的市场、财务、组织机构等方面做一个全面的评估，认真比较实施紧缩战略的机会成本，经过细致的成本—收益分析，才能最后下结论。

（3）调整性紧缩战略。调整性紧缩战略的动机既不是经济衰退，也不是经营失误，而是为了谋求更好的发展机会，使有限的资源分配到更有效的使用场合。因而，调整性紧缩战略的适用条件是企业存在一个回报更高的资源配置点。为此,需要比较企业目前的业务单位和实行紧缩战略后资源投入的业务单位,在存在着较为明显的回报差距的情况下,可以考虑采用调整性紧缩战略。

4. 混合型战略的适用性

混合型战略是其他三种战略态势的一种组合,其中组成该战略的各战略态势称为子战略。根据不同的分类方式,混合型战略可以分为不同的种类。

(1)按照各子战略的构成不同分类

①同一类型战略组合:这是指企业采取稳定、增长和紧缩中的一种战略态势作为主要战略方案,但具体的战略业务单位是由不同类型的同一种战略态势来指导。从严格意义上来说,同一类型战略组合并不是混合战略,因为它只不过是在某一战略态势中的不同具体类型的组合。

②不同类型战略组合:这是指企业采用稳定、增长和紧缩中的两种以上战略态势的组合,这是严格意义上的混合型战略,也可以称为狭义混合型战略。不同类型战略组合与同类型战略组合相比,其管理上相对更为复杂,因为它要求最高管理层能很好地协调和沟通企业内部各战略业务单位之间的关系。

事实上,作为任何一个被要求采用紧缩战略的业务单位管理者多少都会产生抵抗心理,例如,总公司决定对 A 部门实行紧缩战略,而对 B 业务单位实行增长战略,则 A 部门的人员则往往会对 B 部门人员产生抵触和矛盾情绪,因为紧缩战略不仅可能带来业绩不佳和收入增长无望,更有可能对自己管理能力的名誉产生不利影响,使自己在企业家市场上的价值受到贬值。

(2)按照战略组合的顺序不同分类

①同时性战略组合:这是指不同类型的战略被同时在不同战略业务单位执行而组合在一起的混合性战略。战略的不同组合可以有许多种,但常见的要是以下几种:

第一种,在撤销某一战略经营单位、产品系列或经营部门的同时增加其他一些战略经营单位、产品系列或经营部门。这其实是对一个门采取放弃或清算战略,同时对另一部门实行增长战略。

第二种,在某些领域或产品中实行抽资转向战略的同时在其他领域或产品中实施增长战略,这种情况下,企业实行紧缩的战略业务单位还并未恶化到应该放弃或清算的地步,甚至有可能是仍旧有发展潜力的部门,但为了向其他部门提供发展所需的资源,只有实行紧缩战略。

第三种,在某些产品或业务领域中实行稳定战略而在其他一些产品或部门中实行增长战略。这种战略组合一般适用于资源相对丰富的企业,因为它要求企业在并没有靠实行紧缩而获取资源的部门,以自己的积累来投入需要增长的业务领域。

②顺序性战略组合:这是指一个企业根据生存与发展的需要,先后采用不同的战略方案,从而形成自身的混合型战略方案,这是一种在时间上的顺序组合,常见的顺序性战略组合为:

第一种,在某一特定时期实施增长战略,然后在另一特定时期使用稳定战略。这样做能够发挥稳定战略的能量积聚作用。

第二种，首先使用抽资转向战略，然后在情况好转时再实施增长战略。采用这种战略的企业主要是利用紧缩战略来避开外界环境的不利条件，当然，不少企业会既采用同时性战略组合又采用顺序性战略组合。

总的来说，对大多数企业的管理层而言，可采用的战略选择的数量和种类都相当宽泛。明确识别这些可用的战略方案是挑选出一个特定企业最为适合的方案的先决步骤。

第四节　系统战略管理与控制

一、系统战略管理

战略管理有广义和狭义两种理解，广义的战略管理是指运用战略对整个企业进行管理，狭义的战略管理是指对企业战略的制订、实施和控制进行的管理。

战略控制的管理工作主要是如何评估战略实施中的成果，从而促使职工正确地贯彻既定战略，或者根据实际情况及时修改战略计划。

（一）系统战略管理的本质及特点

系统战略管理是建立在对系统战略的本质及系统战略特点的认知基础上的管理。否则，管理无从谈起。

一个好的系统战略，能提供企业许多员工共享机会、方向、宗旨与成就感。企业的经营使命如同一只看不见的手，指引着分布广泛且独立工作的员工，为整个组织目标的达到而努力。

系统战略管理本质上具有 3 个特点：

(1) 长期性。系统战略管理必须能够反映企业未来至少 3 年以上的经营方针与远景。

(2) 指导性。系统战略管理应强调企业引以为荣的重要政策，而在这个政策里的内容应能明确指导职工如何对待顾客、供应商、竞争者以及政府和其他重要的群体。改革要能约束个人自由决策的范围，使企业对于重要问题所采取的行动能获得战略的一致性。

(3) 激励性。企业的经营使命要使全体职工感到其工作的重要性，并且对于人类生活有贡献。经营使命不应是唯利是图，而应将利润视为达到经营使命的必然结果。

理想的战略管理系统应该具备的特征：它是一项业务或几项相关业务的集合，它有一个明确的战略目标定义，它有自己的竞争对手，它有专门负责的经理，它由一个或更多的计划单位和职能单位组成，它能够从战略计划中获得利益，它能够独立于系统内部其他部门单位自主制订计划。

（二）不同类型系统战略管理职责的划分

系统内部在确定好战略决策后，就可以进一步划分战略管理的职责了。从一般情况看，企业系统有 4 个层次的战略，不同的企业可根据本企业的实际情况对这 4 个层次进行分级管理。

(1) 系统综合战略。这是一个系统最高层次的战略，这一层次的战略，无论企业的大小、下属战略事业单位的多寡，都必须由企业的最高领导层或最高领导者亲自负责，并把它作为企业的首要任务来抓。

(2)子公司战略。这是系统内部下属各单位制订的战略,由于各企业的情况十分不同,该战略的制订会由不同的管理部门负责,但有一点是共同的,即子公司战略必须由各个子公司单位的主要负责人来抓,在大企业中,如果由多个事业部组成,就由该事业部经理来负责。

(3)次战略。又称实施系统战略的战略,它是为完成事业战略的战略目标而制订的各职能部门的战略,这往往由实施战略单位下的一些职能部门来负责。

(4)战术。这是指实施次战略的短期行为,具体执行步骤的制订,这往往由职能部门及其下属管理人员负责。

(三)不同类型系统战略方案的管理

1. 制订战略方案的方法

制订和选择企业经营战略是企业最高领导层的首要职责,尤其是在当代。目前,制订战略较常见的方法有:

(1)领导层授意,自上而下逐级制订。一般是由企业高层管理者讨论并授意秘书或有关专业人员草拟整个企业的战略,而后,逐级再根据自己的实际情况以及上级的要求发展这一战略。这一方式的优点是领导层重视战略,有充分的时间集中精力去思考战略方向及其监督执行其实施情况,能够把握战略执行进度。

(2)由领导层来组织,业务单位制订。由设在企业的、具有一定业务权威的、赋予平衡各业务部门权力的企业最高参谋部门负责制订,或者由企业的规划部门负责制订。它的好处是有专门业务班子,熟悉本企业情况,了解领导意图,缺点是执行力度有时候显得不足。

(3)以战略具体实施单位为核心制订战略。运用这一方法时,高层管理对准备实施战略的单位先不给予任何指导,而要求各单位提交战略计划。高层领导只加以检查与平衡,然后给予确认。这种方法的优点是各战略实施单位受到的束缚较小,可根据所在单位拟实施领域的特点制订出切合实际、有利于竞争的战略计划。

(4)委托具有一定条件的单位制订。被委托的单位应是能负法律责任的、能严守企业机密的、具有权威的企业外部咨询单位或规划部门,受委托单位向企业领导人提供一个以上的可供择优的战略方案。

(5)系统本身与咨询单位合作进行。这种做法可以弥补上一种办法的不足,好处是可以取长补短,能否组织好、配合好,则决定着这一方法的成败。

2. 战略方案的管理

战略方案的管理内容包括:战略环境的分析与评价、战略思想或战略哲学、战略目标、战略重点、战略阶段、战略措施。

二、系统战略控制

(一)战略控制的程序

1. 确定目标企业管理部门

在战略方案执行以前就要明确而具体地指出企业的战略总目标和阶段目标,并将此目标分解给下属各部门,使各部门既有一个确定的奋斗方向,又有每一个阶段的分目标。

2. 确定衡量工作成果的标准

衡量标准或称评价标准是工作成果的规范，是从一个完整的战略方案中所选出的对工作成员进行计量的一些关键点，它用来确定企业各级是否达到战略目标和怎样达到战略目标。

3. 建立报告和通讯等控制系统

报告和通讯系统是企业进行控制的中枢神经，是收集信息并发布指令所必需的，这对于大型和超大型企业（如大型跨国公司）意义更为重要。没有一个报告和通讯系统，企业部门就不可获得进行分析和决策所需的充足而及时的信息。

4. 审查结果

审查结果就是对收集到的信息资料与既定的企业评价标准和企业战略目标进行比较和评价，找出实际活动成效与评价标准的差距及其产生的原因。这是发现战略实施过程中是否存在问题和存在什么问题，以及为什么存在这些问题的重要过程。

5. 采取纠正措施

通过对结果的审查，如果达不到所期望的水平，则企业应采取纠正措施。纠正措施应该根据问题的性质和产生的原因而定，不一定是对问题所在部门采取责令其改变实施活动或行为，也可能按照评价标准或企业目标以及该部门的分目标。企业的控制过程中，从着手纠正到完成纠正之间往往存在一个时滞，一个企业的经营地域越分散，跨文化经营越多，组织规模越大、越复杂，这种时滞往往越长。

（二）系统战略控制机制的选择

企业系统总部正确地运用战略控制机制，可以使各部门在制订自己的战略决策时，从优先考虑本部门利益的排外立场上转变到积极寻求统一的企业总战略。

所谓控制的机制，主要是指控制所借以进行的手段及其耦合。企业的控制机制有 4 种类型。

1. 计划的控制机制

计划是企业对下属进行战略管理具有关键作用的控制机制，大多数企业都在战略方案的指导下制订短、中、长期计划。计划是一种进行预先控制的手段，制订计划属于计划职能，而贯彻计划则是控制职能的一部分。由于通过贯彻计划而进行的预先控制，其中心问题是尽可能避免企业组织中所使用的资源在质与量上产生与计划指标的偏差。因此，在可行的范围内，所制订的计划必须使企业和它的业务分部门的目标具体化为指标或标准，如在利润、支出和投资水平等方面的指标或标准。

2. 数据资料的控制机制

数据资料的控制机制主要是通过负责收集和提供与企业经营战略有关数据资料的系统来进行战略控制。它主要包括：①信息系统；②成果评价系统；③资源分配程序；④预算过程等。这一控制机制的成功关键在于信息的有效、及时和准确。

3. 管理人员的控制机制

这是指通过对管理人员和职工提供帮助、强化协调等办法，使他们的愿望和自身利益的观念从对本部门的局部利益的要求转到关心企业总体经营战略活动上去。这一机制成功的关键在于：下属对企业战略的理解和支持、正确地使用杰出的管理人才、最大程度地调动职工积极性。

4. 解决争议的控制机制

这一机制主要解决各部门在实行战略方案时所引起的争议。它是指决策责任的确定和调整，建立争端解决程序，必要时建立相应的协调机制，如协调委员会、特别工作组等。为了防止争议的产生，企业还可采取避免争议的预先控制，即管理人员采用适当的手段，使不适当的争议行为没有产生的机会，从而达到不需要进行控制的目的。

第七章
畜牧生产系统诊断

畜牧生产系统是一个复杂的系统，是受多种条件和因素影响的，由于不同的时间、地点、环境条件及畜牧生产的组织者和决策者的水平素质差异，都会造成畜牧生产效果的很大差异。另外，也由于各种环境因素是动态变化的，加之各种偶然和突发因素的产生，也会影响畜牧生产的效果。正因为如此，畜牧生产系统也同一切有生命的有机体一样，在其生产经营运作活动过程中，也会发生各种各样的"疾病"，只有及时诊断，正确治疗，才能确保畜牧生产经营活动的正常运行。

第一节 概 述

一、畜牧生产系统诊断的定义

畜牧生产系统诊断：由具有丰富的管理知识和生产经验的真正专家，深入到畜牧企业的具体生产活动中去，与企业的技术人员和管理人员共同配合，运用科学的方法找出畜牧生产系统中存在的各种问题因素，进行定性和定量的分析，进一步查明产生问题的原因。在此基础上，根据生产的实际、企业的状况及环境条件，制订切实可行的改进方法和措施，并指导改进方案的实施，使畜牧生产系统修正误差，治好"疾病"，恢复系统正常功能的一系列过程。

由以上定义可知，畜牧生产系统诊断是一项复杂而艰巨的系统工作，它是需要运用各门学科知识和技能的综合性工作，它是需要由具备各学科知识的各类专家合作完成的工作。

二、畜牧生产系统诊断的任务

畜牧生产系统诊断的任务，一般包括以下几方面的内容：
(1) 根据诊断计划和诊断目标，对畜牧生产系统进行全面而系统的调查研究分析，找出系统中所存在的各种有关问题及其产生的主要原因。
(2) 提出改善生产系统经营、管理的具体方法。
(3) 指导畜牧生产企业实施改进方案。

三、畜牧生产系统诊断的本质

(1) 畜牧生产系统诊断是一种管理性工作，它是为保证畜牧生产系统正常运行而服务的。这种管理性服务具有独立性，它不受各种干扰而独立开展工作，并且诊断人员多是其他单位和部门的专家，其诊断结果也具有客观性和权威性。

(2) 畜牧生产系统诊断具有参谋性。诊断者的职责仅仅是向畜牧企业提供高质量的诊断意见和改进方案，为企业的决策者进行科学决策提供参考。诊断者没有决策权，也没有指挥决策实施的权利。作为诊断者一定要牢记这一点，牢记自己的身份和职责。这也是诊断者与企业合作的基础，也是诊断成功与否的关键。

(3) 畜牧生产系统诊断具有科学性。诊断是综合运用各种专业知识来解决畜牧生产系统中的实际问题，它是依据科学程序、利用科学方法来开展工作的，它也是一项科学研究工作。

(4) 畜牧生产系统诊断具有创造性。畜牧系统十分复杂，并且每一个畜牧企业都各有特色，诊断人员要想提出高质量的诊断意见和改进方案，就必须理论联系实际，灵活运用各种科学知识，进行创造性工作。没有创造，就没有改进。

(5) 畜牧生产系统诊断具有实用性。诊断是为了更好地解决系统中存在的各种问题，因而诊断结果和改进意见必须可行、实用。

诊断不是纸上谈兵，更不是闭门造车，诊断人员必须深入实际，亲自调查研究，认真分析各种资料，经过严谨而系统的研究，才能提出真正有价值的诊断意见。

四、畜牧生产系统诊断的类型

畜牧生产系统诊断根据不同的划分依据可将诊断划分为不同的类型。

(1) 根据诊断的范围可分为全面诊断和专题诊断。全面诊断是对整个系统进行全面分析诊断；专题诊断是针对系统的某一方面或某一问题进行的诊断。

(2) 根据诊断人员可分为外来专家诊断和企业内部自诊。一般而言，由外部专家与企业内部有关人员共同配合进行诊断，效果比较好。

(3) 根据诊断的时间可分为短期诊断和长期诊断。

(4) 根据诊断的发起者可分为制度诊断和自发性诊断。制度诊断是上级主管部门对下属企业进行的定期、不定期的免费诊断，这种方式体现了上级部门对下属企业的督促、检查、帮助和指导。另有利害关系者，如银行、协作企业等，为确保自己的利益，而对企业进行的诊断。自发性诊断是由企业根据自己的需要，主动向诊断部门申请，邀请专家来企业进行诊断。

五、畜牧生产系统诊断的内容

一般地，畜牧生产系统诊断包括以下几种基本的诊断：

(1) 系统影响因素的诊断。此项诊断是生产决策者了解和掌握生产系统状况，进而进行科学决策的基础。进行此类生产系统诊断时，需要由多名有丰富生产和管理经验的技术人员和相关的专家共同进行。

(2) 生产盈亏诊断。根据畜牧生产系统的盈亏情况，对畜牧企业的经营进行全面的诊断分析，找出导致盈或亏主次因素，并制订相应的改进对策。进行盈亏诊断时，要由产、销、管各方面的人员和经济专家共同参与。

(3) 生产方针的诊断。生产经营方针是指导企业整个经营活动和各个生产领域环节活动的基本方向和准绳，是能决定企业在现在、未来的命运因素。生产方针的诊断在诊断中具有核心的地位。

(4)外部环境诊断。畜牧生产系统所处的外部环境是复杂的,对畜牧生产系统运作是具有一定影响的,有时甚至是决定性的影响。因而,通过对外部环境的诊断,可以使企业的决策者认清环境形势,理顺与外部环境的关系,以保证本企业的发展和外部环境相适应。

六、畜牧生产系统诊断的程序

(1)确定诊断内容,提出诊断目标。
(2)诊断的准备。聘请专家,准备有关资料,制订诊断计划。
(3)根据诊断计划和诊断目标,进行收集资料、调查研究,并根据各种调查资料的结果,由诊断人员进行综合处理,形成诊断意见。
(4)制订系统运行的改进方案,提交给企业的决策者。
(5)指导企业实施改进方案。

第二节 诊断的准备

在进行畜牧生产系统诊断之前,要做好各种准备工作,主要包括两种准备工作,即资料数据的准备、诊断专家的选择。

一、资料数据的准备

畜牧生产系统诊断不是走马观花,更不是空想和臆造,它是根据系统的各种表象和已经出现的结果,来对系统进行全面的分析,透过现象看本质,去伪存真,找到系统存在的真正问题和产生问题的各种原因。因此,收集有关资料和数据是必不可少的,它是进行分析、判断的基础。

资料数据是了解畜牧生产系统在过去的时期内发生的各种情况和结果的表现形式,也是对系统提出改进方案的依据。只有对系统的各种有关的资料数据信息全面了解和掌握,才能对系统有一个真实客观的认识,才有可能得出科学的诊断意见。

有经验的专家,在诊断的初期,往往不是忙于分析、下结论,而是大量收集资料信息,并对资料信息进行处理,为进一步诊断做好基础。

1. 资料的收集和整理

畜牧生产系统运行过程中有大量资料数据信息,如何收集有用的资料数据信息呢?

首先,根据诊断的内容大量收集相关的资料数据信息,数据资料一定要亲自调查获取,并与畜牧企业的有关人员进行广泛的座谈,取得真实可信的第一手资料。目前,我国的一些行业及部门存在着不同程度的浮夸、数据失真的现象,很多数据存在着大量的"水分"。

其次,在重点收集与诊断有关的资料数据信息的同时,也要对系统进行全面了解,也要收集其他与诊断内容关系不大的一些信息,用来帮助进行科学的诊断。

再次,在收集资料信息时,既要收集所谓的好信息,也要注意收集所谓的坏信息,以便进行比较,去伪存真。

资料数据信息的整理也是一项重要的工作,通过资料数据的整理,可以对畜牧生产系统有一个大概的了解，对一些规律和问题能有所认识，便于进一步分析和处理。对资料数据信息首先要分门别类地加以整理，便于分析处理有条不紊地开展，然后注意观察各种信息之间的关系，可以对各种资料数据信息进行人为的假设组合，便于从多个方面和层次来思考问题。

2. 资料数据的处理

在对畜牧生产系统进行诊断分析时，要通过综合资料数据信息找到规律、发现问题、确定产生问题的原因，这就要对数据信息进行分析处理，从而透过现象看本质，透过数据信息看问题。对资料数据的处理方法有许多种，如判断法、剔除法、平均值法、移动平均和指数平均法、比例法等，对于这些方法，在此就不作介绍了。

二、专家的选择

在市场经济条件下，特别市场经济的初期，各种假冒伪劣现象充斥着社会，在科技队伍和专家行列中也存在着各种各样的"南郭先生"。为了使畜牧生产系统诊断能真正取得满意的结果，使企业的诊断费用真正地用到实处，就必须对诊断专家进行严格的选择，即聘请真正的专家。专家水平和素质的高低，决定着诊断的结果。因此，选择专家决不能简单从事，更不能照顾关系，请假冒伪劣的"专家"，一定要请广博而精深的专家，真正具有高水平的专家。

什么人可以称为专家，什么人可以成为本次诊断的专家，怎样选择专家，选择多少专家，这些问题就是专家选择的研究内容。

1. 专家的含义

专家的含义很广，一般是指在某一领域内具有较深造诣的人，也可以指在某一方面有丰富经验的人，也可指有独到思想和技术的人。

专家具有以下几点特性：①专家具有领域性，即某专家在某一领域是专家，而在其他领域未必是专家。②专家具有专一性，即某些专家在该领域的某些方面是专家，而在该领域的其他方面未必是专家。③专家具有时间性，即某些专家在某时期内是专家，随着时间的推移，在以后的时间内未必是专家。

2. 怎样选择专家

怎样选择专家应由诊断的内容来决定。一般地，若对系统进行生产技术问题诊断，多以聘请内部的懂技术、有经验的有关人员为主组成专家组；若是对系统的经营方针、宏观发展方向进行诊断，多以聘请外部的有关专家为主组成专家组。总之，聘请什么样的专家由诊断的内容和诊断目的来决定。

选择专家大体上按以下顺序来进行：

(1)在诊断内容的相关领域内，广泛了解有关专家的情况。

(2)将诊断的内容分发给专家，请各专家分别推荐能胜任本任务的专家，选取被推荐频率高的专家作为重点候选人。

(3)将诊断内容和目标再分发给重点候选人，请他们发表自己的意见并估测进行诊断所需费用和所用时间。

(4)根据他们的回函，最后确定诊断专家组的成员。

选择专家时，既要考虑专家的专业水平和工作能力，也要考虑到专家组成员的研究领域分布，使专家组成员结构合理、水平高深，具有团结协作精神，切实能承担诊断任务并能圆满地完成任务。

3. 选择什么样的专家

在选择专家的过程中，选择的标准为：

（1）选择精通技术、有一定名望、有学科代表性的专家。

（2）需要选择相关学科、边缘学科的专家，如社会、经济方面的专家。

（3）选择系统工程方面的专家来负责协调、指挥，做专家组的主持人。

（4）最好选择专职的专家，若选择的专家是担任领导职务的，必须要考虑他的精力和时间是否允许。

（5）选择的专家要有团结协作、坚持原则、刻苦工作的精神。

4. 选择专家的人数

专家的人数要根据诊断任务的大小和诊断的内容和范围来确定，人数太少，限制学科的代表性，并缺乏权威性，难免产生片面的观点和结论；人数太多，难于组织，同时也是一种浪费。一般地，诊断的科学性与人数有密切关系，人数越多，诊断的结果越科学，但人数超过15人时，人数与诊断结果的精度关系则不大了。对于一般的诊断在15人左右即可。若诊断的内容很专一，人数也可减少。具体人数由诊断的发起者根据实际情况来确定。

5. 专家的职责

专家的职责仅仅是向被诊断的单位或部门提出高质量的诊断意见和改进方案，专家本身不具有任何的指挥权和决策权。专家发现问题和在解决问题时，一定要向企业的决策者提建议和办法，并说服企业接受。专家决不可赤膊上阵，直接决策或指挥生产。

第三节　诊断的方法

本节主要介绍在畜牧生产诊断分析中常用的几种分析方法。这几种方法是由系统工程、灰色系统、数学等学科中移植而来。至于这些理论和方法的来源和数学推导本节不做介绍，有兴趣的读者可参阅有关书籍。

一、SWOT 分析方法

（一）方法简介

SWOT 是一种战略分析方法，通过对被分析对象的优势、劣势、机会和威胁等加以综合评估与分析得出结论，通过内部资源、外部环境有机结合来清晰地确定被分析对象的资源优势和缺陷，了解对象所面临的机会和挑战，从而在战略与战术两个层面加以调整。SWOT 分析已被许多企业运用于企业管理、人力资源、产品研发等各个方面。

SWOT 分析法又称为态势分析法，它是由旧金山大学的管理学教授于 20 世纪 60 年代提出来的，是一种能够较客观而准确地分析和研究一个单位现实情况的方法。SWOT 分别代表：strengths（优势）、weaknesses（劣势）、opportunities（机遇）、threats（威胁）。SWOT 分析通过对优势、劣势、机会和威胁的加以综合评估与分析得出结论，然后再调整企业资源及企业策略，来达成企业的目标。

SWOT 方法自形成以来，广泛应用于战略研究与竞争分析，成为战略管理和竞争情报的重要分析工具。分析直观、使用简单是它的重要优点。即使没有精确的数据支持和更专业化的分析工具，也可以得出有说服力的结论。但是，正是这种直观和简单，使得 SWOT 不可避免地带有精度不够的缺陷。例如 SWOT 分析采用定性方法，通过罗列 S、W、O、T 的各种表现，形成一种模糊的企业竞争地位描述。以此为依据做出的判断，不免带有一定程度的主观臆断。所以，在使用 SWOT 方法时要注意方法的局限性，在罗列作为判断依据的事实时，要尽量真实、客观、精确，并提供一定的定量数据弥补 SWOT 定性分析的不足，构造高层定性分析的基础。

（二）分析过程

1. 分析环境因素

运用各种调查研究方法，分析出畜牧生产系统所处的各种环境因素，即外部环境因素和内部环境因素。外部环境因素包括机会因素和威胁因素，它们是外部环境对公司畜牧生产系统的发展直接有影响的有利和不利因素，属于客观因素；内部环境因素包括优势因素和弱点因素，它们是畜牧生产系统在其发展中自身存在的积极和消极因素，属主动因素。在调查分析这些因素时，不仅要考虑到历史与现状，更要考虑未来发展问题。

2. 构造 SWOT 矩阵

将调查得出的各种因素根据轻重缓急或影响程度等方式排序，构造 SWOT 矩阵。在此过程中，将那些对畜牧生产系统发展有直接的、重要的、大量的、迫切的、久远的影响因素优先排列出来，而将那些间接的、次要的、少许的、不急的、短暂的影响因素排列在后面。

3. 制订行动计划

在完成环境因素分析和 SWOT 矩阵的构造后，便可以制订出相应的行动计划。制订计划的基本思路是：发挥优势因素，克服劣势因素，利用机会因素，化解威胁因素；考虑过去，立足当前，着眼未来。运用系统分析的综合分析方法，将排列与考虑的各种环境因素相互匹配起来加以组合，得出一系列畜牧生产系统发展的可选择对策。

在 SWOT 分析之后，需要用 USED 技巧来产出解决方案，USED 是下列 4 个方向的重点缩写，即是中文的 4 个关键字：用、停、成、御，USED 分别是如何善用每个优势，如何停止每个劣势，如何成就每个机会，如何抵御每个威胁。

SWOT 分析有 4 种不同类型的组合：优势—机会（SO）组合、劣势—机会（WO）组合、优势—威胁（ST）组合和劣势—威胁（WT）组合。

优势—机会（SO）战略，是一种发展企业内部优势与利用外部机会的战略，是一种理想的战略模式。当企业具有特定方面的优势，而外部环境又为发挥这种优势提供有利机会时，可以采取该战略。

劣势—机会（WO）战略，是利用外部机会来弥补内部劣势，使企业改劣势而获取优势的战略。存在外部机会，但由于企业存在一些内部劣势而妨碍其利用机会，可采取措施先克服这些劣势。

优势—威胁（ST）战略，是指企业利用自身优势，回避或减轻外部威胁所造成的影响。

劣势—威胁（WT）战略，是一种旨在减少内部劣势，回避外部环境威胁的防御性技术。

（三）案例分析

这里以大庆市大鹅产业发展的 SWOT 分析为例。

1. 大庆市养鹅业发展的优势

(1)资源优势。大庆市现有草原面积1 034万亩*，每年饲草产量50多万吨，农作物秸秆130万吨，谷物饲料100万吨，青贮玉米13万吨，还有10×10^8kg玉米需推向市场，为生产饲料提供了充足的原料资源，开发鹅用秸秆生物饲料顺应当前节粮型畜牧业发展的需要，确保了鹅肉产品的"绿色"品质，不但大幅度降低了养鹅成本，而且增加了养鹅的经济效益，有发展养鹅业的资源优势。全市现有水面430万亩，湖泊5 240万亩，一些县区湖泊相通，水中的浮游生物十分丰富，为大鹅生产的实施提供了充足的资源保障。

(2)成本优势。据有关资料，鹅在放牧的条件下，每生长1kg的体重只需1~1.5kg精料，低于猪的4.5kg，鸭的3.5kg和鸡的2.3kg，饲料转化率居畜禽之首，素有"青草换肥鹅"之说，也可以说养鹅是"以草换肉、以草换毛"。肉鹅饲养从5~11月，饲养期6个月左右，每只鹅雏5~6元，采用放牧和补料相结合的饲养方式，每只鹅需要精饲料4kg，饲养成本在5.0元左右，出栏重3~4kg，收购价格8元/千克，农户每只鹅纯收入14~18元。近年来黑龙江省农民开发的种草养鹅模式，种植苜蓿、水稗草等，每亩可养殖大鹅120只，亩效益可达1 500元，业已在养鹅重点地区进行推广，这样又充分发挥了大庆市的耕地优势。

(3)劳动力优势。大庆市廉价的劳动力资源对养鹅业竞争力具有重大影响。养鹅业和相应的肉品加工业属于劳动密集型产业，大庆市的劳动力成本低，如果单体规模得以扩大则有利于进一步降低大鹅养殖成本，提高鹅产品的竞争力。

(4)市场优势。随着生活水平的提高和鹅肉加工工艺的改进，大庆市鹅肉消费量大幅度地提高，"大鹅烧土豆"等地方名菜深受消费者的喜爱，随着"馋神""草原兴发"等知名品牌的投产和产品的研发，相信大庆市的广大消费者对卤鹅、酱鹅、盐水鹅、风干鹅等国内消费市场的名牌产品也会逐渐认可和喜爱，消费市场也会进一步扩大。同时，2005年大庆市餐饮业实现零售额22.2亿元，比上年净增1.8亿元，连续三年年均递增29.9%，比全省高11.0%，比全国高12.1%。而且大庆市餐饮龙头企业众多，如能加以引导，大庆市鹅肉将有很大的市场潜力。

(5)龙头企业优势。大庆市畜牧业的快速发展，为企业提供了充足的原料。目前，大庆市有加工禽肉为主的草原兴发、馋神等一批企业。2000年，鑫通畜禽公司投入近30万元新上了一条孵化生产线，年孵雏近40万只，改变了过去鹅雏全部外购的被动局面。2002年，又投入近25万元购买冷冻机，维修了冷库、厂房，使其逐步形成了从屠宰、脱毛到冷藏加工的"一条龙"生产格局，大鹅日屠宰量达8 000~10 000只。2005年全市已形成了年加工大鹅600万只的加工能力，加速了畜牧业产业化进程。

2. 大庆市养鹅业发展的劣势

尽管近年来大庆市养鹅业得到迅速发展，但在良好的发展势头下，仍存在许多不足。

(1)产业组织体系没有形成，过程监控困难。从鹅肉产品的生产、加工、流通到消费的产业纵向关联机制还不完善，产业组织体系还没有形成，产业化经营水平低。大庆市大多数大鹅养殖者与屠宰处理、产品加工以及饲料企业都是分开、独立经营。与国外养鹅业发达国家相比，大庆市养鹅业在资本、技术、信息以及管理等方面都不具有竞争优势。另外，大庆市养鹅业在市场化的进程中，不论在饲养过程防疫、宰前检疫、屠宰后检疫，还是在市场监

---

* 1亩≈0.067hm²。

管等方面虽然取得了很大的进步，制订了较为详尽的标准和制度，但由于有些标准的要求超出了实际可能达到的程度，以及重视不够、监督执行成本过高等现实状况的存在，导致大庆市在养鹅生产中的监督力度不够。

(2) 养殖规模偏小，难以适应工厂化加工和管理。靠天养鹅、传统养鹅、千家万户散养的方式仍是大庆市养鹅的主要方式。千家万户散养使饲料混杂、品质混杂、年龄混杂，结果是育肥期长、育肥效率低、育肥鹅的质量差、产品缺乏竞争力。在这种养殖方式下实行工厂化养殖和管理的难度很大，而按目前的养殖方式其产品质量不稳定、产品供应集中在9~11月这两、三个月间，这种情形不利于稳定供货和保障产品质量。还存在小规模分散经营，无法实现规模经济，市场谈判能力弱，单个主体面对不断变化的市场，无法对市场信息做出理性的反应，不适合工厂化加工，产品品质也难以满足绿色的要求。

(3) 从业人员素质不高，对科技的重视程度不够。目前从事养鹅的多为农村劳动力，这些农村劳动力的文化素质不是很高，经过培养训练的技术人员也很少，他们对新技术、新成果、新信息反应迟钝，缺乏学习、吸收消化的能力。饲养者随意选择鹅场场址、修建简陋的鹅舍，从而造成养鹅生产的大环境条件得不到满足，舍内的小环境条件恶劣，不仅严重影响着鹅的生长和生产性能的发挥，还使鹅经常发病，引起高死亡率，造成经济损失较大；饲养者还经常采用传统的饲养技术，其饲料转化率低，使得生产成本高，收益与成本间的比值普遍较低。

(4) 季节养鹅仍占主导地位，降低养鹅的经济效益。很多农民都习惯于4~6月养雏鹅，9~11月出售，利用夏、秋季节青草茂盛和秋后利用收割后茬地放牧饲养。实际上秋冬季节养鹅经济效益更高，可采取种饲料玉米的方法，于每年8月下旬开始制作青贮，用青贮喂鹅，这样就解决了冬季的青、粗饲料问题，经测算，每亩饲料玉米可产青玉米秸秆6 000~7 000 kg，按每只鹅每天采食0.75kg青贮计算，每亩饲料玉米经青贮后可供100只鹅吃90d。由于我省冬季漫长而寒冷，鹅绒为御寒羽绒，质量好、产量高，而春季正值鹅源紧缺，鹅羽绒收购价比秋季高1.5倍，所以秋、冬季节经济效益更高。

(5) 品种不优，且改良工作较为困难。虽然我国鹅种资源丰富，但是在长期的生产实践中，大多数采用本地品种之间的杂交利用和纯繁利用，尽管本地品种能较好地适应当地的环境条件，但是由于大多数品种缺乏优良的生长基因，加之分散的饲养方式和缺乏有效的组织管理，使当地鹅品种近交现象严重，致使大庆市养鹅业生产性能降低。同时，各地方品种间的生产性能存在较大的差异，群体整齐度差，不能满足规模化、产业化生产的发展需要。优良鹅种的供种能力不足，严重影响了养鹅生产的经济效益。

3. 大庆市养鹅业发展的机遇

(1) 发展养鹅业顺应我国发展节粮型畜牧业的时代需求。根据我国的人口增长和人均耕地情况，用粮食来满足我国畜牧业继续发展所需要的饲料必然十分困难，这就使以猪、鸡为主的耗粮型畜牧业的发展受到严重制约。因此，大力发展草食畜禽，以草换取畜禽产品，建立以草食畜禽为主体的高效节粮型畜牧业生产结构，是我国畜牧业产业战略性结构调整的重要方向。鹅属草食禽类，是一种体形较大的可陆养的草食水禽，由于其自身生理构造的特点，对草的啄食率和消化率高得可与绵羊媲美，除莎草科苔属青草和有毒、有特殊气味的草种外，都能采食。养鹅业是典型的生态农业项目，是很容易做大做强的绿色有机食品产业，发展养鹅业既是社会发展的需要也顺应我国发展节粮型畜牧业的时代需求。

(2)发展养鹅业是适应国内外市场需求变化的必然选择。近些年来，随着人们生活水平的不断提高，在人们对绿色食品、营养和口味需求的带动下，对鹅产品的消费日趋增多。同时，鹅肉肥美细嫩，赖氨酸的含量比鸡肉高30%以上，蛋白质含量为17.5%~22%，仅次于蛋白质含量最高的兔肉，所含脂肪大部分为不饱和性脂肪酸，常吃鹅肉可减少血液中胆固醇的含量，降低心、脑血管病的发病率，因而受到广大消费者的青睐。

(3)发展养鹅业是培育畜牧经济新增长点和解决"三农"问题增加农民收入的重要举措。基于市场和国情的基本要求，同时由于鹅具有很高的免疫力、耐粗饲、抗病易养、养鹅设备简单、投资少、周期短、风险小、效益高，决定了养鹅业必将成为畜牧经济新的增长点，成为农牧民增收的重要途径。目前，全国大部分地区以鹅产业作为农村区域经济的主导产业和以养鹅而脱贫致富奔小康的项目。鹅能充分利用多种农作物副产品和林木落叶转化为优质的鹅产品，既降低了饲料成本，又能够减少焚烧秸秆造成的环境污染，鹅的粪便还可以肥田，增加土壤的有机质，改善土壤结构，提高农作物产量，形成良性循环，促进农业的可持续发展。鹅可以同鱼、果、林等产业以及玉米、花生等农作物共生共长，协调发展，具有良好的生态效益。如果农民把种粮改为种草养鹅，则养鹅的收入比种粮要提高好几倍。还对种植业结构调整创造了有利条件，使种植业由过去以粮为主结构向粮、经、草三元结构方向发展。

(4)政府宏观政策。当前，我国广大农村正面临产业结构调整，好多县市都把发展畜牧业作为发展地方经济的突破口，以畜牧业为龙头全面发展地方经济。养鹅业又是当前增幅大、效益好的畜禽养殖项目，养鹅业受到各地政府的重视，出台了各种扶持政策，保护农民养鹅的积极性，必将推动养殖业的发展。在《大庆可持续发展规划》中提出"以肇州、肇源和大同区为主，依托肇州、肇源羽绒厂和大同区大鹅屠宰线，建设大鹅生产基地。大庆市也出台了许多优惠政策来支持养鹅业发展。

(5)养鹅业市场前景广阔。鹅肉的需求量呈增长趋势。目前，鹅的国内外市场需求处于供不应求的现状，为大庆养鹅产业发展提供了广阔发展空间。我国对鹅的年需求量按保守数字估算在8亿~9亿只，而全国的饲养量仅有6亿只左右。我国南方有近6亿人喜食鹅肉，有"无鹅不成席"的说法。同时鹅肉的消费呈现北移的趋势，市场非常广阔。鹅肥肝市场需求量上升较快。鹅肥肝是世界三大美味佳肴之一，在欧洲市场一直供不应求。受世界美食潮的影响，国内的富裕阶层也开始兴起吃鹅肥肝。据市场检查，一些大中城市的四星级以上的宾馆多有鹅肥肝这道佳肴，但许多无货。因目前国内生产总量不足200吨，又不能达到全年均衡生产，所以一些宾馆多从国外进口。

国内、国际鹅羽绒市场均供不应求。中国年产鹅羽绒3.0万吨，其中2/3以原料或制品出口，1/3内销，也就是大约有1.0万吨内销。

4. 大庆市养鹅业发展的威胁

(1)草原生态恶化和禁牧政策的影响。大庆市大部分草场存在严重退化问题，考虑到全市经济、社会、生态的协调、可持续发展问题，大庆市强制实行了退牧禁牧政策。牧区在饲草资源丰富、允许自由放牧的条件下其饲养成本较低，牧区在大庆市养鹅生产中一直占有很重要的地位，但由于多年来对草场资源的过度利用，草场资源退化严重，已经无法承载起太多的饲草动物。在全市实行禁牧后，牧区特有的成本低廉的优势随之丧失，因此牧区养鹅的积极性就会有所降低，鹅的数量有减少趋势。

(2) 其他畜牧产业的发展给养鹅业的发展带来威胁。大庆市有些地区的秸秆、藤秸等粗饲料资源比较丰富，土地也较为肥沃，如若种植苜蓿等草类作物其产量较高，但这些地区人口较为集中，是牛奶、牛肉的主要消费区域，近几年来随着生活水平的提高，人们对牛奶、牛肉、羊肉的消费与日俱增，许多地区在大力发展畜牧业时把目光投向了奶牛产业，这对发展养鹅业带来了影响。

(3) 危害严重的疫病。尽管在禽类中鹅患传染病相对较少，但对养鹅业的发展十分不利。但自从1997年以来，在短短几年中，先后发现了鹅副黏病毒病、鹅疫、鹅出血性坏死性肝炎、鹅鸭疫里默氏杆菌病等病毒性和细菌性烈性传染病。目前可以认为是老的传染病仍在继续，新的传染病不断发生，所造成的危害不但改变了以往鹅病少、鹅好养的局面，而且严重影响了养鹅业的健康发展。尤其2005年的全国禽流感的暴发，国家为了扑灭、控制禽流感禁止全国禽类产品的跨地区交易，南方一些大的客户无法在大庆收购活鹅，给大庆市养鹅业造成了严重的冲击。

5. 综合分析

建立 SWOT 矩阵，并进行 SO、ST、WO、WT 的分析，具体的矩阵及分析见表 7-1。

表 7-1　大庆市养鹅业 SWOT 分析矩阵

S, W ＼ O, T	S——优势： 1. 资源优势 2. 成本低廉，效益好 3. 有大量廉价的劳动力资源，为养鹅业的发展提供劳力保障 4. 市场优势，消费潜力大 5. 龙头企业优势	W——劣势： 1. 产业组织体系没有形成，过程监控困难 2. 养殖规模偏小，难以适应工厂化加工和管理 3. 从业人员素质低，对科技的重视程度不够 4. 季节养鹅仍占主导地位，降低养鹅的经济效益 5. 品种不优，且改良工作较为困难
O——机会： 1. 发展养鹅业顺应我国发展节粮型畜牧业的时代需求 2. 发展养鹅业是加入 WTO 后适应国内外市场需求变化的必然选择 3. 发展养鹅业是培育畜牧经济新增长点和解决"三农"问题增加农民收入的重要举措 4. 政府宏观政策	SO 战略： 1. 充分发挥资源优势，发展节粮型畜牧业 2. 把养鹅业作为增加农民收入的重要举措 3. 抓住我国加入 WTO 的良好发展时机，大力发展绿色养鹅业	WO 战略： 1. 改变传统副业生产的思想，加快鹅业产业化的进程 2. 加速科学普及，做到科技兴鹅 3. 育成大庆市自己的高产肉鹅配套系
T——威胁： 1. 草原生态恶化和退牧禁牧政策的影响 2. 其他畜牧产业的发展给养鹅业的发展带来威胁 3. 疫病威胁	ST 战略： 1. 开展并推广种草养鹅 2. 发展鹅产品深加工 3. 实行品牌战略	WT 战略： 1. 大力扶持鹅业龙头企业 2. 政府应继续加大优惠政策付出力度

如上所述，大庆市养鹅业面临激烈的竞争，虽有良好的发展机会，并取得了飞速发展，但养鹅业本身实力还不够强大，在产业化体系、良种选育、产品加工方面都存在薄弱环节，大庆市养鹅业有市场发展机会，但养鹅业自身存在不足，为力求发展，大庆市养鹅业必须利用我国加入WTO和政府扶持的良好机会，发挥自身优势，以期获得可持续发展。

二、系统诊断

系统诊断是系统工程中常用的一种分析方法，它是定性分析系统中主次因素的一种方法。

系统诊断方法的分析步骤如下：

(1) 明确系统诊断的问题和诊断的内容。

(2) 根据诊断的内容，由诊断专家找出影响该问题的主要因素，再找出各影响因素。依此类推，直至将诊断问题完全展开，以便于分析。但在搜索问题的影响因素时，要找出主要的因素，不宜过细，以免分析复杂、冲淡主题。

(3) 根据搜索的问题影响因素，建立影响因素作用系数矩阵。由各诊断专家和技术人员，共同确定影响因素，再建立影响因素的作用系数矩阵。设影响因素为 X_1, X_2, X_3, …, X_n，则因素作用系数矩阵见表7-2。

表7-2　影响因素作用系数矩阵

因素	X_1	X_2	X_3	…	X_n	$\sum$
X_1	a_{11}	a_{12}	a_{13}	…	a_{1n}	$\sum a_{1i}$
X_2	a_{21}	a_{22}	a_{23}	…	a_{2n}	$\sum a_{2i}$
X_3	a_{31}	a_{32}	a_{33}	…	a_{3n}	$\sum a_{3i}$
…	…	…	…	…	…	…
X_n	a_{n1}	a_{n2}	a_{n3}	…	a_{nn}	$\sum a_{ni}$

矩阵中的系数 a_{ij} 在区间[0, 1]内，其中 $a_{ii}=0.5$。

$$a_{ij}+a_{ji}=1, \quad \sum a_{ij}+\sum a_{ji}=n$$

矩阵中，两两因素比较评分的标准为：

极重要→0.9　　　重要→0.8

强→0.7　　　较强→0.6

相同→0.5　　　较弱→0.4

弱→0.3　　　很弱→0.2

极弱→0.1

评分时，根据上述标准，将某一因素分别与其他因素进行比较，由专家根据自己的判断，给出评分。

(4) 按因素作用系数和的大小排序。根据表7-2中的 $\sum a_{ij}$ 的大小进行排序，见表7-3。

表7-3中是假设 $\sum a_{ij}$ 的大小按 X_1, X_2, …, X_n 由大到小的顺序来排列的。在实际计算中，要按实际 $\sum a_{ij}$ 的大小来排序。

表 7-3 因素作用系数和计算排序

因素	X_1	X_2	…	X_n
$\sum a_{ij}$				
序	1	2	…	n

(5) 确定主次因素。根据表7-3的计算排序,确定主次因素。具体的计算方法见表7-4。

表 7-4 确定主次因素计算表

因素	X_1	X_2	…	X_n	$\sum a_{ij}$
$\sum a_{ij} / \sum \sum a_{ij}$					
累计 $\sum a_{ij} / \sum \sum a_{ij}$					
性质判定					

判断性质时,其标准为:

累计 $\sum a_{ij} / \sum \sum a_{ij}$ 达到 70%,所对应因素为主要因素;

累计 $\sum a_{ij} / \sum \sum a_{ij}$ 达到 90%,所对应的由 70%~90% 的因素为次要因素;

累计 $\sum a_{ij} / \sum \sum a_{ij}$ 达到 90% 以后所对应因素为一般因素。

为了进一步加深对系统诊断的理解和掌握,我们以实例来说明。

【例 7-1】 某畜牧场的生产影响问题诊断。

解:

(1) 经问题因素搜索,共有5个主要的影响因素:粗饲料供应不足(X_1);管理落后(X_2);畜种品质差(X_3);乳房炎严重(X_4);体制不合理(X_5)。

(2) 由专家对因素作用模糊量化评分,建立影响因素作用系数矩阵,见表7-5。

表 7-5 因素作用系数作用矩阵打分表

因素	X_1	X_2	X_3	X_4	X_5
X_1	0.5	0.8	0.7	0.9	0.8
X_2	0.2	0.5	0.3	0.6	0.3
X_3	0.3	0.7	0.5	0.7	0.6
X_4	0.1	0.4	0.3	0.5	0.4
X_5	0.2	0.7	0.4	0.6	0.5

各专家的评分经平均化后,记入系数矩阵。

(3) 系数矩阵的处理及性质的确定。经对表7-5的计算,确定影响因素的重要性(表7-6)。

通过上面的分析计算,可以确定:X_1、X_3 为主要因素,X_5、X_2 为次要因素,X_4 为一般因素。即影响该生产的主要因素是粗饲料供应不足、畜种品质差及体制不合理;次要因素是管理落后和畜牧疾病乳房炎的影响。该场生产的决策问题就应从此分析结果出发,制订相应的改进措施。

表 7-6　影响因素重要性确定表

因素	X_1	X_3	X_5	X_2	X_4
$\sum a_{ij}$	3.7	2.8	2.4	1.9	1.7
$\sum a_{ij}/\sum\sum a_{ij}$	0.296	0.224	0.192	0.152	0.136
序	1	2	3	4	5
累计 $\sum a_{ij}/\sum\sum a_{ij}$	0.296	0.520	0.712	0.846	1.000
性质判定	主要因素		次要因素		一般因素

下面，以一个实际的例子说明如何应用系统诊断方法。

【例 7-2】　垦区奶牛生产发展的系统诊断。

目前，垦区奶牛业的发展可以说是步履维艰，困难很多，各种内外因素严重制约着奶牛业的发展。为了探讨和分析影响垦区奶牛业发展的各种因素，找出主次因素，以便为奶牛业的系统管理提供依据，在此进行了奶牛业影响因素的系统诊断。

通过与奶牛饲养户、奶牛专家、管理人员、乳品厂、畜牧经济管理人员等共同探讨和分析垦区奶牛业发展影响因素的问题，经集思广益，提出了两个最主要的问题：市场问题和管理问题。产生这两个问题的因素主要有 6 个：国家大量进口乳制品（正当渠道和走私），严重冲击国内市场（X_1）；国家没有具体的保护奶业发展的措施（X_2）；乳品单一，与市场需求相差较大，产品竞争力差（X_3）；行政干预经济，以行政手段代替经济规律，强制运行违背奶牛饲养户利益的机制（X_4）；奶牛户与乳品厂的经济利益关系没有理顺，拖欠奶资严重（X_5）；某些农场的奶牛政策缺乏连贯性，朝令夕改，严重挫伤了奶牛养殖户的生产积极性（X_6）。各问题和影响因素之间的关系见图 7-1。

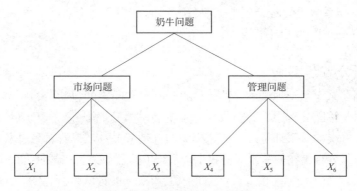

图 7-1　影响因素之间的关系图

经各专家对这 6 个问题进行模糊评判，采用如下评判标准最终建立了因素作用矩阵（表 7-7）。

两两因素相互作用模糊评判标准：

　　　　极重要——0.9　　很重要——0.8　　强——0.7
　　　　较强——0.6　　　相同——0.5　　　较弱——0.4
　　　　弱——0.3　　　　很弱——0.2　　　极弱——0.1

表 7-7 因素作用系数矩阵

因素	X_1	X_2	X_3	X_4	X_5	X_6	Σ	$\dfrac{\Sigma}{\Sigma\Sigma}$
X_1	0.5	0.3	0.6	0.5	0.4	0.6	2.9	0.16
X_2	0.7	0.5	0.7	0.3	0.1	0.2	2.5	0.14
X_3	0.4	0.3	0.5	0.2	0.1	0.3	1.8	0.10
X_4	0.5	0.7	0.8	0.5	0.7	0.8	4.0	0.22
X_5	0.6	0.9	0.9	0.3	0.5	0.6	3.8	0.21
X_6	0.4	0.8	0.7	0.2	0.4	0.5	3.0	0.17

按此标准对各因素进行评判，建立了因素相互作用矩阵并对矩阵进行了处理。

经进一步对作用系数矩阵的计算和判定，认为：影响垦区奶牛业发展的两个主要问题相比较，首先是体制问题，其次是市场问题。主要影响因素依次是行政手段干预奶牛业的运行、乳品厂拖欠奶资、农场的奶牛政策不稳、外国乳品的冲击、国家缺乏具体的保护政策、乳品单一、产品缺乏竞争力。

系统诊断分析方法的应用范围很广泛，从宏观问题的诊断分析到微观问题的分析诊断都可使用。

系统诊断分析方法在应用时，应注意以下几点：

①一定要选择懂业务、有系统思想的、对本诊断任务有较深了解的专家，并且要有团结协作精神。专家选择的好坏，决定着诊断结果的质量如何。

②搜索问题和因素分析时问题不能过细，一定要找主要因素，确定抓主要因素的同时，也要兼顾有一定影响的次要因素。

③确定因素作用系数矩阵时，原则上取各专家的平均分，但若有非常权威的专家，其评分的权重应适当提高，应取加权平均数。

三、灰色关联分析

灰色关联分析是灰色系统理论中一种重要的分析因果问题的科学分析方法。在此，将此方法引入畜牧生产系统诊断分析中，为畜牧生产系统的科学管理服务。灰色系统理论认为，所有存在的各种自然、社会的关系都是灰色的、模糊的，是灰关系。只有对各种灰关系进行灰色分析，才能真正地分析各种事物的关系。畜牧生产系统中的各种关系在某种程度上说都是灰关系，因为畜牧生产系统本身就是灰色的，我们对其机理、规律、变化趋势了解和掌握得很少，有很大一部分我们不了解，也无法了解。因而，利用灰色关联分析的方法来诊断分析畜牧生产系统的有关问题是适宜的，也是科学的。灰色关联分析的基本思想是一种相对性的排序分析，它是根据各因素与问题的曲线相似程度来判断其联系是否紧密。即曲线的几何形状越接近，它们的关联程度越大，关联度就越大，反之则小(图 7-2)。

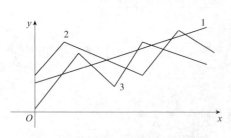

图 7-2 不同形状曲线间的关系

由图 7-2 中，曲线 2 和 3 形状比较接近，而与 1 相差很远，于是我们认为曲线 2 和 3 的关联程度大，即它们的关联度大，2 和 1 的关联度就小。

1. 一果多因的关联分析

具体的计算关联度的步骤如下：设畜牧生产系统的诊断问题为 Y，有 n 个观测值，记为：$Y=(Y_i)_n$ 与之相关的因素有 m 个，每个因素有 n 个观测值，记为：$X=(X_{ij})$。数据如表 7-8 所示。

表 7-8　关联分析数据

Y	Y_1	Y_2	…	Y_n
X_1	X_{11}	X_{12}	…	X_{1m}
X_2	X_{21}	X_{22}	…	X_{2m}
…	…	…	…	…
X_m	X_{n1}	X_{n2}	…	X_{nm}

（1）数据的无量纲化。由于因果数据可能有不同的量纲，因此，在进行计算关联度之前，要进行数据的无量纲化处理。通常数据的无量纲化处理有两种方法，数据的初值化和数据的均值化。

数据的初值化就是每行数据中的各数据均用第一项数据去除。数据的均值化是指每行数据中的各数据均用该数列的平均值去除。

无论采用初值化或采用均值化都可进行数据的无量纲化处理，如各因与果的数据的量纲相同，也可以不必进行无量纲化处理。至于采用哪一种方法，按实际情况自定。

（2）求绝对差值。每一因素的数列与因变量数列的绝对差值。

$$D_i = |d_i| = |X-Y|$$

（3）在所有的绝对差值中，找出最大和最小的差值，分别记为 Δ_1 和 Δ_2。

（4）求关联系数 ξ。每一列绝对差值中，每一个绝对差值所对应的该列的因与果的关联系数 ξ 为：

$$\xi_i = \frac{\Delta_2 + \beta \cdot \Delta_1}{d_i + \beta \cdot \Delta_1}$$

β 为分辨系数，在 [0，1] 区间，通常取 0.5。

（5）求一因与果的关联度 r。

$$r = \frac{1}{n} \sum \xi_i$$

（6）按上面的计算方法计算出各因与果的关联度，再分别比较各关联度的大小。

上面的计算方法就是一果与多因的关联度计算方法。从中我们也可以看出，它同样可用来进行一因多果的关联分析。

下面举一实例，说明灰色关联度分析方法的应用。

【例 7-3】 间歇光照对肉仔鸡的生长有影响。间歇光照制度对肉仔鸡的存活率、增重、耗料均有影响。现经试验，测定了在不同光照制度下肉仔鸡的存活率、增重、耗料的数据见

表7-9。试用灰色关联度分析方法确定光照制度对肉仔鸡的3项因素中哪一项因素关系最大？它们之间的关联度？

表7-9 间歇光照对肉仔鸡的影响

光照制度(8周龄)	$1L:3D$	$1L:1.5D$	$24L$
存活率/%	98.08	91.80	82.28
增重/kg	2.24	2.14	2.06
耗料/kg	4.79	5.02	5.20

注：L代表光照，D代表黑暗。

解：

(1) 因果数据分别为：

光照制度 $Y=(0.75, 0.6, 0)$，Y_i是按$Y_i=D/(L+D)$计算而来。

存活率 $X_1=(98.08, 91.80, 82.28)$

增重 $X_2=(2.24, 2.14, 2.06)$

耗料 $X_3=(4.79, 5.02, 5.20)$

(2) 初值化。

$$Y'=(1, 0.8, 0)$$
$$X_1'=(1, 0.936, 0.839)$$
$$X_2'=(1, 0.955, 0.920)$$
$$X_3'=(1, 1.048, 1.086)$$

(3) 求绝对差值d。

$$d_1=|X_1'-Y'|=(0, 0.136, 0.839)$$
$$d_2=|X_2'-Y'|=(0, 0.155, 0.920)$$
$$d_3=|X_3'-Y'|=(0, 0.248, 1.086)$$

(4) 绝对差值中，最大的差值$\Delta_1=1.086$，最小的差值$\Delta_2=0$。

(5) 取分辨系数$\beta=0.5$。

(6) 计算关联系数和关联度。首先计算X_1与Y的第一观测值之间的关联系数：

$$\xi_{11}=\frac{0+0.5\times 1.086}{0+0.5\times 1.086}=1$$

X_1与Y的第二观测点和第三观测点之间的关联系数分别为：

$$\xi_{12}=\frac{0+0.5\times 1.086}{0.136+0.5\times 1.086}=0.800$$

$$\xi_{13}=\frac{0+0.5\times 1.086}{0.839+0.5\times 1.086}=0.393$$

即 $\xi_1=(1, 0.800, 0.393)$

于是，X_1与Y的关联度r_1为：

$$r_1=(1+0.800+0.393)/3=0.731$$

同理，X_2、X_3与Y的关联系数分别为：

$$\xi_2 = (1, 0.777, 0.371)$$
$$\xi_3 = (1, 0.686, 0.333)$$

则，X_2、X_3 与 Y 的关联度分别为：

$$r_2 = 0.716, \quad r_3 = 0.673$$

X_1、X_2、X_3 与 Y 的关联度顺序为：

$$r_1 > r_2 > r_3$$

由此分析，可以看出，间歇光照对肉仔鸡的影响主要是提高了鸡群的存活率，其次是增重和降低耗料。

【例 7-4】 黑龙江垦区奶牛生产的灰色关联分析

根据黑龙江垦区奶牛业的实际情况，通过查阅黑龙江垦区统计年鉴的数据，确定影响奶牛业生产的因素为畜牧业基本建设投资、耕地面积、人均收入、粮食作物产量、牛奶价格 5 个因素，具体数据如表 7-10 所示。

表 7-10 影响垦区奶牛数量的因素

项 目	1990 年	1992 年	1993 年	1994 年	1995 年
奶牛存栏数 Y/头	108 135	127 839	123 229	119 015	128 283
畜牧业基本建设投资 X_1/万元	1 036	1 346	2 176	2 396	5 888
耕地面积 X_2/亩	1 940 538	1 940 430	1 938 047	1 933 281	1 941 382
人均收入 X_3/元	1 217	1 049	1 491	1 831	2 348
粮食作物产量 X_4/吨	460 221	3 148 940	4 020 256	4 144 379	5 145 803
牛奶价格 X_5/(元/千克)	0.8	1.0	1.0	1.1	1.2

根据表 7-10 的数据，利用灰色关联度分析的方法计算奶牛存栏量与各影响因素的关联度分别为：

$$r_1 = 0.829\ 4,\ r_2 = 0.976\ 2,\ r_3 = 0.943\ 7,\ r_4 = 0.517\ 3,\ r_5 = 0.970\ 8$$

则关联度排序为：$r_2 > r_5 > r_3 > r_1 > r_4$。

由计算结果可见，影响垦区奶牛存栏数的第一因素是耕地面积，其原因是由于人口数量迅猛增长，许多可利用的草原被开垦成耕地种植粮食作物，导致草原面积减少。如按以往经验，奶牛数量应该减少，但实际情况却是没有减少反而增加了。这说明了黑龙江垦区奶牛的饲养方式已由粗放型饲养转变为舍饲型饲养。这也将导致奶牛饲养成本的增加，不利于奶牛业的发展。在市场还未达到饱和程度之前，耕地面积的多少不能成为减少垦区奶牛存栏数的最重要的制约因素。饲养方式的转变可以暂时缓解由于耕地面积增加所带来的负面影响，但随着市场的日趋饱和，舍饲型饲养方式所起到的缓解作用将越来越弱。耕地面积的增加，草原面积的减少，粗饲料的来源越来越少，将严重制约奶牛业发展，将成为奶牛业发展的强大阻力。

第二因素是牛奶价格，随着市场经济的逐步建立和完善，经济体制改革的逐步深化，奶牛饲养由公养逐步过渡为农户饲养，牛奶价格的高低，直接影响到养殖户和各农场的饲养奶牛积极性。牛奶价格高时，奶牛养殖户增多，奶牛存栏数增加，反之，则减少，随市场的起伏而波动。但它没有成为影响垦区奶牛存栏数的最大因素的原因是1995年之前垦区所施行的政府宏观调控仍起着很大的作用，政府的行政干预仍影响着奶牛业的发展。我们在承认行政干预作用的同时，应当看到它不利的一方面。减少行政干预，以市场为引导，发展奶牛业。

第三因素是人均收入。一方面，消费者收入的增加，生活水平的提高，食品结构的日益优化及对肉类及乳制品需要量不断增加，使市场不断扩大并引导奶牛产业发展；另一方面，由于奶牛产业的发展使养殖户人均收入增加，为奶牛业的再生产奠定了经济基础，为奶牛业的扩大再生产提供了条件。这样如此良性循环，使奶牛产业不断发展。

第四因素是畜牧业基本建设投资。黑龙江垦区对畜牧业重视，制定了一系列优惠政策，提高了养殖户的积极性，又由于人均收入的增加使养殖户增加了畜牧业基本建设投资，为奶牛业的发展打好了基础，为今后的发展提供了后劲。

第五因素是粮食作物产量。奶牛以粗饲料为主，精饲料为辅。粮食产量的多少并不是影响奶牛存栏数的最重要的因素。

根据以上的影响因素分析，笔者认为黑龙江垦区若想进一步发展奶牛业，应当重点解决主要矛盾，同时兼顾解决其他次要矛盾，即应当适宜地控制草原的开垦，适当保留一定面积的草原。应当看到，奶牛业的发展是受多种因素影响的，也是很复杂的，市场因素才是影响奶牛业发展的最大因素。垦区奶牛要想真正发展就必须坚持以市场为导向，以科技进步为前提，以经济效益为目的，从本地资源和基础条件出发，发展规模经营，逐步实现专业化生产、一体化经营、社会化服务、工厂化管理，建立养加销、贸工畜、畜科教、城乡户一体化的经营形式，走产业化发展的道路。黑龙江垦区奶牛业的发展在整体上还存在着投入不足的问题。为保证垦区奶牛业的持续稳定的发展，应进一步加大投入的力度，包括政策、资金等方面的投入。由于黑龙江垦区下属分局的奶牛生产与实际情况存在着一定的差异，要想正确地引导和控制奶牛产业化的发展一定要根据各分局的实际情况，应采取具体问题具体分析的做法，走产业化的发展道路是黑龙江垦区奶牛业发展的根本出路。

利用灰色关联分析方法来分析具有灰关系的问题，特别是像畜牧生产系统这样具有很多不确定性和不可控制性的问题，是非常有用和有效的方法。畜牧生产系统有大量的数据信息，我们完全可以利用灰色相关分析来诊断分析它们之间的关系，便于抓住主要矛盾，重点解决主要问题。

2. 灰色关联优势分析

在关联分析中，都是分析一果多因的问题，在实际中，因变量（果）不止一个，自变量（因）更是不止一个，常常是多因多果的问题，应如何分析呢？对此问题采用灰色关联优势分析。灰色关联优势分析是通过建立各果与各因之间的关联度矩阵，然后对关联度矩阵进行分析，找出优势因素和非优势因素、优势果和非优势果的过程。

设有5个因变量（果），6个自变量（因），即 $n=5$，$m=6$

$$\{Y_1\}, \{Y_2\}, \{Y_3\}, \{Y_4\}, \{Y_5\}$$
$$\{X_1\}, \{X_2\}, \{X_3\}, \{X_4\}, \{X_5\}, \{X_6\}$$

分别求出 Y_1 与 X_1、X_2、X_3、X_4、X_5、X_6 的关联度 r_{11}、r_{12}、r_{13}、r_{14}、r_{15}、r_{16}，Y_2 与 X_1、X_2、X_3、X_4、X_5、X_6 的关联度 r_{21}、r_{22}、r_{23}、r_{24}、r_{25}、r_{26}，…，Y_5 与 X_1、X_2、X_3、X_4、X_5、X_6 的关联度 r_{51}、r_{52}、r_{53}、r_{54}、r_{55}、r_{56}。

于是，Y 与 X 的关联度矩阵为：

$$R = \begin{vmatrix} r_{11} & r_{12} & r_{13} & r_{14} & r_{15} & r_{16} \\ r_{21} & r_{22} & r_{23} & r_{24} & r_{25} & r_{26} \\ r_{31} & r_{32} & r_{33} & r_{34} & r_{35} & r_{36} \\ r_{41} & r_{42} & r_{43} & r_{44} & r_{45} & r_{46} \\ r_{51} & r_{52} & r_{53} & r_{54} & r_{55} & r_{56} \end{vmatrix}$$

矩阵 R 中每一行表示同一因变量（果）对各自变量（因）的关联度；每一列表示不同因变量对同一自变量的关联度。这样就可以通过关联度矩阵 R 中各行与各列的关联度来判断因与果之间的作用程度。

在优势分析中，因又称为子因素，果又称为母因素。

若关联度矩阵 R 中第 j 列的值均大于其他列的值时，则称此列为优势子因素（因）。

若关联度矩阵 R 中第 i 行的值均大于其他行的值时，则称此行为优势母因素（果）。

若关联度矩阵 R 中对角线以上的元素为零（或很小），对角线以下元素较大，则称第一子因素为潜在优势子因素。

若关联度矩阵 R 中对角线以下的元素为零（或很小），对角线以上元素较大，则称第一母因素为潜在优势母因素。

关联度矩阵 R 中的各关联度的计算方法与前面讲述的计算方法相同。

下面以实例来说明灰色关联优势分析方法的应用。

【例 7-5】 某地区各年内对农业投资与收入的数据见表 7-11。

表 7-11　某地区农业投资与收入数据　　　　　　　　万元

投资项目	1979 年	1980 年	1981 年	1982 年	1983 年
农业总投资 Y_1	452.64	409.23	407.07	410.38	475.59
种植业总投资 Y_2	205.92	185.48	158.29	190.09	190.01
林业投资 Y_3	5.69	7.67	6.76	5.64	22.37
牧业投资 Y_4	188	157.54	152.35	135.85	144.35
工副业投资 Y_5	53.03	58.17	62.27	78.81	118.86
农业总收入 X_1	369.86	344.92	331.64	439.98	504.06
种植业总收入 X_2	263.33	228.61	210.9	280.25	239.73
林业收入 X_3	4.69	7.78	3.62	5.74	8.76
牧业收入 X_4	9.24	6.80	2.81	4.88	40.27
工副业收入 X_5	92.6	101.73	114.31	149.11	215.3

根据表 7-11 请做灰色关联优势分析，找出优势母因素和优势子因素。

解：

各项收入为母因素，各项投入为子因素。

经计算各母因素与各子因素之间的关联度，建立灰色关联度矩阵 R 为：

$$R = \begin{bmatrix} 0.935 & 0.951 & 0.825 & 0.758 & 0.799 \\ 0.915 & 0.976 & 0.838 & 0.769 & 0.790 \\ 0.775 & 0.768 & 0.780 & 0.778 & 0.804 \\ 0.890 & 0.949 & 0.813 & 0.792 & 0.777 \\ 0.797 & 0.744 & 0.748 & 0.631 & 0.953 \end{bmatrix}$$

对矩阵 R 进行分析：

(1) 对矩阵的行进行分析，可以看出，第二行较大，说明种植业的投资对各项收入的影响较大，种植业是本地区的主业，其次是牧业。

(2) 对矩阵的列进行分析，可以看出，种植业的收入对各行业的投资依赖较大，说明种植业需要各行业的支持。

(3) 矩阵中 r_{22} 最大，说明发展种植业的经济效益最好。其次是 r_{55}，说明发展工副业也是较好的经济投资项目。

从上面的分析可以看出，种植业和工副业是优势因素，是区域内的经济支柱，是农业总收入的主要来源。

利用灰色关联优势分析的方法对多因多果具有多种灰关系的复杂系统进行关联分析是非常有用的，也是很科学的，它计算比较简便，也容易说明问题，应在畜牧生产系统诊断分析中大力推广使用。

在进行优势分析时，一定要结合所分析对象的实际情况，这样才能言之有物，才能有针对性地发表合理的见解。

四、畜牧产量的主因素分析

在畜牧生产中，畜牧总产量是由畜禽的头数和平均产量两个因素决定的。随着畜牧生产的进行，畜禽的头数和平均产量都会发生变化，从而使总产量发生变化。那么，总产量的变化量与头数的变化量、平均产量的变化量两者哪一个关系大？这两者变化量对总产量的变化量的贡献率又是多少呢？对此问题的了解和确定，对于决策者进行合理的确定饲养规模和提高畜禽品质的决策很有支持作用。解决此类问题，就是对畜牧产量的主因素的分析。

1. 原理

畜牧产量：

$$W = A \cdot B$$

式中　W——总产量；
　　　A——畜禽的头数；
　　　B——畜禽的平均产量。

设第 i 年的畜牧产量、畜禽头数、平均产量分别为：W_i，A_i，B_i。

第 $i+1$ 年的畜牧产量、畜禽头数、平均产量分别为：W_{i+1}，A_{i+1}，B_{i+1}。

于是

$$\begin{cases} W_i = A_i \cdot B_i & (1) \\ W_{i+1} = A_{i+1} \cdot B_{i+1} & (2) \end{cases}$$

对式(1)、式(2)两边取对数：
$$\ln W_i = \ln A_i + \ln B_i \quad (3)$$
$$\ln W_{i+1} = \ln A_{i+1} + \ln B_{i+1} \quad (4)$$

式(4)-式(3)：
$$\ln W_{i+1} - \ln W_i = \ln A_{i+1} - \ln A_i + \ln B_{i+1} - \ln B_i$$

两边同乘$(W_{i+1}-W_i)/(\ln W_{i+1}-\ln W_i)$，得

$$W_{i+1} - W_i = \frac{\ln A_{i+1} - \ln A_i}{\ln W_{i+1} - \ln W_i}(W_{i+1} - W_i) + \frac{\ln B_{i+1} - \ln B_i}{\ln W_{i+1} - \ln W_i}(W_{i+1} - W_i)$$

于是，总产量的变化量就被分解为两个部分，其中由头数变化引起的总产量变化的比例(贡献率)为：

$$\frac{\ln A_{i+1} - \ln A_i}{\ln W_{i+1} - \ln W_i}$$

由平均产量变化引起总产量变化的比例(贡献率)为：

$$\frac{\ln B_{i+1} - \ln B_i}{\ln W_{i+1} - \ln W_i}$$

根据上面的计算公式，将W、A、B的值代入式中，就可计算出头数和平均产量对畜牧总产量变化量的贡献率。若连续进行计算，也就知道了畜牧总产量变化量与头数、平均产量的变化量之间的动态变化关系。这对于进行相关的决策有一定的指导和支持作用。

本方法不仅可以用于畜牧产量的动态分析，还可以进行其他相类似的问题分析，如产仔数与繁殖母畜、繁殖率；饲料成本与饲料价格、平均每头畜耗用的饲料量等。畜牧主因素动态分析是一种应用比较广泛的分析方法。

2. 方法的应用

【例7-6】 黑龙江垦区1990—1993年，养鹿业出现了下降趋势，产仔数发生了变化，引起此变化的因素是繁殖母鹿、繁殖率的改变。产仔数是繁殖母鹿与繁殖率的乘积。表7-12是黑龙江垦区1990—1993年鹿的有关数据。

表7-12 垦区鹿繁殖情况表

年份	繁殖母鹿/头	繁殖率/%	产仔数/头
1990	1 803	41.3	744
1991	1 608	36.6	588
1992	1 703	44.0	750
1993	1 571	46.9	737

试分析繁殖母鹿、繁殖率对产仔数变化的贡献情况。

解：

利用上面的计算公式，令W代表产仔数，A代表繁殖母鹿，B代表繁殖率。经计算，各年间繁殖母鹿、繁殖率对产仔数变化的贡献率见表7-13。

表 7-13　历年繁殖母鹿、繁殖率对产仔数变化的贡献率

年份	繁殖母鹿的贡献率/%	繁殖率的贡献率/%
1990		
1991	48.6	51.4
1992	23.6	76.4
1993	460	−360

由表 7-13 可以看出，在垦区鹿群发展中，母鹿的繁殖率对产仔数增加的作用越来越大，说明垦区这几年鹿的繁殖技术越来越进步、效果明显，尽管在繁殖母鹿逐渐减少的情况下，产仔数基本保持稳定。这也说明了发展畜群数量的根本对策是提高畜群的繁殖率，同时还可相对减少繁殖母鹿的总饲养成本，提高了经济效益。

【例 7-7】　垦区牛奶产量的动态分析

奶牛生产的目的之一就是为了获得最大量的牛奶。为了更好地达到这一目的，应该对牛奶产量的构成进行分析，找出影响牛奶产量的主要因素，以便有针对性地采取相应的对策来提高牛奶的总产量。牛奶的总产量是由产奶牛的头数和平均单产两个因素决定的，牛奶产量的变化也是由产奶牛头数变化和单产改变两个改变量影响的。在牛奶产量变化中究竟两个因素孰大孰小，是一个值得分析的问题。

下面收集了垦区 1992—1997 年牛奶产量、产奶牛头数、平均单产的数据。数据见表 7-14（数据来源于1998年黑龙江垦区统计年鉴）。

表 7-14　垦区历年产奶情况

项目	年份					
	1992	1993	1994	1995	1996	1997
产奶量/t	280 592	273 907	236 288	235 478	258 044	296 926
产奶牛数/头	65 262	66 196	58 683	59 385	65 425	68 170
平均单产/kg	4 299	4 138	4 027	3 965	3 944	4 356

设第 i 年的牛奶产量、产奶牛头数、平均单产分别为 W_i，A_i，B_i，第 $i+1$ 年的牛奶产量、产奶牛头数、平均单产分别为 W_{i+1}，A_{i+1}，B_{i+1}。

其中，
$$W_i = A_i \cdot B_i \tag{1}$$
$$W_{i+1} = A_{i+1} \cdot B_{i+1} \tag{2}$$

对式(1)、式(2)两边分别取对数：
$$\ln W_i = \ln A_i + \ln B_i \tag{3}$$
$$\ln W_{i+1} = \ln A_{i+1} + \ln B_{i+1} \tag{4}$$

式(4)−式(3)，得
$$\ln W_{i+1} - \ln W_i = \ln A_{i+1} - \ln A_i + \ln B_{i+1} - \ln B_i$$

等式两边同乘 $\dfrac{W_{i+1}-W_i}{\ln W_{i+1}-\ln W_i}$：

$$\Delta W = W_{i+1}-W_i = \Delta W * (\ln A_{i+1}-\ln A_i)/(\ln W_{i+1}-\ln W_i) + \Delta W * (\ln B_{i+1}-\ln B_i)/(\ln W_{i+1}-\ln W_i)$$

于是，产量的改变量 ΔW 被分解为独立的两部分，即由头数变化而引起的产量变化和由单产变化而引起的产量变化。其中，由头数引起产量变化的贡献率为 $(\ln A_{i+1}-\ln A_i)/(\ln W_{i+1}-\ln W_i)$，以 α 表示。由单产变化引起的产量变化的贡献率为 $(\ln B_{i+1}-\ln B_i)/(\ln W_{i+1}-\ln W_i)$，以 β 表示。

经计算，垦区在 1992—1997 年由于奶牛头数变化和单产变化的贡献率见表 7-15。

表 7-15 垦区奶牛产量因素分析表

变量	年份					
	1992	1993	1994	1995	1996	1997
ΔW		−6 685	−37 619	−810	22 566	38 882
α		−0.62	0.815	−3.463	1.06	0.293
β		1.62	0.185	4.463	−0.06	0.707

由表 7-15 可以看出，1992—1993 年，牛奶产量降低的主要原因是由于单产的下降，尽管产奶牛头数有所增加，仍不能弥补；1993—1994 年，牛奶产量降低的主要原因是产奶牛头数的减少；1994—1995 年，牛奶产量降低的主要原因是单产的降低，尽管产奶牛头数增加了，也不能使产奶量提高；1995—1996 年，牛奶产量增加的主要原因是产奶牛头数的增加，尽管单产有所降低，产奶量仍增加了许多；1996—1997 年，导致产奶量增加的主要原因是产奶牛的单产增加，其次是产奶牛头数的增加。

五、层次分析

层次分析（AHP）是 20 世纪 70 年代由美国的萨迪教授提出的一种用于辅助决策的分析方法，它可以将人们的主观判断用数量形式来表达和处理，特别适合用于处理那些难以完全用定量方法来解决的复杂系统问题。目前，AHP 已经成为系统工程中常用的一种定性和定量相结合的分析方法。由于畜牧系统的特点，其生产效果正适合于应用 AHP 来评价。下面我们以一个例子来说明层次分析的建模及如何利用层次分析的方法进行畜牧生产诊断的。

【例 7-8】 某奶牛场的生产效果的影响因素诊断。

1. 构造 AHP 模型

通过对该场的生产系统的分析，我们可以构造出该场奶牛生产系统的层次分析模型。奶牛生产系统的层次分析模型分为 3 个层次（图 7-3）。

此模型分为 3 个层：

目标层 A：奶牛生产效果，它可以是产奶量、产值等。

因素层 B：产奶情况、种群延续情况。

措施层 C：品质、饲养管理、环境、疫病、管理、市场。

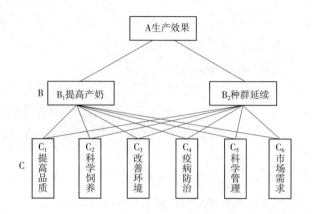

图 7-3　层次分析模型的 3 个层次

2. 建立评判矩阵

层次分析法的基础就是建立层次结构分析模型和评判矩阵。评判矩阵是指对判断层中各元素的相对重要性做出判断,并用数值填入矩阵,构成判断矩阵。判断矩阵中各元素的相对重要性依据如表 7-16 所列。

表 7-16　判断矩阵标度及含义

标度	含　义
1	表示两个因素相比,具有同样的重要性
3	表示两个因素相比,一个因素比另一个因素稍重要
5	表示两个因素相比,一个因素比另一个因素明显重要
7	表示两个因素相比,一个因素比另一个因素强烈重要
9	表示两个因素相比,一个因素比另一个因素极其重要
2, 4, 6, 8	上述两相邻判断的中值
倒数	若因素 i 与 j 比较得判断 B_{ij},则 j 与 i 比较判断 $B_{ji} = 1/B_{ij}$

根据此判断标度,就可以对各层进行评判。

在此,我们请 5 位养牛生产者、管理者进行判定,最终取平均值。

(1) 相对于提高奶牛生产效果总目标,各因素之间的相对重要性比较(判断矩阵 $A—B$)为:

A	B_1	B_2
B_1	1	1
B_2	1	1

(2) 相对于提高产奶效果,各影响因素之间的相对重要性比较(判断矩阵 $B_1—C$)为:

B_1	C_1	C_2	C_3	C_4	C_5	C_6
C_1	1	3	5	4	1/2	7
C_2	1/3	1	4	1/2	1/5	3
C_3	1/5	1/4	1	1/5	1/4	1/2
C_4	1/4	2	5	1	1/3	2
C_5	2	5	4	3	1	4
C_6	1/7	1/3	2	1/2	1/4	1

（3）相对于提高繁殖水平，各影响因素之间的相对重要性比较（判断矩阵 B_2—C）为：

B_2	C_1	C_2	C_3	C_4	C_5	C_6
C_1	1	1/3	1/2	1/5	1/4	2
C_2	3	1	2	1	1/3	4
C_3	2	1/2	1	1/3	1/2	7
C_4	5	1	2	1	4	5
C_5	4	3	5	1/4	1	6
C_6	1/2	1/4	6	1/5	1/6	1

3. 层次单排序及其一致性检验

所谓层次单排序是指本层各因素对上一层某个因素的重要性的次序，根据判断矩阵去推算第 $K+1$ 层各因素对第 K 层问题的相对重要性系数叫作层次单排序。例如根据 B—C 判断矩阵，去推算 $C_i(i=1,2,3,4,5,6)$ 对问题 B 的相对重要性系数，记成 $W_{C_i}(i=1,2,3,4,5,6)$。用向量表示成：

$$W_{C_i} = \begin{bmatrix} W_{C_1} \\ W_{C_2} \\ W_{C_3} \\ W_{C_4} \\ W_{C_5} \\ W_{C_6} \end{bmatrix}, \text{ 且 } \sum_{i=1}^{6} W_{C_i} = 1$$

W_{C_i} 的计算方法有 3 种:算术平均值法、几何平均值法和最大特征根法。这里仅介绍几何平均值法。

以前面 $B-C$ 判断矩阵为例。

(1) 计算判断矩阵中每一行元素的乘积,即

$$M_{C_i} = \prod_{i=1}^{n} C_{ij}, \quad (i=1, 2, 3, \cdots, n)$$

(2) 计算 M_{B_i} 的几何平均值,即

$$\overline{W}_{C_i} = \sqrt[n]{M_{C_i}}, \quad (i=1, 2, \cdots, n)$$

(3) 对 $\overline{W}_{C_i}$ 进行规范化处理,即

$$\overline{W} = \frac{\overline{W}_{C_i}}{\sum_{i=1}^{n} \overline{W}_{C_i}}, \quad (i=1, 2, \cdots, n)$$

根据上述计算步骤,将 $B-C$ 判断矩阵的计算过程列于表 7-17 和表 7-18 中。

表 7-17 $W_{C_i}^1$ 计算详表

B_1	C_1	C_2	C_3	C_4	C_5	C_6	M_{C_i}	$\overline{W}_{C_i}$	W_{C_i}
C_1	1	3	5	4	1/2	7	210	2.438 0	0.305 2
C_2	1/3	1	4	1/2	1/5	3	0.4	0.858 4	0.107 4
C_3	1/5	1/4	1	1/5	1/4	1/2	0.001 3	0.328 2	0.041 1
C_4	1/4	2	5	1	1/3	2	1.666 7	1.088 9	0.136 3
C_5	2	5	4	3	1	4	480	2.798 1	0.350 2
C_6	1/7	1/3	2	1/2	1/4	1	0.011 9	0.477 8	0.059 8
Σ								7.640 1	1.000 0

表 7-18 $W_{C_i}^2$ 计算详表

B_2	C_1	C_2	C_3	C_4	C_5	C_6	M_{C_i}	$\overline{W}_{C_i}$	W_{C_i}
C_1	1	1/3	1/2	1/5	1/4	2	0.016 7	0.505 4	0.066 2
C_2	3	1	2	1	1/3	4	8	1.414 2	0.185 1
C_3	2	1/2	1	1/3	1/2	7	1.166 7	1.026 0	0.134 3
C_4	5	1	3	1	4	5	300	2.587 3	0.338 7
C_5	4	3	2	1/4	1	6	36	1.817 1	0.237 8
C_6	1/2	1/4	1/7	1/5	1/6	1	0.000 6	0.290 0	0.038 0
Σ								7.989 5	1.000 0

4. 层次总排序

计算同一层次所有元素对于整个上层相对重要性的排序权值，称为层次总排序。这一过程是由最高层次到最底层次逐层进行的，其计算方法如下：仍以本例来计算 C 层对 A 层的总排序权值（表 7-19）。

表 7-19　层次总排序

层次 C	层次 B		C 层总排序权值 W
	B_1	B_2	
	0.5	0.5	
C_1	C_{11}	C_{12}	$W_1 = 0.5 \times C_{11} + 0.5 \times C_{12}$
C_2	C_{21}	C_{22}	$W_2 = 0.5 \times C_{21} + 0.5 \times C_{22}$
C_3	…	…	…
C_4	…	…	…
C_5	…	…	…
C_6	C_{61}	C_{62}	$W_6 = 0.5 \times C_{61} + 0.5 \times C_{62}$

为了保证层次排序的可靠性，需要对判断矩阵进行一致性检验，即计算一致性比值 CR。且当 $CR<0.1$ 时，则认为层次排序结果的一致性得到满足。否则，需要调整判断矩阵。CR 的计算公式如下：

$$CR = CI/RI$$

式中　RI——比例系数，与判断矩阵的阶数 n 有关。具体取值见表 7-20。

表 7-20　RI 取值表

n	1	2	3	4	5	6	7	8	9
RI	0.00	0.00	0.58	0.96	1.12	1.24	1.32	1.41	1.45

CI 为一致性指标，其计算公式如下：

$$CI = (\lambda_{max} - n)/(n - 1)$$

式中　λ_{max}——判断矩阵的最大特征根，n 是判断矩阵的元素个数。

计算最大特征根的近似公式如下：

$$\lambda_{max} = \frac{1}{n} \sum_{i=1}^{n} \frac{(AW)_i}{W_i}$$

式中　A——已知的判断矩阵，$A = (a_{ij})_{n \times n}$；

　　　n——判断矩阵的阶数；

　　　W——相对权重的列向量。

对于本例中的各判断矩阵的层次单排序的计算值分别为：

（1）判断矩阵 A—B 相对重要性权值 W 及 λ_{max}，CI 的值

$$W = \begin{vmatrix} 0.5 \\ 0.5 \end{vmatrix}, \lambda_{max} = 2, CI = 0 \text{ 的值}$$

(2) 判断矩阵 B_1—C 相对重要性权值 W 及 λ_{max}，CI 的值

$$W = \begin{vmatrix} 0.305\ 2 \\ 0.107\ 4 \\ 0.041\ 1 \\ 0.136\ 3 \\ 0.350\ 2 \\ 0.059\ 8 \end{vmatrix}, \lambda_{max} = 6.472\ 5, CI = 0.094\ 5, RI = 1.24, CR = 0.076\ 2$$

(3) 判断矩阵 B_2—C 的相对重要性权值 W 及 λ_{max}，CI 的值

$$W = \begin{vmatrix} 0.066\ 2 \\ 0.185\ 1 \\ 0.134\ 3 \\ 0.338\ 7 \\ 0.237\ 8 \\ 0.038\ 0 \end{vmatrix}, \lambda_{max} = 6.565\ 9, CI = 0.113\ 2, RI = 1.24, CR = 0.091\ 3$$

以上结果表明，所有的一致性比值 CR 均小于 0.1，说明所有的矩阵均认为是满意的。

(4) 层次总排序

$$W = \begin{vmatrix} 0.185\ 7 \\ 0.146\ 3 \\ 0.087\ 7 \\ 0.237\ 5 \\ 0.294\ 0 \\ 0.048\ 9 \end{vmatrix}, CI = 0.103\ 9, RI = 1.24, CR = 0.083\ 8$$

于是，对该场的提高奶牛生产效果而言，在 6 个措施中的重要程度顺序如下：奶牛场的管理体制和方式、奶牛的疫病防治、奶牛的品种品质、奶牛的饲养状况、奶牛的生产环境、牛奶及其加工产品的市场需求状况。该场欲提高奶牛生产的效果，应从上面的分析结果来考虑有重点、有针对性地采取相应的措施。

第八章

畜牧生产系统效果评价

第一节 概 述

在畜牧生产系统运行过程中，由于各养殖场的基础状况、环境资源条件、技术水平及经营管理水平的不同，就必然会导致畜牧生产效果的差异。如何分析畜牧生产系统的各种因素对生产的影响程度并评价其生产效果，使畜牧生产的决策者和管理者能够认清问题、了解情况、掌握差距，进而采取科学而有效的解决对策，不断提高畜牧生产的效果，是畜牧生产系统管理的一项重要研究内容，也是畜牧生产决策者进行科学决策所应当掌握的一个重要方法。

一、基本概念

畜牧生产系统效果评价是指运用科学的方法，对畜牧生产系统所要达到预期目标的实现程度进行分析判断的过程。具体地说，就是根据一定的评价指标体系，运用科学的评价方法，按照评价标准，对畜牧生产系统运行所取得的效果及影响做出相应结论的过程。

畜牧生产系统是一个复杂的系统工程，其系统运行具有社会效益、经济效益和生态效益，因此畜牧生产系统效果评价也要从社会效果、经济效果和环境效果3个方面进行评价。

二、评价的目的和意义

评价的目的主要有两点：一是对畜牧生产系统的运行效果和价值做出科学的判断；二是便于进行多个畜牧生产系统的比较分析。

评价的意义主要体现在两个方面：

(1)及时、准确地确定畜牧生产系统的运行效果，便于决策者能够及时有效地了解系统的状态和决策的质量，也便于决策者进一步优化决策，进而采取有效对策，提高系统的运行效果。

(2)比较同类别的其他畜牧生产系统的生产效果，了解其他生产系统的优点和缺点。借鉴其有益的经验和做法，吸取其失败的教训。

三、评价的程序

(1)确定评价内容。

(2)确定评价指标及评价标准。在确定评价指标及评价标准时，应在参考相关的国家标准、地标或其他权威指标和标准的基础上，由多名有生产经验的技术人员和管理人员来协商确定。

（3）评价。由评价人员按照评价指标对评价对象进行具体评定，然后与评级标准相比较，判定其效果。

（4）找原因。根据评价的结果，组织有关人员进行调查、分析，找出产生问题的原因及提出解决的对策，以供今后决策时参考。

四、评价的方法

评价有多种方法，有定性评价方法也有定量评价方法，在实际运用过程中要根据评价的对象、评价的要求来确定评价方法。一般地，对于畜牧生产系统的社会效果和生态效果的评价多采用定性评价方法，对于经济效果的评价多采用定量的评价方法。此外，畜牧生产系统的评价方法还可以采用单项比较和综合评价方法。在下面的具体评价中将详细讲解。

第二节　畜牧生产系统社会效果的评价

一、概述

畜牧生产系统是社会系统的一个子系统，具有一定的社会功能。畜牧生产系统社会效果的评价，就是对畜牧生产系统所达到的社会预期目标的实现程度进行分析判断的过程。

畜牧生产系统的社会效果一般是指：畜牧生产系统运行后对社会的贡献，主要包括对区域产业结构的调整优化，促进农牧结合，延长农业产业链条，为社会提供更多的就业岗位，提升畜牧业从业人员的社会地位和受尊重程度，推动行业的科技进步，培养行业人才等方面的作用。畜牧生产系统的社会效果的评价多采用定性评价的方法。

二、评价

一般地，对畜牧生产系统的社会效果评价相对简单，在评价前先设定畜牧生产系统社会效果的标准，然后将系统运行后取得的社会作用与标准比较，若达到了标准，则畜牧生产系统的社会效果良好；若远超过了标准，则畜牧生产系统的社会效果显著；若没有达到标准，则畜牧生产系统的社会效果较差。

下面以某一项目的社会效果评价为例，展示如何进行社会效果评价的。

某县申报的全国畜禽粪污资源化利用试点县项目，经过分析，确定该县申报的试点项目的社会效果的评价为：

通过试点项目的实施，将进一步提升全民的环保意识，增强养殖行业标准化生产和清洁生产的水平，有助于提高畜产品质量，进一步增强养殖企业的市场竞争力和发展能力。试点项目的开展，使本县养殖行业的产业链条进一步延伸，增加了养殖行业的经济增长点，有助于提高养殖企业的经济效益和抗风险能力。试点项目的开展，将使本县的畜禽废弃物转化为资源，必将带动一批相关产业的发展，如物流、中介、环保、科技等产业的进一步发展，将为社会提供更多的就业机会和工作岗位，为区域发展做出了新的贡献。通过项目的实施，还可以为周边地区发展畜牧业提供样板和模式，推动区域畜牧业的科学发展。

第三节　畜牧生产系统技术经济效果的评价

一、评价指标的构建

畜牧生产效果的一般表现形式为畜产品数量的多少和经济效益的高低，多用经济效益表示畜牧生产效果。由于在畜牧生产过程中存在着很多生产环节，各生产环节又有许多表现形式，因此，评价畜牧生产效果时，应从两个方面和层次来进行：一是评价系统各环节的生产效果；二是评价畜牧生产的整体效果。

畜牧生产效果是以指标形式反映出来的，评价畜牧生产的效果就是指标的比较和评价。所以在评价畜牧生产效果之前，必须建立畜牧生产的指标体系。畜牧生产指标体系是指能反映畜牧生产过程中管理效果的经济指标、技术指标及目的指标的总称。

（一）评价指标的确定原则

（1）权威性。评价指标应该能够代表畜牧生产系统的主要运行效果。

（2）通用性。评价指标应该在整个领域内均具有适用性，能够得到大多数人的认可。

（3）简洁性。评价指标要尽量简洁，能够代表系统运行效果即可。

（4）突出主要目标原则。在选择目标时不能面面俱到，否则将致使目标数量过度膨胀。这样不仅大大增加总体工作，更主要的是还容易冲淡对主要目标的注意力，影响集中主要精力解决主要矛盾。

（5）目标独立性原则。若在同层次不同目标之间存在着明显的相关关系，如农林牧副渔各业产值自然隐含着农业内部结构关系，此时应采取保留主要目标原则，以体现目标的独立性。这样不仅可减少目标数量，而且不丢失必要的信息。

（6）有利决策原则。这在进行复杂畜牧生产系统评价时意义更为明显。为使决策者快速而准确地了解不同方案的基本情况，有必要把决策者关心的一些综合性目标列出来，我们把它定义成决策支持信息目标。这样决策者可以很快得到决策支持信息，从而增强了战略目标的实用性。

在给出具体的量化指标时，应满足下面3条原则：第一，与上一级指标要求相一致原则；第二，指标的先进性与可行性相统一原则；第三，留出置信区间原则。

（二）畜牧生产指标的构成

指标体系是由主体指标和辅助指标两部分构成的。

1. 主体指标

主体指标是用来评价经济效果和经济效益大小的指标。它是畜牧生产的投入和产出，成本和收益的表示形式，如劳动生产率、饲料转化率、资金利润率、利润等。

2. 辅助指标

辅助指标是用来辅助分析影响经济效果和经济效益的各种因素的指标。这种指标又分为3类：

(1)一般经济指标。只反映生产某一个方面经济因素和状况的指标,如产量、产值、饲料消耗量等。

(2)技术指标。反映畜牧生产中某种技术要求的指标,如产仔率、死亡率、瘦肉率、乳脂率等。

(3)目的指标。用以综合反映畜牧生产满足社会需要程度的指标,如人均占有畜产品量、畜产品的商品率及畜牧生产计划的完成率等。

(三)畜牧生产的主要指标

(1)畜产品的产量。

(2)畜产品的产值。畜产品的产值=畜产品的产量×单位产品的价格。它是以货币形式综合反映畜牧生产经营效果的指标。

(3)畜禽的存栏量及增长率。即畜禽的存栏量、繁殖存活率、死亡率等。

(4)畜禽的产出率、产品率及出栏率。出栏率是指出售的畜禽头数与饲养的畜禽总头数之比。

$$出栏率 = \frac{年出栏的头数}{年饲养的畜禽总头数} \times 100\%$$

$$畜禽产品率 = \frac{畜产品的总产量}{产品畜禽的头数} \times 100\%$$

(5)商品率和商品量。

$$畜禽的商品量 = 出售的畜禽头数及产品量$$

$$畜禽的商品率 = \frac{出售的畜禽量}{畜禽的总量} \times 100\%$$

(6)饲料转化率。饲料转化率是反映畜牧生产水平和科技水平的主要技术指标,也是考察畜牧生产的经济效益的主要指标。

$$饲料转化率 = \frac{畜禽产品量}{饲料消耗量} \times 100\%$$

(7)劳动生产率。劳动生产率可以有几种表现形式:

$$每劳力每年生产产品量(或产值) = \frac{全年生产产品量(或产值)}{全年平均折合劳力数}$$

$$单位动物产品消耗的劳动时间(工时/千克) = \frac{全年实际消耗劳动时间}{全年生产产品量}$$

劳动生产率是反映畜牧生产劳动者创造物质财富效率的指标,也是考核经济效益的主要指标之一。

(8)生产成本。

$$饲养日成本(元/日) = \frac{畜禽本期的全部饲养费}{本期的饲养日数}$$

$$单位产品的成本(元/千克) = \frac{(生产总成本-副产品的价值)}{产品量}$$

(9)利润和利润率。

$$利润 = 产品销售额 - 生产成本$$

$$产值利润率 = \frac{利润}{产品产值} \times 100\%$$

$$资金利润率 = \frac{利润}{(固定资产+流动资金平均占有额)} \times 100\%$$

$$产品销售收入利润率 = \frac{产品销售利润}{产品销售收入} \times 100\%$$

$$成本利润率 = \frac{产品销售利润}{生产成本} \times 100\%$$

（10）投资效果指标。

$$单位投资畜禽产量 = \frac{年平均畜禽产量}{投资总额}$$

$$投资回收期 = \frac{投资总额}{平均每年畜禽生产利润}$$

$$投资效果系数 = \frac{平均每年畜禽生产利润}{投资总额}$$

$$动态投资回收期 = \frac{\lg\left[1-\left(\dfrac{Ke}{M}\right)\right]}{\lg(1+e)}$$

式中　K——投资总额；

　　　e——标准贴现率；

　　　M——平均利润。

二、畜牧生产系统技术经济效果的单因素评价

对畜牧生产系统的各环节或单项指标进行评价时，要根据生产环节的特点和环节生产目的的表现形式，选择有代表性的指标加以评价。

评价的主要方法为直接比较法，即将实际指标与评价标准直接比较，得出评价结论。对畜牧生产各环节的评价主要是单因素的评价，如繁殖状况、疫病防治效果、生长发育状况等。对此类单因素的效果评价，其评价方法是比较简单的，主要是依据评价标准，根据生产指标的大小来确定单因素生产环节的效果。

如制订某场奶牛的繁殖效果的标准为：繁殖率在75%以上定为"好"，繁殖率在50%~75%的定为"良"，繁殖率在50%以下的定为"差"。经调查该奶牛场的繁殖率是73%，于是，该场的繁殖效果为"良"。

对于生产环节的生产效果评价，其关键是评价标准的制订，评价标准的高低直接决定着评价效果。因此，制订生产环节的评价标准一定由熟悉本场生产实际情况的、有丰富的生产和管理经验的技术人员和管理者、决策者共同制订适合于本场的评价标准。生产环节的评价指标也对生产环节效果的评价有重要的影响，对于生产环节的评价指标要选择能代表该生产环节的主要功能和作用的指标作为评价指标。对于需要多个指标来评价该生产环节的，可采用各评价指标的加权平均数作为评价指标，或采用综合评价方法来评价。

三、畜牧生产系统技术经济效果的综合评价

畜牧生产是由许多生产环节所组成的，要想对其生产整体效果进行比较全面、客观的评价，就必须在对畜牧系统各生产环节评价的基础上加以评价。对畜牧生产这样多环节、多因素的且具有很大不确定性和模糊性的过程进行评价，需要综合系统各个因素，采取适当的方法进行评价。

在此，介绍几种比较适合于进行整体性和模糊性评价的方法，供参考。

(一)综合评分法

设畜牧生产的过程是由 $i(i=1, 2, 3, \cdots, n)$ 个环节组成的，S_i 表示对第 i 个生产环节的评价值。又由于各生产环节对整体生产效果的作用程度不同，设各环节对整体生产效果影响的权重为 $P_i(i=1, 2, 3, \cdots, n)$。于是，定义 S 为畜牧整体生产效果的评价值，为：

$$S = \sum (S_i \times P_i)$$

于是，就可以根据对各个生产环节的评价值和其各自的权重得出对畜牧整体生产效果的评价值。

在此基础上，就可以比较同一畜牧生产项目的生产效果高低，也可以在制订了评价标准的基础上，对某一个畜牧生产项目的整体生产效果进行比较。

由于综合评分法比较简单，在此就不再举例说明。

(二)综合经济效果指数评价法

畜牧生产企业的生产目的就是为了获得经济效益，因此评价畜牧企业的生产效果也应该用畜牧生产的经济指标来评价。由于畜牧生产的经济效果的指标有多项，应采用综合经济效果指数来评价。

设畜牧生产的各项经济指标分别为：$a_1, a_2, a_3, \cdots, a_n$，则综合经济效果指数为：

$$b = (a_1 a_2 a_3 \cdots a_n)^{\frac{1}{n}} = \left(\prod a_i\right)^{\frac{1}{n}}$$

根据对各个畜牧生产场的综合经济效果指数的不同，就可以对各个畜牧生产场进行比较评价了。

下面以一个示例来说明如何利用综合经济效果指数进行评价。

【例 8-1】 有 3 个养鸡场，它们的各项经济指标见表 8-1 所示。

表 8-1　3 个养鸡场各项经济指标　　　　　　　　　　%

养鸡场	净产率	劳动净产率	固定资金净产率	物资费用净产率	成本盈利率
甲	3.4	22.67	0.52	0.20	0.18
乙	7.42	29.68	1.32	0.28	0.25
丙	6.97	27.88	0.49	0.30	0.28

经计算各场的综合经济效果指数分别为：

$$b_1 = 1.08$$
$$b_2 = 1.83$$
$$b_3 = 1.52$$

于是，比较这3个养鸡场的综合经济效果指数，可以认为，乙养鸡场的经济效果最佳，其次为丙养鸡场，甲养鸡场的经济效果最差。

对于综合经济效果指数评价法而言，选择经济效果指标是关键，因为选择不同的经济效果指标可能会造成评价效果的差异。一般地，应该选择能代表畜牧生产过程和生产效果的主要经济效果指标作为进行评价的指标。至于选择多少指标，应根据生产的实际情况和便于进行比较的量化技术经济效果指标而定。

此外，在进行综合经济效果指数评价时，各项指标的量纲要一致，如不一致应先进行标准化处理。

(三) 模糊综合评判法

由于畜牧生产过程具有很大的模糊性，在此利用模糊数学的模糊综合评价法来评价畜牧生产的整体效果。模糊综合评价法不仅可以用来进行生产效果的综合评价，也可以对畜牧生产的决策方案进行评价和比较。模糊综合评价法是模糊数学中很常用和很有效的一种方法，也是进行评价和比较时的一种有效和常用的方法。模糊综合评价法有一级综合评判法和多级综合评判法。

下面以一个例子来分别说明一级模糊综合评判和多级模糊综合评判的步骤和过程。

【例 8-2】 某养殖场生产管理的整体效果评价。

(1) 确定评价的因素集和评判集。根据对养殖场生产管理的系统分析，确定评价因素为：

因素集 $X = [$饲养管理(X_1)，群体结构管理(X_2)，疫病防控(X_3)，繁殖管理$(X_4)]$

评判的等级，即评判集为：

$$评判集\ Y = [好(Y_1)，较好(Y_2)，差(Y_3)]$$

(2) 确定单因素评判矩阵。由有经验的技术人员和有关的专家共同对各因素进行评价。就饲养管理而言，若有60%的人认为好，20%的人认为较好，20%的人认为差，则 X_1 的评判矩阵为：

$$X_1 \rightarrow (X_{11}, X_{12}, X_{13}) = (0.6, 0.2, 0.2)$$

类似地，可以得到 X_2、X_3 和 X_4 的评价矩阵。从而得到因素评价矩阵 R：

$$R = \begin{vmatrix} X_{11} & X_{12} & X_{13} \\ X_{21} & X_{22} & X_{23} \\ X_{31} & X_{32} & X_{33} \\ X_{41} & X_{42} & X_{43} \end{vmatrix} = \begin{vmatrix} 0.6 & 0.2 & 0.2 \\ 0.5 & 0.3 & 0.2 \\ 0.8 & 0.2 & 0 \\ 0.2 & 0.6 & 0.2 \end{vmatrix}$$

(3) 确定评判权重。各管理环节在系统管理中的重要程度即为评判权重。经评价专家组认定，饲养管理最重要，应占系统管理的50%；群体结构管理应占20%；疫病防控应占10%；繁殖管理应占20%。于是评判权重 α 为：

$$\alpha = (0.5, 0.2, 0.1, 0.2)$$

(4) 评判。持评判权重的专家对该养殖场的评价如何，也就是由 X 到 Y 的模糊变换：

$$b = \alpha R$$

于是，评价为：

$$b = \alpha R = (0.5, 0.2, 0.1, 0.2) \times \begin{vmatrix} 0.6 & 0.2 & 0.2 \\ 0.5 & 0.3 & 0.2 \\ 0.8 & 0.2 & 0 \\ 0.2 & 0.6 & 0.2 \end{vmatrix} = (0.5, 0.2, 0.2)$$

对此矩阵进行归一化处理：

$$\left(\frac{0.5}{0.9}, \frac{0.2}{0.9}, \frac{0.2}{0.9}\right) = (0.56, 0.22, 0.22)$$

它表示对该养殖场生产管理效果的评价是："好"的程度为 56%，"较好"的程度为 22%，"差"的程度为 22%。根据最大隶属的原则，结论是"好"。

【例 8-3】 对某奶牛场的生产效果进行评价。

奶牛生产的效果由奶牛的产奶水平和牛群的延续两部分决定，因而评价奶牛的生产效果也应从这两方面入手评价。由于奶牛生产具有一定的模糊性，可以采用模糊综合评价的方法来评价奶牛生产的整体效果。奶牛生产效果的因素图见图 8-1。

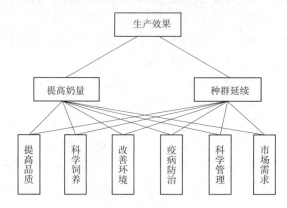

图 8-1 奶牛生产效果图

具体方法如下：

(1) 确定评价的因素集。奶牛的产奶水平 X_1，牛群延续情况 X_2 为评价奶牛生产效果的因素集。

$$X = (X_1, X_2)$$

(2) 因素集中各子因素集的确定。根据上面的分析，因素集的子因素集分别为：

$$X_1 = (X_{11}, X_{12}, X_{13}, X_{14}, X_{15}, X_{16})$$
$$X_2 = (X_{21}, X_{22}, X_{23}, X_{24}, X_{25}, X_{26})$$

其中，$X_{11} = X_{21}$：奶牛的品质；$X_{12} = X_{22}$：奶牛的饲养情况；$X_{13} = X_{23}$：奶牛的生产环境；$X_{14} = X_{24}$：奶牛的疫病防治情况；$X_{15} = X_{25}$：奶牛场的管理水平；$X_{16} = X_{26}$：牛奶的市场需求情况。

(3) 确定评判集 Y。确定 $Y = [好(Y_1), 较好(Y_2), 一般(Y_3), 差(Y_4)]$ 为评判集。

(4) 对因素集进行综合评判。由有经验的技术和管理人员共同组成评判组，分别对各评价子因素进行评价，建立评价矩阵。就奶牛产奶情况评价而言，对提高奶牛品质进行评价若有 20% 的评价人员认为"好"，40% 的人员认为"较好"，30% 的人员认为"一般"，10% 的人员认为"差"，则对奶牛品质的评价矩阵为：
$$R_{11} = (0.2, 0.4, 0.3, 0.1)$$

依此类推，分别对饲养、生产环境、疫病防治、管理水平、市场需求进行评价，于是建立了对 X_1 的评价矩阵：

$$R_1 = \begin{vmatrix} R_{11} \\ R_{12} \\ R_{13} \\ R_{14} \\ R_{15} \\ R_{16} \end{vmatrix} = \begin{vmatrix} 0.2 & 0.4 & 0.3 & 0.1 \\ 0.3 & 0.5 & 0.2 & 0 \\ 0.5 & 0.2 & 0.1 & 0.2 \\ 0.6 & 0.2 & 0.1 & 0.1 \\ 0.1 & 0.3 & 0.4 & 0.2 \\ 0 & 0.1 & 0.3 & 0.6 \end{vmatrix}$$

类似地，可以得到对牛群延续情况的评价矩阵 R_2：

$$R_2 = \begin{vmatrix} 0.4 & 0.3 & 0.2 & 0.1 \\ 0.5 & 0.3 & 0.1 & 0.1 \\ 0.4 & 0.2 & 0.2 & 0.2 \\ 0.6 & 0.3 & 0.1 & 0 \\ 0.3 & 0.3 & 0.3 & 0.1 \\ 0.1 & 0.2 & 0.4 & 0.3 \end{vmatrix}$$

(5) 确定 X_i 各子因素的权重。由前面的分析，确定各因素中子因素的权重：
$$\alpha_1 = (0.305\,2,\ 0.107\,4,\ 0.041\,1,\ 0.136\,3,\ 0.350\,2,\ 0.059\,8)$$
$$\alpha_2 = (0.066\,2,\ 0.185\,1,\ 0.134\,3,\ 0.338\,7,\ 0.237\,8,\ 0.038\,0)$$

(6) 对各因素 X_i 的一级评价。利用权重 α_i 对 X_i 的评价，即是由 X_i 到 Y 的模糊变换：
$$b_i = \alpha_i \cdot R_i$$

于是，
$$b_1 = \alpha_1 R_1 = (0.2,\ 0.305\,2,\ 0.350\,2,\ 0.2),\ b_2 = \alpha_2 R_2 = (0.338\,7,\ 0.3,\ 0.237\,8,\ 0.134\,3)$$

(7) 第二级综合评判。将每一个 X_i 看作一个元素，用 b_i 做它的因素评判矩阵，这样评价矩阵 R 为：

$$R = \begin{vmatrix} b_1 \\ b_2 \end{vmatrix} = \begin{vmatrix} 0.2 & 0.305\,2 & 0.350\,2 & 0.2 \\ 0.338\,7 & 0.3 & 0.237\,8 & 0.134\,3 \end{vmatrix}$$

因素 X_1 和 X_2 的权重 α：
$$\alpha = (0.5,\ 0.5)$$

于是，
$$b = \alpha R$$
$$b = (0.338\,7,\ 0.305\,2,\ 0.350\,2,\ 0.2)$$

对 b 进行归一化处理：
$$b = \left(\frac{0.338\,7}{1.194\,1},\ \frac{0.305\,2}{1.194\,1},\ \frac{0.350\,2}{1.194\,1},\ \frac{0.2}{1.194\,1} \right)$$
$$= (0.283\,6,\ 0.255\,6,\ 0.293\,3,\ 0.167\,5)$$

根据最大隶属原则，在 b 中的第三项最大，则该场的奶牛生产效果为"一般"。

需要注意的是，在进行模糊评判时，权重 α 在不同人和不同情况下是不同的。由于它直接决定着评判结果，因此，权重的确定一定要由权威专家和各方人员共同讨论后决定。

在由 X 到 Y 的模糊变换时，矩阵合成的原则是：大中取小，小中取大。这在模糊数学中有详细的介绍，在此就不对模糊矩阵的合成作介绍了。

除了上述介绍的评价方法外，还有一些其他的评价方法，如层次分析、灰色局势决策、主成分分析方法等，由于篇幅和难度的限制，在此不做介绍，有兴趣的读者可参看有关的专著和教材。

第四节 畜牧生产系统的生态影响评价

畜牧生产系统的生态效果评价就是评价系统运行后对环境生态的影响程度。畜牧生产系统运行后，产生的废弃物既对系统内部环境产生了影响，也对外部环境产生了污染。一般地，畜牧生产系统的环境评价主要包括生态环境质量评价和生态环境影响评价。

畜牧生产的环境质量评价是对畜牧生产环境的优劣所进行的一种定量描述，即按照一定的评价标准和评价方法对畜牧生产范围内的环境质量进行说明、评定和预测。畜牧生产环境质量一般指在一个具体的畜牧生产环境中，环境的总体或环境的某些要素对畜牧生产的适宜程度。畜牧生产环境质量评价的主要目的就是明确该区域内的环境是否受到污染和破坏及其程度；区域内何处环境质量最差，污染最严重；何处环境质量最好，污染较轻；造成污染严重的原因，并定量说明环境质量的现状和发展趋势。

畜牧生产的环境影响评价是指畜牧生产系统运行后可能对环境造成的影响进行分析、预测和评估，提出预防或者减轻不良环境影响的对策和措施，进行跟踪监测的方法与制度。通俗说就是分析畜牧生产系统运行后可能对环境产生的影响，并提出污染防治对策和措施。

一、畜牧生产的环境质量评价

畜牧生产系统的环境质量评价主要应用于集约化畜牧生产系统的评价。

1. 评价程序

（1）调查准备。研究有关法规、技术政策、文件。根据评价任务的要求，确定评价范围、方法，制订出评价工作计划，做好污染源调查准备工作。收集当地自然、社会条件资料及畜禽场资料，进行现场调查。对畜禽场建设工程特征与环境现状进行初步分析。

（2）编制环境质量评价工作大纲。评价工作大纲应在开展评价工作之前编制，它是指导评价工作的技术文件，也是检查报告书质量的主要依据，其内容应该具体、详细，符合实际情况。

（3）环境污染监测。当资料缺乏或不足时，必须进行现场监测，确定监测项目、时间、布点、方法等。

（4）数据分析处理。将收集到的历史数据和实测数据加以筛选，进行分析处理，并预测环境质量变化，提出污染防治管理办法及对策，得出评价结论。

（5）畜禽场环境质量评价报告书的编制。环境质量报告书是整个评价工作的总结和概括，文字应准确、简洁,并尽量采用图表和照片,论点明确,利于阅读和审查。

2. 评价方法

环境质量评价方法是环境质量评价的核心,也是人们比较关注的问题。环境质量评价方法有很多,不同对象的评价方法又不完全相同。依据简明、可比、可综合的原则,环境质量评价一般多采用指数法。指数法分单项污染指数法和综合污染指数法。

(1) 单项污染指数法。

$$P_i = C_i / S_i$$

式中　P_i——环境中污染物 i 的单项污染指数;

　　　C_i——环境中污染物 i 的实测浓度;

　　　S_i——污染物的环境标准浓度限值。

(2) 综合污染指数法。

$$P_i = \{I_{max} \cdot (1/n) \sum I_i\}$$

式中　I_{max}——各项污染物中最大污染指数;

　　　n——参加评价污染物的项目数;

　　　I_i——某污染物的污染指数。

3. 评价标准

环境质量评价标准是环境质量评价的依据。目前,可以参照的相关标准包括:《畜禽养殖业污染物排放标准》(GB 18596—2017)、《粪便无害化卫生标准》(GB 7959—2012)、《环境空气质量标准》(GB 3095—2012)、《地下水质量标准》(GB/T 14848—2017)、《生活饮用水卫生标准》(GB 5749—2006)、《恶臭污染物排放标准》(GB 14554—1993)、《畜禽场环境质量标准》(NY/T 388—1999)。

若采用单项污染指数,则标准为:$P_i<1$,未污染,判定为合格;$P_i>1$,污染,判定为不合格。

若采用综合指数,则标准见表 8-2。

表 8-2　畜禽场环境质量分级

畜禽场环境质量综合指数	≤0.6	>0.6~1.0	>1.0~1.9	>1.9~2.8	>2.8
畜禽场环境质量分级	Ⅰ级(理想级)	Ⅱ级(良好级)	Ⅲ级(安全级)	Ⅳ级(污染级)	Ⅴ级(重污染级)

4. 评价

根据畜牧场环境质量综合指数和环境质量分级标准,确定养殖场的环境质量等级。

5. 编制环境质量评价报告

畜禽养殖环境质量评价报告通常应包括以下内容:

(1) 前言。包括评价任务来源、产品特点、生产规模及发展计划、规划。

(2) 环境质量现状调查。

①自然环境状况:包括地理位置、地形地貌、土壤类型、土壤质地及气候气象条件、生

物多样性及水系分布情况等。

②主要工业污染源：包括乡镇、村办工矿企业的"三废"排放情况等。

③产地环境现状初步分析：根据实地调查及收集的有关基础资料、监测资料等，对场区及其周边环境质量状况做出初步分析。

(3) 环境质量监测。包括布点的原则和方法、采样方法、样品处理原则和方法、分析项目和分析方法、分析测定结果。

(4) 环境质量现状评价。包括评价所采用的模式及评价标准，对监测结果进行分析，做出评价结论。

(5) 提出环境综合防治对策及建议。

二、畜牧生产的环境影响评价

畜牧生产系统对环境的影响主要是畜禽粪便等废弃物对环境的污染，且集约化畜牧生产系统对环境的污染和影响程度最大，因此畜牧生产系统的环境影响评价多是针对集约化畜牧生产系统开展。

我国的环境影响评价始于20世纪70年代末，是世界上最早实施建设项目环境影响评价制度的国家之一。《中华人民共和国环境保护法》中规定："编制有关开发利用规划，建设对环境有影响的项目，应当依法进行环境影响评价。未依法进行环境影响评价的开发利用不得组织实施；未依法进行环境影响评价的建设项目，不得开工建设。"

环境影响评价简称环评，是环境评价中最重要的内容，具有极其重要的意义：为开发建设活动的决策提供科学依据；为经济建设的合理布局提供科学依据；为确定某一地区的经济发展方向和规模、制定区域经济发展规划及相应的环保规划提供科学依据；为制定环境保护对策和进行科学的环境管理提供依据；促进相关环境科学技术的发展。

环境影响评价是一项十分复杂的工作，涉及诸多的项目分析和工作环节，在此仅就与畜牧生产系统相关的内容进行简要介绍。

1. 评价指标

评价畜牧生产系统对环境污染状况的指标主要有：

(1) 化学需氧量(COD)。COD是指在一定严格的条件下，水中的还原性物质在外加的强氧化剂的作用下，被氧化分解时所消耗氧化剂的数量，以氧的毫克数(mg/L)表示。COD反映了水中受还原性物质污染的程度，这些物质包括有机物、亚硝酸盐、亚铁盐、硫化物等，但一般水及废水中无机还原性物质的数量相对不大，而被有机物污染是很普遍的，因此，COD可作为有机物质相对含量的一项综合性指标。

(2) 氨氮(NH_3—N)。氨氮是指水中以游离氨(NH_3)和铵离子(NH_4^+)形式存在的氮。氨氮是水体中的营养素，可导致水富营养化现象产生，是水体中的主要耗氧污染物，对鱼类及某些水生生物有毒害。

(3) 生化需氧量(BOD)。生化需氧量或生化耗氧量(一般指五日生化需氧量)，表示水中有机物等需氧污染物质含量的一个综合指标，是指水中有机物由于微生物的生化作用进行氧化分解，在无机化或气体化时所消耗水中溶解氧的总数量。通常情况下是指水样充满完全密闭的溶解氧瓶中，在20℃的暗处培养5d，分别测定培养前后水样中溶解氧的质量浓度，由培养前后溶解氧的质量浓度之差，计算每升样品消耗的溶解氧量，以 BOD_5 形式表示。其单位以 mg/L 表示。其值越高说明水中有机污染物质越多，污染也就越严重。

（4）总氮。总氮的定义是水中各种形态无机和有机氮的总量，包括 NO_3^-、NO_2^- 和 NH_4^+ 等无机氮和蛋白质、氨基酸和有机胺等有机氮，以每升水含氮毫克数计算。常被用来表示水体受营养物质污染的程度。

（5）总磷。总磷是水样经消解后将各种形态的磷转变成正磷酸盐后测定的结果，以每升水样含磷毫克数计量。水体中的磷是藻类生长需要的一种关键元素，过量磷是造成水体污秽异臭，使湖泊发生富营养化和海湾出现赤潮的主要原因。

（6）粪大肠杆菌群数。

（7）蛔虫卵。

（8）总铜。

（9）总锌。

2. 排放标准

根据国家《畜禽养殖业污染物排放标准》（第二次征求意见稿），规模化养殖场的废弃物排放标准将显著提高，具体标准见表 8-3。

表 8-3　畜禽养殖场、养殖小区水污染物排放浓度限值　　　mg/L（pH 值除外）

序号	污染物项目	排放限值	污染物排放监控位置
1	pH 值	6~9	畜禽养殖场、养殖小区废水总排放口
2	悬浮物（SS）	150	
3	五日生化需氧量（BOD）	40	
4	化学需氧量（COD）	150	
5	氨氮	40	
6	总氮	70	
7	总磷	5.0	
8	粪大肠杆菌群数/（个/100mL）	400	
9	蛔虫卵/（个/L）	1.0	
10	总铜	1.0	
11	总锌	2.0	

3. 评价方法

（1）环境监测。定期在畜牧场的废水总排放口进行取样，测定各项评价指标。

（2）评定。采取单项指标直接比较法进行评定：

将测定的畜禽养殖场的 COD、BOD、氨氮、总磷等指标，与国家规定的养殖场污染物排放浓度限值比较，若各项指标没有超过限值，则符合排放要求；若指标中有任一项指标超过极限值，则为超标排放；若有多项指标超过排放极限值或某一指标远远高于排放极限值，则为严重超排。

4. 编制环境影响评价报告

畜禽养殖环境影响评价报告通常应包括以下内容：

(1) 总论。包括评价目的、编制依据、总体构思、评价原则与标准、环境影响识别与评价因子的确定、评价等级、评价范围、评价工作重点、评价时段、保护目标及环境敏感点等内容。

(2) 自然社会环境概况。

(3) 拟建项目概况。

(4) 工程分析。主要包括生产工艺及污染因素分析、物料平衡分析、环境保护、项目运行污染物排放汇总、非正常工况排污及处置等内容。

(5) 清洁生产分析。主要包括项目清洁生产分析、清洁生产的措施、小结等内容。

(6) 环境影响识别。主要包括环境对拟建项目影响因素分析、环境影响要素识别筛选、环境影响因子识别筛选、评价因子确定等。

(7) 环境质量调查与评价。

(8) 环境影响评价。

(9) 环境影响预测与评价。

(10) 环境风险评价。

(11) 总量控制。主要包括总量控制因子、总量控制建议等内容。

(12) 环境保护措施及其技术、经济论证。

(13) 环境影响经济损益分析。

(14) 环境管理与监测制度分析。

(15) 产业政策符合性及项目选址合理性分析。

(16) 结论与建议。

第九章 畜牧生产项目的可行性论证

第一节 概　述

一、基本概念

1. 畜牧生产项目

一般地，项目是指作为包括投资、政策措施、机构以及其他在规定期限内达到某项或某系列发展目标所设计的活动在内的独立的整体。

畜牧生产项目，在某种场合也可以称为畜牧业投资项目，是指项目承担单位或个人根据国民经济发展的要求，人民生活水平不断提高的需要，以及所处环境、自身条件，为自身的生存和发展而提出的较大的畜牧业新项目或畜牧业扩大再生产项目，以从事新的畜牧业生产活动，或改善现有畜牧生产条件，提高畜牧业生产能力以获得预期收益的复杂经济活动。

畜牧生产项目一般分两类：一种是新建项目；另一种是扩建项目或改造项目。

在实际操作中，畜牧业项目的范围和内容都远远突破了上述定义的范围和内容。

2. 可行性论证

可行性论证是专门为决定某一特定项目是否合理可行，而在实施前对该项目进行调查研究及全面的技术经济分析论证，为项目决策提供科学依据的一种科学分析方法，由此考察项目经济上的合理性、盈利性，技术上的先进性、适用性，实施上的可能性、风险性。

项目可行性论证是项目前期工作的最重要内容。它要解决的主要问题是：

①为什么要进行这个项目？
②项目的产品或劳务市场的需求情况如何？
③项目的规模多大？
④项目选址定在何处合适？
⑤各种资源的供应条件怎样？
⑥采用的工艺技术是否先进可靠？
⑦项目筹资融资渠道、盈利水平以及风险性如何？

它从项目选择立项、建设到生产经营的全过程来考察分析项目的可行性。

无论是新建项目，还是扩建项目，都必须进行可行性论证，即项目是否生产上可行、技术上适用、社会上有利、经济上合理。只有经过论证，才能最大限度地保证项目建设的科学性并能取得预期效果。

可行性论证是美国在 20 世纪 30 年代为开发田纳西河流域而应用的一种组织管理方法，目前已经在国内外的项目管理上得到了广泛的应用。

二、项目可行性论证的意义

畜牧项目可行性论证是保证项目以最小的投资耗费取得最佳经济效果的科学手段；也是实现项目在技术上先进、经济上合理和建设上可行的科学方法；运用这种科学方法可以避免和减少项目决策的失误，加强投资决策的科学性和客观性；是提高投资项目综合效益的前提条件。

畜牧项目的可行性论证的作用主要表现在以下几个方面：

（1）作为畜牧业投资项目决策和编制可行性研究报告的依据。可行性研究是项目准备阶段的首要环节，可行性研究的结果是畜牧业项目投资决策者决定一个项目是否应该投资和如何投资的主要根据。任何一个投资项目成立与否，投资效益如何，都要受到社会的、技术的、经济的等多种因素的影响。对投资项目进行深入细致的可行性研究，正是从这三方面对项目分析、评价，从而积极主动地采取有效措施，避免因不确定因素造成的损失，提高项目经济效益，实现项目投资决策的科学化。

（2）作为筹集资金、申请贷款或其他途径筹资的依据。我国各大银行在接受项目发放贷款前，总要对项目进行全面、细致的分析，并请有关专家论证评价后，认为项目可行才能同意项目承担者贷款。

（3）作为与有关部门签订协议的依据。项目承担者根据可行性报告的产品方案和建设内容，同有关部门进行商谈合同、签订协议；同技术部门商谈和签订技术合作或技术转让合同；同物业管理部门商谈和签订建设物资的供应合同；同建设部门（建筑工程公司）商谈和签订建筑工程合同等。

（4）作为环保部门审查和评价项目对环境影响的依据。畜牧业投资项目的可行性报告中，必须写明项目可能产生的污染物，而且写明消除污染的有效措施及达到的标准，可作为环保部门审查和监督项目的依据。

（5）作为项目实施依据。承担单位或个人在项目实施过程中，根据可行性报告的内容，进行机构设置、技术培训、基本建设工作安排。

三、可行性论证必备条件

由于畜牧项目涉及的范围广、综合性强，所以可行性论证必须具备的条件是：①完整可靠的资料和数据；②科学的方法；③能够进行可行性论证的专门人才；④先进的工具；⑤一定数量的资金。

四、可行性论证的基本原则

可行性论证工作在项目建设过程中和国民经济计划中有着极其重要的作用，这就要求承担这一工作的单位和个人要以高度负责和严肃认真的态度对待工作，竭尽全力，不断提高工作质量和可行性论证报告的质量，保证每一项目的提出和决策都能拥有充分的依据；保证不带主观随意性或因领导压力、人情关系而违背作为一个科学工作者的良知和责任。为此，可

行性论证工作应严格遵循以下原则:

(1)科学性原则。即要求按客观规律办事。这是可行性论证工作必须遵循的最基本的原则。

①要用科学的方法和认真的态度来收集、分析和鉴别原始的数据和资料,以确保它们的真实和可靠。真实可靠的数据和资料是可行性研究的基础和出发点。

②要求每一项技术与经济的决定都有科学的依据,是经过认真的分析和计算而得出的。

③可行性论证报告和结论必须是分析研究过程的合乎逻辑的结果,而不掺杂任何主观成分。

(2)客观性原则。也就是要坚持从实际出发、实事求是的原则。建设项目的可行性论证,是根据建设的要求与具体条件进行分析和论证而得出可行或不可行的结论。

①首先要求承担可行性论证的单位正确地认识各种建设条件。这些条件都是客观存在的,研究工作要求排除主观臆想,要从实际出发。

②要实事求是地运用客观的资料做出符合科学的决定和结论。

(3)公正性原则。就是站在公正的立场上,不偏不倚。在建设项目可行性论证的工作中,应该把国家和人民的利益放在首位,决不为任何单位或个人而生偏私之心,不为任何利益或压力所动。实际上,只要能够坚持科学性与客观性原则,不是有意弄虚作假,就能够保证可行性论证工作的正确和公正,从而为项目的投资决策提供可靠的依据。

五、可行性论证步骤

项目承担单位或个人必须对整个项目的可行性论证工作做出合理的计划和安排,有计划、有步骤和分阶段地进行,由浅入深、逐步深入,循序渐进地工作和研究。根据我国现行的项目建设程序,可行性论证可分为3个阶段。

(1)项目认定阶段。即项目承担单位或个人,根据国家有关项目投资的指导性计划,对所在地区的畜牧业生产资源、社会经济条件、生产状况进行初步调查研究,提出建设项目,并聘请有关专家编制项目建议书。通过建议书说明项目的目标、项目概要、完成项目的关键问题、技术工艺与资金筹措及预期效果、项目执行的时间安排等,提交项目管理部门。本阶段也称投资机会研究。项目建议书得到项目管理部门认可后,进入下一个阶段。

(2)项目准备阶段。本阶段也称初步可行性论证,这是为项目立项提供依据的工作。即在投资机会研究的基础上,对所提项目的有关内容(原材料、能源、水电、产品方案、产品市场等方面)进一步做广泛、深入的调查研究,并通过详细的技术经济分析(主要是财务分析),从国民经济发展和提高人民生活水平的角度来论证项目的必要性,是否有发展前途,是否具备建设条件。为编制畜牧业项目可行性论证报告充分准备材料。

(3)详细可行性论证。本阶段也称技术经济可行性论证。详细可行性论证的质量不仅有利于取得国家有关部门及银行的信任,获得资助,而且可为项目的实施提供完善的方案。因此,必须聘请有相应资质的单位和专家承担编制任务。而且,国家有关部门及银行也只认可有相应资质的单位和专家编制的投资项目可行性论证报告。这是对初步可行性论证的进一步分析论证,为项目最终决策提供依据。这一阶段除初步可行性论证资料外,还必须详细地设计资料,经过深入调查后掌握较翔实确凿的数据与资料,进行全面深入的技术经济论证,对项目建设程序、生产规模、畜产品加工方式、投资金额、生产成本与收益等提出较为精确的估算和建议,并在此基础上编写可行性论证报告,为最终项目决策提供可靠依据。

六、项目可行性论证的主要内容

可行性论证就其内容来看,大致可概括为以下 3 个方面:进行市场研究,以解决项目建设的必要性问题;进行工艺技术方案的研究,以解决项目建设的技术可能性问题;进行财务和社会经济分析,以解决项目建设的合理性问题。

1. 技术方面

技术分析就是将项目地区的潜在产量、生产系数、可能采取的养殖模式等进行分析测定,还要对项目有效经营所必须的销售和贮存设施、加工系统,以及项目的实物和劳务的投入和产出,进行全面检查。只有在技术分析的基础上,才能继续项目其他方面的分析。

2. 组织管理方面

作为一个项目,必须有独立的项目组织管理机构,才能保证项目能顺利实施。项目组织管理的可行性论证着重分析以下内容:

(1)分析项目的组织管理机构设置。项目的组织管理机构设置是否适当,必须考虑项目所在地区的社会文化格局、现有行政管理机构、劳动组织形式、农民的文化水平及传统习惯等各方面因素,才能使项目组织机构工作起来更为有效。

(2)分析项目机构与国家或地区有关机构组织的关系。分析项目的独立组织机构拥有的权力;分析独立组织机构与当地其他政府机构或有关业务部门存在的联系,能否合作共事,有无利害冲突。项目分析的人员应提出相应的建议措施,以减少冲突。

(3)分析组织方案。分析组织方案是否有利于项目的管理。分析组织方案中各方面的权、责、利的明确程度;分析组织方案是否能够保证最新信息以最快的速度送到项目负责人手中,以提高项目的管理水平。

(4)分析项目管理机构。分析项目管理机构本身是否科学合理,是否具有合理的内部组织机构,是否拥有一定管理水平、能胜任工作的管理人员、监督人员,是否配备了合格的技术人员,是否有必要的培训设施,是否拥有有效的交流渠道等。

(5)分析参加项目的农户的管理技能。项目会不会破坏农户习惯的种植、养殖模式,如果有所破坏,那将采取何种措施使他们接受新的技能,并掌握这种新技能。在组织设计中应充分考虑农户的文化水平,安排好这些人员的培训,并把费用列入项目成本中。

3. 社会方面

社会可行性分析要考虑的因素极为广泛:包括国家的政治体系、政策法令、经济结构、政治法律、宗教信仰、传统习俗、收益分配、积累与消费比例等许多方面。着重分析追求好的经济效益,给农民带来最大的利益,给国家带来国民收入的最快增长等情况。

4. 商业方面

商业方面的可行性分析是分析考察商品流通渠道是否通畅,是否能保证项目顺利进行。分析主要从两个方面进行:一方面是项目产品的营销安排;另一方面是项目建设所需的投入物的供给安排。

(1)项目产品的营销分析。即对项目产品市场进行认真分析:产品销售范围;有利价格下的有效需求量;产品质量标准体系建立程度;新产品上市后价格变动;销售方式;市场信息;政府的补贴政策等。

(2)项目所需投入物的供给分析。项目投入物信贷的新渠道;对于大宗设备和物资的采购安排、采购计划表、采购方式(国内竞争性招标方式、询价采购方式、社会参与采购方式等)。

5. 财务方面

财务分析是运用科学合理的方法,从整个项目的角度考虑,并围绕项目各类型的财务效果进行分析。主要分析总成本、纯收入、投资回收期、借款偿还能力等。

6. 经济方面

经济分析是从宏观和整个国民经济的角度出发,分析项目对整个国民经济的发展做出的贡献。经济分析的主要内容应包括宏观经济效果和社会效益。

七、我国可行性论证的应用与发展

可行性论证工作是在 20 世纪前叶随着技术、经济和管理科学的发展而产生的,美国是最早开始采用可行性论证方法的国家。第二次世界大战以后,西方工业发达国家普遍采用这一方法,广泛地应用到建设领域,经过不断充实和完善,逐步形成了一整套较系统的科学研究方法。目前,不但西方国家把可行性论证作为投资项目决策的手段,中东地区、亚洲一些发展中国家也在积极开展这项工作。

我国建设项目投资决策前的可行性论证工作是在 20 世纪 70 年代末,随着改革开放方针的提出,在引进国外的先进技术和设备的同时逐渐开展起来的。在这之前,我国在投资项目决策前所做的技术经济论证工作,其作用和目的也是为了在投资前对拟建项目的必要性、建设条件、建成后的效果等进行分析论证,以提高投资效益。

早在 50 年代初期,在中央财经委员会颁布的《基本建设工作暂行方法》中就提出:"在进行建设之前,应先经调查研究,提出计划任务书,经批准后,方得开始设计"。并规定了计划任务书的内容:①产品品种及在国民经济中的重要性;②生产规模及其发展前景;③建设地点及与有关工业之关系;④建设期限及与有关工业之配合;⑤投资估计数及所需外汇;⑥资源与经济条件,包括原材料供应与产品销路。这些规定与要求,对保证基本建设按程序进行,保证投资的有效使用起到了很大作用。

十一届三中全会以后,国民经济转入正轨,投资建设工作也逐步恢复和发展了一些有效的科学管理方法。

1979 年,国家有关部门邀请世界银行专家在我国举办可行性论证讲习班,介绍了国外的可行性论证方法,在这以后,各部门开展对可行性论证的学习,并组织翻译出版了有关出版物。

1981 年 1 月,国务院颁布了《技术引进和设备进口工作暂行条例》,明确规定所有技术引进和设备进口项目,都要明确编制项目建议书和可行性论证报告,并规定了可行性论证的内容及附件的目录,这是我国正式规定有关建设项目必须进行可行性论证工作,把编制可行性论证报告作为项目决策依据的开端。1982 年 9 月,国家计划委员会又在《关于编制建设前期工作计划》的通知中进一步扩大了需要进行可行性论证工作的范围,包括了所有列入"六五"

计划的大中型项目。并规定所在建设项目的设计任务书都必须在批准的可行性论证的基础上进行编制，作为最终决策和初步设计的依据。至此，可行性论证工作已在我国所有建设项目上实施，并构成建设程序中的一项重要内容。

以上工作为1983年2月国家计划委员会编定和颁发《关于建设项目可行性论证的试行管理办法》奠定了基础。国家计划委员会制定的这个试行管理方法，对有关可行性论证工作的各种问题作了全面的阐述与规定。

1987年，国家计划委员会对国家科学技术委员会和国务院技术经济研究中心提出的"企业经济评价"方法进行应用研究，发布了《建设项目经济评价方法与参数》《中外合资项目经济评价方法》，对可行性论证中的经济评价部分做了更为详细的规定和具体要求。至此，我国有关建设项目可行性论证工作的管理已日趋完善，基本上能满足建设项目决策的需要。一些部门与地方在此基础上，结合各自的特点，制定了相应的可行性论证实施细则。

目前，不仅大中型项目，一些有条件的小型项目也都开展了项目的可行性论证，可行性论证已经成为项目建设的必选工作。

第二节　可行性论证的基本方法

可行性论证的方法很多，这里重点介绍经济评价法、市场预测法和投资估算法。限于篇幅关系，其他方法（如资金的时间价值、项目的财务评估方法等）在此不做介绍，有兴趣者请参阅有关资料。

一、经济评价方法

可行性论证的经济评价方法分为财务评价和国民经济评价两部分。财务评价是在国家现行财税制度和价格的条件下考虑项目的财务可行性。

财务评价只计算项目本身的直接效益和直接费用，即项目的内部效果，使用的计算报表主要有现金流量表、内部收益率估算表。评价的指标以财务内部收益率、投资回收期和固定资产投资借款偿还期为主要指标。

国民经济评价是从国民经济综合平衡的角度分析计算项目对国民经济的净效益，包括间接效益和间接费用，即项目的外部效果。为正确估算国民经济的净效益，一般都采用影子价格代替财务评价中的现行价格。国民经济评价的基本报表为经济现金流量表（分全部投资与国内投资两张表）。评价的指标是以经济内部收益率为主要指标，同时计算经济净现值和经济净现值率等指标，详见有关资料，在此不进行讲述。

这种经济的评价方法是在我国传统的评价方法上继承和发展起来的，但与传统的评价方法相比，有如下特点：

（1）定量与定性分析相结合，以定量分析为主。在整个可行性论证中，对项目建设和生产过程中的很多因素，通过费用、效益的计算，得出了明确的综合的数量概念，从而使可行性论证能选择最佳方案，而这种定量分析随着科学技术的进步及人们观念的转变越来越被广泛应用。但同时，一个复杂的项目总会有许多因素不能量化，不能直接进行数量比较，在许多情况下，需要用理论加以说明，因此，必须进行定性分析。定量与定性相结合，使可行性评价较完整。

（2）动态与静态分析相结合，以动态分析为主。可行性论证的经济评价以动态分析为主。过去往往只用静态分析，很难正确反映可行性论证的结果。静态的分析法较简单、直观，使用方便，在我国一些地区应用较普遍，因此，仍有一定实用价值。动态分析考虑货币的时间价值，用等值计算法将不同时间内资金流入和流出换算成同一点的价值，以便进行不同方案、不同项目的比较，使投资者、决策者树立起资金周转观念和利息观念、投入产出观念。

（3）宏观效益与微观效益分析相结合，以宏观效益为主。在可行性论证的财务评价与国民经济效益评价中，多数是一致的，但有时是不一致的。过去，往往偏重于项目自身效益的大小，以及地区、行业的发展需要；现在，不仅要看项目本身获利多少，有无财务生存能力，还要考虑对国民经济的净贡献。财务评价不可行、国民经济评价可行的项目，一般应采取经济优惠措施；财务评价可行、国民经济评价不可行的项目，应该否定，或重新考虑方案。

（4）预测分析与统计分析相结合，以预测为主。在可行性论证中既要以现有状况水平为基础，对各种历史资料和现有资料进行分析，在预测技术不发达及信息资料不全的情况下，以实际达到水平做依据。同时，又要运用各种预测的方法，对各种因素进行预测分析，还应对某些不确定因素进行敏感性分析、风险分析和概率分析等。

二、市场预测法

在可行性论证市场预测中，有很多方法可以使用，但没有一种方法能够在任何条件下都是理想的，因此，人们经常有选择地采用不同方法结合使用，这样往往可以取得较好的结果。市场预测一般是以消费动态为主，采用比较多的数学计算方法有以下几种。

1. 趋势外推法

这种方法是根据事物历史和现时统计资料，寻求事物变化规律，从而推测出该事物未来状况的几种常用预测方法。该法适用于非跳跃变化的事物预测，其数学规律的确定可以采用多种方法，这里举出两种常用模式：回归直线法和二次曲线法。

（1）回归直线法。它以 $Y=a+bx$ 对给定数据进行回归处理，并以此作为未来变化规律。由最小二乘法确定 a、b 最佳值为：

$$a = \frac{1}{n} \cdot \sum_{i=1}^{n} y_i - \frac{1}{n} \cdot b \cdot \sum_{i=1}^{n} x_i$$

$$b = \frac{\sum_{i=1}^{n} x_i y_i - \frac{1}{n} \sum x_i y_i}{\sum x_i^2 - \frac{1}{n} \left(\sum x_i \right)^2}$$

对于均匀时间序列，我们可通过恰当地选择坐标原点位置，使 $\sum x_i = 0$ 以简化计算。

【例 9-1】 某企业历年销售资料如表 9-1 所示，试预测 2009 年的销售额。

$$a = \frac{1}{n} \sum y_i = \frac{3\,480}{7} = 497.1$$

$$b = \sum x_i y_i / \sum x_i^2 = \frac{1\,990}{28} = 71.1$$

表 9-1　某企业近几年销售额情况　　　　　　　　　　　　万元

期数	销售额 Y_i	X_i	X_i^2	X_iY_i
2002	350	-3	9	-1 050
2003	480	-2	4	-960
2004	400	-1	1	-400
2005	560	0	0	0
2006	550	1	1	550
2007	650	2	4	1 300
2008	850	3	9	2 550
$n=7$	$\sum y_i = 3\,480$	$\sum x_i = 0$	$\sum x_i^2 = 28$	$\sum x_iy_i = 1\,990$

所以，按 $Y=a+bx$ 进行预算，可得

2009 年预测值 = 497.1+71.1×4 = 781.5（万元）

回归直线本身包含一定误差，为判定预测数可靠程度及其波动范围，可计算标准差如下：

$$\sigma = \sqrt{\frac{\sum(y-y_i)^2}{n}}$$

根据统计数据的分布条件，可由 σ 推知预测精度与预测范围的关系。根据本例计算 σ 为 79.8，一般以 $Y\pm2\sigma$ 作为控制范围，则其预测值在 629.9 万 ~ 941.1 万元之间的概率为 95.5%。

（2）二次曲线法。如因变量与自变量不呈直线关系，而是呈抛物线状，则可用以下公式总结该趋势规律：

$$y = a+bx+cx^2$$

为使预测值 y 与实际值 y_i 间的误差平方和最小，同样可运用最小二乘法，得到使最佳系数 a、b、c 能够确立的一组方程：

$$\begin{cases} \sum y_i = na+b\sum x_i^2+c\sum x_i^3 \\ \sum x_iy_i = a\sum x_i+b\sum x_i^2+c\sum x_i^3 \\ \sum x_iy_i = a\sum x_i^2+b\sum x_i^3+c\sum x_i^4 \end{cases}$$

为使计算简化，可仿照回归直线法，使 $\sum x_i = 0$（从而 $\sum x_i^3 = 0$）。另外，二次曲线法的误差估算也有专门方法，这里略去。

2. 指数平滑法

指数平滑法是利用指数修正系数对预测值进行修正，它的特点是要求历史数据极少，对近期数据较重视。其公式为：

$$\hat{y}_{n1} = \hat{y}_n+\alpha(y_n-\hat{y}_n) = \alpha y_n+(1-\alpha)\hat{y}_n$$

式中　$\hat{y}_{n1}$——下一期预测值；

y_n——本期实际发生值；

$\hat{y}_n$——本期预测值；

α——修正系数 $0 \leq \alpha \leq 1$。

上述公式说明：如果本期的预测值与实际值没有差异，就不需要修正，可直接作为下期的预测数；如果两者相差很大，则需要进行修正，才能作为下期的预测值。α 值可通过试算来决定，可用 $\alpha = 0.3$，0.4，0.9，…对同一预测对象进行试算，用哪一个 α 修正系数的预测数与实际数的绝对误差最小，就以这个常数为修正系数。

【例 9-2】 某企业 2008 年的实际产值为 295.1 万元，当年的预测值为 262.1 万元（若取 $\alpha = 0.7$），试计算 2009 年的预测值。

$$2009 \text{年预测值} = 0.7 \times 295.1 + (1 - 0.7) \times 262.1 = 285.2 (\text{万元})$$

三、投资估算法

投资费用一般包括固定资金及流动资金两大部分，固定资金又分为土地费、建筑费、设备费、技术设计费及项目管理费等。投资估算是项目可行性研究中一个重要工作，投资估算的正确与否将直接影响项目的经济效果，因此要求尽量准确。

投资估算根据其进程或精确程度可分为数量性估算（即比例估算法）、研究性估算、预算性估算及投标估算。投资估算的方法主要有以下几种。

1. 指数估算法

即用"0.6 次方法则"，0.6 是公式的平均指数，其公式为：

$$x = y \left(\frac{c_2}{c_1} \right)^{0.6} C_F$$

式中　x——投资结算数；

y——同类老厂的实际投资数；

c_2——新厂的生产能力；

c_1——老厂的生产能力；

C_F——价格调整系数。

【例 9-3】 某地需造 1 座日产 200 吨的冷库，已知该地区原建 1 座 150 吨冷库投资 300 万美元，老价格调整系数为 1.8，则新建冷库的投资额为：

$$x = 300 \times \left(\frac{200}{150} \right)^{0.6} \times 1.8 = 640.8 (\text{万美元})$$

当然，指数有时可根据实际情况进行变动，如扩大生产规模时，可增至 0.9~1。

2. 因子估算法

因子主要是指主要设备与其他设备的比值。例如建造一艘船，已知船体为 100 万元，机器设备因子为 0.6，各种仪表因子 0.2，船上各种机械因子 0.3，电气设备因子 0.08，油漆因子 0.07，其他因子 0.3，因子之和为 1.55。

则一艘船的投资额为：

$$x = 100 \times (1 + 1.55) = 255 (\text{万元})$$

3. 单位能力投资估算法

单位能力投资估算是根据历史资料得到生产能力投资,然后与新建项目生产能力相乘,进行项目投资估算,其关系式为:

$$K = K_1 \cdot Q$$

式中　K——被估算项目投资额;

　　　K_1——单位生产能力投资额;

　　　Q——被估算项目的生产能力。

【例9-4】　根据【例9-3】的资料,可得冷库每吨投资费为1.5万元,则可推算出200吨冷库的投资费为300万元。

这种方法十分简便明了,但较粗糙,而且由于各地区新建、改建各种投资费都不同,因此,使用时要充分考虑各种因素。

第三节　可行性报告书的格式及内容

投资项目可行性报告是投资项目可行性研究的具体体现。在做好各个方面的周密详细分析工作之后,便可撰写"畜牧业投资项目可行性研究报告书"。

规范的投资项目可行性报告书应有封面、扉页、目录、引言、概述、正文、附表、附图。

封面上应写明项目全称、编号,下面落款为投资项目可行性报告的编写单位及编写时间。有的编写单位称为勘察设计院,有的称为工程咨询中心(或公司),都必须具有编写资格,即编写资格必须经政府有关管理部门(国家发展与改革委员会)认定、注册、登记、颁发证书。

扉页中应附编写单位的资格证书、编写单位的负责人、总工程师、主要编写人员。

引言主要是可行性研究报告本身编制说明,包括承担单位、参加人员、基础资料的获取、实际调查或试验的方法、数据来源、图表编制等,这部分涉及参加项目准备的政府机构和其他组织以及所有外援。

其他格式和内容介绍如下。

一、项目概述

项目概述(也称总论)是简要描述项目的核心内容,包括项目简述、生产规模及产品方案、项目建设内容、项目投资、资金筹措、建设期限、项目效益,并指出项目计算依据。

1. 项目简述

(1)项目名称。拟建项目的全称。

(2)项目单位。一般是具有法人资格的单位、企业。

(3)项目地址。拟建项目的具体地方不一定是承担项目的单位所在地。

(4)项目负责人。必须是法人代表或委托法人代表。

(5)技术负责人。项目中负责主要技术的、知名度较高的首席专家(必须是具有相应资格的、国家承认的专家、学者)。

(6)项目性质。指明拟建项目是新建、扩建、改建还是改造。

2. 生产规模及产品方案

生产规模是产品方案的前提，产品方案是建立在生产规模之上的，因此通常不分开描述。

3. 项目建设内容

项目建设内容包括占地面积、建筑面积(生产建筑面积、辅助生产面积、其他建筑面积)，购置设备(生产设备、辅助生产设备、其他设备)。

4. 项目投资

项目投资包括项目总投资，其中包括固定资产投资、流动资金。

5. 资金筹措

项目总投资拟解决的渠道：申请项目贷款、企业自筹、其他来源。

6. 建设期限

建设期限包括建设期限、达规模30%和80%的年份、满负荷生产年份。

7. 项目效益

项目效益指项目正常年的销售收入、年利润总额、投资利润率、投入产出比、投资回收期、财务内部收益率、财务净现值、安全边际率。

8. 项目计算依据

目前，项目计算主要依据是国家发展和改革委员会和建设部2006年发布的《建设项目经济评估方法与参数(第三版)》。

二、项目背景

项目背景主要从国家经济建设和提高人民生活水平角度阐明项目建设的必要性；从项目建设区的概况和项目单位承担项目的能力角度阐明项目建设的可能性。

(一)项目的合理性和必要性

1. 项目的合理性

应与"背景资料"相对照，阐明拟建项目与国家、地区畜牧业发展目标的关系；资金筹集的可能性和国内外贷款、投资政策的一致性；为克服项目地区主要限制因素所必须采取的措施，其在理论、实践和组织管理机构上的合理性和可行性。简要介绍国家和地区畜牧业经济形势与状况；国家经济和地区畜牧业发展的目标与措施规划；拟建项目地区畜牧业生产水平和农牧民收入的现状；项目前期准备工作等。

2. 项目的必要性

从发展经济、提高人民生活水平等方面描述拟建项目在这些方面的作用。例如，为了某地的养猪产业化生产，某公司筹建万头SPF瘦肉型种猪场项目的必要性包括：

(1)社会化生产的需要。在市场经济条件下，畜牧业也在经营机制方面不断发生变化，向着专业化、规模化发展；与此同时，产品质量、资金来源、产品销路等问题越来越突出，形势迫使一家一户的小生产逐渐联合起来，形成较大规模的社会化大生产，以便使小生产与大市场对接。这是形势所迫，大势所趋。而农民的这种联合，需要有经济实力较强的企业作为龙头，带动和促进这种联合。

(2)改善人民生活水平的需要。我国人均肉食消费量仅为发达国家的20%左右，迫切需要加快畜牧业的发展速度,而养猪业则是尽快缩短差距的捷径。因为猪具有产仔多、繁殖快、生产迅速的特性,在短期内就可发展到一定水平,是其他任何家畜所不可比拟的。因此,发展养猪业可尽快解决我国人民的肉食供应问题,缩短与发达国家的肉食供应差距。

(3)增加农民收入的需要。提高生活水平必须首先提高收入水平,项目建设必须要以提高农民收入水平为条件。

(二)项目地区概况

详细介绍项目地区概况力图说明该地区是否适宜建设这一项目,主要包括以下几方面内容。

1. 项目地区的自然资源特征

项目地区的自然资源特征包括地理位置、范围面积、气候、土质、地貌、地形以及水资源等情况。其主要目的是要表明这些自然资源对拟议的作物和畜牧生产是否适宜。

(1)地理位置。项目地区所处的位置,包括经度、纬度、四邻的名称,项目地区的总面积。

(2)气候特点。全年降水量(mm)及其降水特点(如华北地区集中在7、8、9三个月)、无霜期(d)、最大冻土层厚度(m)、最大积雪厚度(m)、平均气压(Pa)、平均相对湿度、最大风速(m/s)、平均风速(m/s)、基本风压(kN/m^2)、全年极端最高温度、极端最低温度、最大地震烈度等。预计气候特点对项目建设的影响。

(3)土质、地貌。土质包括土的颜色(褐、红、黄色)和性质(重沙土、沙壤土、高黏土);地形特征包括平原、丘陵、山地、河谷。预计土质、地貌对项目建设的影响。

(4)水资源。包括在项目区内的河流名称及其径流量、湖、泊、水井、水库及其供水量(m^3)。说明水资源与项目用水量的关系。

2. 项目地区经济条件

项目地区经济条件包括各产业在区域经济中的比重、农牧业生产人员的比例、耕地面积与草地面积及利用现状、主要作物品种及其产量、各种主要畜禽品种及其数量、主要畜禽产品及其产量、农畜产品生产成本和销售价格、农资供应和农畜产品销售的设施情况、政府相关的政策效果、人均收入、相关产业的经营状况以及其他经济活动情况等。

3. 项目地区的主要社会特征

项目地区的主要社会特征包括人口数量、居民户数、劳动力数量、文盲率、外出打工情况、宗教信仰、健康状况、生活水平、土地使用权的变化等。

4. 项目地区的各类机构

项目地区的各类机构包括国家机构或其他专门机构(如项目开发办公室、银行等)在地方上的一些活动;地方政府有关业务行政机构、各企事业单位的性质、任务、作用、人员和效率状况。它旨在为以后概述的项目组织与管理建议提供依据。

5. 项目地区的其他条件

项目地区的其他条件包括:①铁路、公路、水路、空运等交通便利程度(要求指明铁路、公路、水路、空运的名称及与项目区的距离)。②教育条件,关系到安排职工子女上学问题,从而对稳定职工工作情绪有很大影响。③医疗卫生。④通信条件,如电话、网络,是否能为业务往来和经济技术合作提供方便。⑤农畜产品产、供、销、运、加工、贮藏等的基础设施

(供电、供水、供热工程)情况等。

(三)项目单位基本情况

项目单位基本情况反映项目单位承担项目的能力。内容包括：①经济实力，固定资产和注册资金。②技术力量，人员数量及其知识层次结构(文化程度及其比例关系)。③组织机构，物资采购、生产设备、销售网点等(数量与布局)。④其他，诸如与相关企业事业单位的协作关系等。

三、市场预测与营销策略

本部分内容是从产品市场的未来发展趋势及公司采取有效措施的角度说明项目建设的可行性。

1. 市场预测

以对市场进行充分调查和分析为前提，说明所生产产品的社会需求量(市场空间)、产品的特色，并预测生产的产品在产品市场的竞争力及市场占有率。比如上述产业化养猪项目的市场预测，是从世界趋势走向富裕和人民生活水平不断提高的角度，说明肉食的需求量将越来越多，必然要求畜牧业超同步发展，畜产品的需求量存在相当大的潜力。产品质量越高，竞争力越强，需求量也越大。该项目生产的 SPF 猪的产品为绿色肉品、无公害食品，而且又经排酸加工处理的冷鲜肉，属目前的超前性肉制品，所以认为此项目的产品市场前景广阔。

2. 营销策略

(1)内销策略。与就近的、加工容量大的企业取得联系，签订合同进行成批内销。

(2)外销策略。直接通过有关部门或国际互联网络与国际大市场联系，销往国际市场或其他国家。

四、项目方案设计

项目方案设计包括场区布局、生产规模、产品方案、工艺流程、技术指标、技术措施等方面的设计。

1. 项目区布局

根据所建项目的技术要求，生产规模、性质、工艺流程等结合自然条件、交通运输网络、卫生防疫制度等进行项目区的合理布局，达到方便生产、减少开支、提高效率、节约用地、有利于预防交叉感染等目的。

(1)建筑布局。主要生产性建筑(如种畜禽舍)应建于上风向处，以保证生产畜禽的对外隔绝，有利于卫生防疫；辅助性生产设施(如饲料厂)应建于生产区入口处，有利于配合生产和管理；其他非生产性建筑(如办公室等)应建于上风向，但对主要生产无影响，同时还能体现企业精神、企业形象，能发挥社会服务和社会联络、企业宣传的功能。

(2)道路网络的组织。场内外人员、车辆出入场都必须经过场区入口处的消毒池；进入生产区的人员、车辆必须经过更加严格的消毒；场区内污道、净道明确分开，互不交叉；场区主道宽 4m，次要道路宽 3m，道路转弯半径 6m，路面水泥硬化，为有效地组织日常生产创造条件。

(3)场区绿化隔离带。场区墙内侧种植花草树木，可美化环境；场区内裸露地面及道路两侧种植花草树木，可起到防疫隔离、美化环境的作用；办公区建绿篱、花坛。

2. 生产规模

指出项目的生产总规模，包括占地面积、生产一定畜禽产品的畜禽群体结构、畜禽产品（或加工）的总量。

3. 产品方案

指出项目生产的各种畜禽产品（或加工）的种类、规格（标准）、特色和数量。

4. 工艺流程

工艺流程也是反映项目可行性的重要内容。对产品的生产过程，用工艺流程图直观地反映出来，还应写出生产工艺流程的说明。

5. 技术指标

技术指标反映拟建项目的先进程度，属于论证内容。

6. 技术措施

技术措施包括项目选用的畜禽品种、营养标准、饲养管理程序、免疫消毒制度、环境控制方法与技术等。

五、项目建设内容

详细描述建筑工程和设备配置。如果有数条生产线，还需按各生产线分别进行详细描述。

1. 建筑工程

（1）生产建筑面积。各类畜禽舍，如孵化室、育雏舍、产蛋舍、妊娠舍、产仔舍、产羔舍、产犊舍、保育舍、育肥舍、饲养舍、挤奶舍、剪毛室等。

（2）辅助生产建筑面积。如饲料生产的厂房、原料库、原料晒场、成品库等，兽医工作室、化验室、化粪池、更衣消毒室等。

（3）其他建筑面积。办公室、职工宿舍、食堂、资料室、会议室、汽车库、围墙、锅炉房、门卫房、配电室、磅房等公共设施建筑。要求说明各种建筑的面积（m^2）、单价（元/平方米）、总价（元）。

2. 设备配置

（1）生产设备。如畜禽舍内的产床、保育床、鸡笼，通风设备、运料车、调节温度的热风炉等；屠宰加工厂的放血线轨道、盐水注射机、真空滚揉机、夹层锅、绞肉机、斩拌机、烤炉机等。

（2）辅助生产设备。如饲料生产的粉碎机、混合饲料机等。

（3）其他设备。如电脑、保险柜、冷藏车、职工接送车等各种车辆，锅炉及配套设施，污水、处理设备，质量检测设备等。要求说明各种设备的规格（或技术参数）、型号、单价、数量、计价合计等。

3. 总图运输

要求说明运输货物种类、名称，年运输数量（t）、运输场所和距离。

六、人员配备与职责分工

一般投资项目的人员配备包括管理人员、技术人员、生产人员、勤杂人员等部分；投资较大的，或申报国家级重点、重大项目的，还应成立项目领导组、专家组，并确定项目首席专家。

1. 管理人员

管理人员主要包括：①董事长、场(厂)长，全面负责公司(或场、厂)的生产计划、组织管理、对外协调等决策性工作。②公关人员，负责对外联络，组织市场调查、研究工作。③会计、出纳，负责生产资金的使用、策划。

2. 技术人员

技术人员主要包括：①畜牧技术员，负责全场畜禽的饲养管理技术，调整饲料配方，组织驱虫、防疫、消毒等生产技术工作。②兽医技术员，负责畜禽疾病防治工作。③畜产品技术员，负责畜产品生产技术工作，包括新产品开发、研制等工作。

3. 生产人员

生产人员主要包括：饲养工人、饲料加工工人、畜产品加工工人、生产替班工等。

4. 勤杂人员

勤杂人员主要包括：①供销员，负责原料采购与产品销售。②化验员，负责原料、产品的检测。③机电工，负责全厂机电设备的电路检修，保证机房设备正常运转。④锅炉工，保证正常供水、供汽。⑤仓库保管，保管原料、成品，并做记录。⑥司机。⑦炊事员。⑧门卫。

生产人员的配备可根据生产定额确定，勤杂人员则根据经验和实际需要确定。

5. 人员的来源与培训计划

较大的项目需成立董事会，由董事会任命总经理(或经理)，各分部经理及技术人员从该系统和社会招聘具有大专以上学历的人员；生产人员采取招工的办法，要求初中以上文化程度；对应聘人员要进行考试，根据能力、性格、特长安排工作岗位。

在建设期，举办各种培训班，聘请专家对生产人员进行岗前培训，使之学习和掌握饲养管理简单知识及防疫注射等的基本操作。同时，将技术人员送往高等院校或科研院所进行短期培训，系统掌握养殖、卫生防疫等关键技术。

七、投资概算与资金筹措

投资概算与资金筹措，一方面能反映项目报告撰写的质量(计算是否切合实际)；另一方面可与项目承担单位的经济实力、生产条件进行比较、论证，以确定项目是否可行。

(一)投资概算的依据

投资概算的依据是国家的有关文件和项目的具体要求：

①国家发展计划委员会、建设部 1993 年发布的《建设项目经济评价方法与参数》(第二版)。

②国家现行税收、财会制度规范(单纯养殖项目可不计税收)。

③设备购置费以现行市场价格估算。

④投资方向调节税为零税率。

⑤基本预备费计取比例为 5%，涨价预备费计取比例为 6%。

⑥建设期 2 年，达 30%生产为第二年，达 80%生产为第三年，达 100%生产为第四年，项目计算期为 12 年(实际中根据项目实际情况确定)。

⑦种畜以有效使用年折旧。
⑧产业化养殖项目，养殖户的人工费与副产品价值相抵，不参与计算。

(二)投资概算

投资概算可分为3个部分：固定投资、流动投入、不可预见。要求分门别类、较为详细地进行描述。如果有数条生产线，还需按生产线进行详细描述。

(1)固定投资。包括建筑工程的一切费用(图纸设计费用、原料采购费用、运输费用、建筑费用、改造费用等)、购置设备发生的一切费用(设备费、搬运费、安装费等)。

(2)流动投入。包括饲料、药品、水电、燃料、人工费等各种费用，并要求按生产周期计算铺底流动资金。

(3)不可预见。主要考虑建筑材料、生产原料的涨价，其次是其他变故损失。

(三)资金筹措

资金筹措包括项目总投资、申请项目资助、贷款、公司自筹四大部分。如果是申报国家重大项目，还应有地方配套资金。

八、项目期限与项目进度

项目期限与项目进度是投资可行性论证中必不可少的内容。

1. 项目期限

项目期限包括项目建设期和项目使用年。

(1)项目建设期。作为畜牧项目，由于畜种不同，所采取的技术措施不同，其建设期限也不同。一般建设期限为2~5年。一般来说，建设期限越短对项目越有利，因此应尽量缩短建设期限。有一些项目还可一边建设一边生产，因而还可将建设期限分为投产期和达产期。

(2)项目使用年。项目使用年可长可短，一般为10~14年。

2. 项目进度

以年月说明施工建场、进行职工的岗前培训、引种并使生产达30%规模、80%规模、正常生产的时间安排。

九、环境保护

环境保护是说明拟建项目是否可行的内容之一。

1. 主要污染源

畜牧项目有可能对环境造成的污染源主要有：①畜禽的粪尿、生产生活污水、场内解剖或死亡畜禽的尸体以及圈舍排出的有害气体、不良气味和灰尘。②饲料加工过程中的粉尘。③锅炉排放的炉渣及烟尘等。上述污染源中，有可能对环境造成较大危害的是未经处理或处理不当的粪尿及污水。

2. 主要污染物

主要污染物包括：①畜禽的粪尿在缺氧或无氧条件下，其碳水化合物分解成的甲烷、有机酸和各种醇类，带有的酸味和臭味；含氮化合物分解成的氨、硫酸、乙烯醇、二甲基硫醚、硫化氢、甲胺、三甲胺等有恶臭气味。②锅炉烟尘中的二氧化硫、一氧化碳等。③养殖场的死畜禽。④屠宰加工厂水中的废渣、碎肉和废骨。

3. 主要治理措施

畜牧场距离铁路、公路、城镇和居民区、学校、医院等公共场所1 000m以上，而且在长年主风向的下风头；同时，所产粪尿为项目主要污染源，应及时清理，家畜粪便采用平地腐熟堆肥法，经腐熟处理后及时清理用作农田的肥料；粪水及生产、生活污水，排入化粪池（或沼气池）经处理后可直接用于灌溉农田，将粪尿作为农田肥料，不仅不污染环境，而且可发展有机农业和减少化肥对作物的污染，生产无公害的粮食、蔬菜。

锅炉烟尘拟采用多管旋风除尘器，经处理后出口烟气含尘浓度1 400g/m³，可达到国家三类地区排放标准。炉渣可直接用于铺路或加工建筑材料。死畜禽用焚烧炉焚烧，或特制生物坑发酵处理。屠宰加工厂水中的废渣为碎肉和废骨，经消毒、干燥、粉碎后用作饲料。治理采用标准：《污水综合排放标准》（GB 8978—2002）；《农田灌溉水质标准》（GB 5084—2005）；《工业"三废"排放试行标准》（GBJ4—73）；《环境空气质量标准》（GB 3905—2012）；《锅炉烟尘排放标准》（GB 3841—1983）。

十、安全卫生

安全卫生也是说明拟建项目是否可行的内容之一。畜牧场与项目相关单位安全卫生的内容都必须详细说明。

1. 畜牧场的安全卫生

通过严格的消毒程序和超早期免疫、早期免疫、倍量免疫等规范的免疫程序和卫生防疫制度，可保证畜禽群体的健康水平。生产人员上班都必须更衣、换鞋、紫外线消毒，场内经常进行消灭老鼠、蚊、蝇的工作以切断传染源；免疫预防可提高畜禽的健康水平，从而保证畜禽产品的卫生与安全。

2. 饲料厂的安全卫生

畜牧项目生产产品的质量，必然与采用的饲料有关，饲料厂的生产必须保证卫生与安全。在饲料中不允许添加任何激素及不利于人类（肉食）与农田（肥料）的物品（有机或无机元素等）。饲料产品的安全卫生必须符合国家标准，能够通过卫生部门的检测、检验。因此，所购原料都要经过严格化验、检测，杜绝使用发霉、变质、有毒的原料，饲料中要科学、合理地使用各种添加剂，确保饲料的卫生与安全。

3. 肉制品厂的安全卫生

(1) 卫生要求。生产区、生活区严格分开，厂区道路规划要将污道、净道分开。车辆和人员行走的大门要与活畜进入待宰棚的门分开。严禁外来车辆、人员随意进入生产区、饲养区、屠宰加工区。厂区外应保持清洁卫生，粪便杂草要及时清理，规划绿化用地，美化环境。严把收畜关，收购活畜必须经兽医、检疫人员检验合格后，方可收购进入待宰棚和屠宰加工工序。屠宰加工工序应按国家卫生标准执行，屠宰间、内脏清洗间、熟肉制品加工间等禁止交叉。屠宰和熟肉制品加工车间要求地面为防滑的瓷砖地板，墙壁使用瓷砖或防水涂料，并定期冲洗消毒。加工用的工作台、器具均需每天生产前后冲洗消毒。车间光线要充足，但避免阳光直射。配备防蝇、防鼠设施。全体职工定期体检，不符合从事食品加工卫生要求的人员禁止上岗；所有屠宰加工上岗人员必须班前更衣、换鞋，工作衣每天一洗，并经紫外线杀菌消毒。

(2)安全措施。屠宰加工需注意安全生产。职工在岗前进行安全生产知识教育,生产过程中严格按操作规程操作,并制定安全管理制度及奖惩制度,定期对各种设备进行检查维修,以确保职工的人身安全及生产的正常运行。预防车间的有害物质,主要有冷冻机房的氨渗漏和锅炉房含二氧化碳的烟尘。对于这两种有害物质可采用机械强制通风,改善操作环境。设备操作部分,如平台、吊物孔等均应设置安全防护栏杆;机械传动部件,如齿轮、皮带轮、链条要设保护罩。若项目离城区较近,可充分利用城区公安消防设施,厂内应建立公安消防站。同时应严格执行《村镇建设设计防火规范》(GB J39—90):建筑物与谷草堆场的距离不应小于25m;建筑物与公路铁路的距离不小于15m;配电变压器与油库等易燃物的防火间距不少于30m。另外,按照设计规定要求,厂内应设有室内外消防栓,储备足量消防用水等。

十一、项目效益预测

项目效益预测与财务评价是项目可行性论证的最重要内容,主要包括总成本、固定成本、可变成本、总收入、纯收入,而且必须按国家有关规定的计算方法进行计算。

1. 总成本

总成本分为三大部分:固定成本、可变成本、其他费用。

(1)固定成本。包括折旧(房舍等建筑物按30年折旧、种畜按可使用年折旧、生产设备按12年折旧、车辆按8年折旧、建筑维修费(按原值的2%计)、设备维修费(按原值的3%计)、车辆保养费(按原值的5%计)、利息支出、销售费用(按销售收入的3%计)、管理费用(按销售收入的2%计)、固定人员工资福利(福利费按工资额的14%计提)、养老保险费(按工资额的20%计提)、财产保险费(按固定资产的1%计提)、土地租用费、销售税金与附加(单纯养殖项目是国家规定的免税项目,而其他应交税项目则应按纯收入的33%计提销售税金)等。

(2)可变成本。饲料费、材料(包装等)费、燃料与动力、工资福利费等。

(3)其他费用。包括营业外支出与不可预见费用。

2. 总收入

项目正常年的最终主产品价值及副产品价值之总和。单纯养殖项目的副产品价值指畜禽粪尿的肥料折价,但养殖户粪肥价值与人工费相抵,故不计在内。

3. 纯收入

总收入减去总成本。

十二、财务评价

财务评价是投资项目可行性论证最为重要的内容,是评价项目(方案)是否可行的主要依据。

1. 财务盈利能力分析

(1)财务利税指标分析。分析投资利润率、投资利税率、税前利润、税后利润、资本金利润率。

(2)财务现金流量分析。分析投资回收期;行业基准内部收益率16%折现时,以所得税前、税后财务净现值的大小及所得税前、税后财务内部收益率的大小,说明投资项目的可行性。

2. 清偿能力

分析资产负债率、固定资产投资偿还期、流动比率、速动比率。

3. 风险分析

(1)盈亏平衡点分析。用项目正常年项目损益表和总成本估算表中的数据计算盈亏平衡点、保本产量(或产量达设计能力的百分数)、风险价格、安全边际率等,用以说明项目的抗风险能力。

(2)敏感性分析。根据本行业的特点,对项目期内最有可能发生变动的因素进行敏感性分析,用以说明市场风险、财务风险、自然灾害风险、国内配套资金风险以及管理风险对项目财富生成能力的影响。涉及出口换汇或引用外资或选用进口物资的项目,应进行国民经济评价。

十三、结论

结论是撰写可行性论证报告的专家对此项目的自我评价,主要强调此项投资项目建设具有超前意义、突出优势、广阔前景(即项目建设的必要性),以及建设此项目的可能性(即项目建设的可行性)。

十四、问题和建议

应说明保证项目顺利实施必须解决的主要问题(或关键性问题);解决这些问题的具体建议。

十五、附录

可行性研究报告的后面还应有附件、附表、附图,虽然投资项目的附件、附表不属于报告的正文,但在投资项目可行性研究中起着极其重要的作用。附件可有可无,根据具体情况而定。附件的内容往往是一些政府批发的有关项目的文件,有关部门对项目的证明、说明、建议和要求等。附表有基本报表、辅助报表、其他报表等。附图的内容有大项目的地理位置图,小项目的场区布局图等。

参 考 文 献

[美]厄尔·O·黑迪，约翰·L·狄龙.1991.农业生产函数[M].沈达尊，朱希刚，历为民，等译.北京：农业出版社.
韩俊文，丁森林.2003.畜牧业经济管理[M].北京：中国农业出版社.
贾永全，韦春波.2013.畜牧业经济管理学[M].北京：中国农业出版社.
蒋英.1988.畜牧业生产经营决策[M].北京：中国农业大学出版社.
李宝山.2004.管理经济学[M].北京：中国人民大学出版社.
梁荣欣.1992.农业系统工程简明教程[M].北京：农业出版社.
廖新俤，陈玉林.2009.家畜生态学[M].北京：中国农业出版社.
刘忠源.1994.动物产业经济与管理[M].长春：吉林科学技术出版社.
卢家仪.2006.财务管理[M].2版.北京：清华大学出版社.
苗树君，贾永全.1999.畜牧生产系统管理学[M].哈尔滨：东北林业大学出版社.
彭志源.2004.畜牧养殖业可行性研究与经济评价书册[M].北京：中国科技文化出版社.
苏列英.2008.薪酬管理[M].西安：西安交通大学出版社.
王秉秀.2002.畜牧业经济管理学[M].北京：中国农业出版社.
吴祈宗.2006.系统工程[M].北京：北京理工大学出版社.
原道谋.1985.企业系统工程[M].保定：河北科学技术出版社.
张一驰.2005.人力资源管理教程[M].北京：北京大学出版社.
张玉.2009.生态畜牧业理论与应用[M].2版.呼和浩特：远方出版社.
赵炳贤.2007.资本运营论[M].北京：企业管理出版社.
[英]J·法朗士，索恩利.1991.农业中的数学模型[M].金之庆，高亮之，译.北京：农业出版社.
[美]R·M·霍德盖茨.2005.美国企业经营管理概论[M].北京：企业管理出版社.